≫ 高职高专"十三五"规划教材

煤化工概论

李建法 主编   周 洁 主审

MEIHUAGONG
GAILUN

化学工业出版社

·北京·

《煤化工概论》主要针对生物医药化工大类高职高专学生，全面介绍了煤化工工艺与技术、产品生产及环保等知识。内容包括煤的焦化、煤的低温干馏、煤的气化、煤的间接液化、煤的直接液化等技术与工艺；甲醇及下游产品、煤制乙二醇、煤制烯烃、煤制天然气和煤制碳素产品等重点煤化工产品生产及煤化工过程污染与控制等。其中重要章节增加了相关工艺最新成果以及产业发展动态、前沿技术研究等内容。鉴于本教材的概论定位，全书在深度上力求适度和够用、广度上力求全面的基础上突出重点，突出生产，简化理论，以新型现代煤化工技术与工艺介绍为主。为方便教学，本书配有电子课件。

　　本书可作为高职高专院校化工技术类专业及相关专业的教学用书，亦可作为五年制高职、成人教育化工类专业的教材，还可供化工生产技术领域的从业人员及管理人员学习参考。

图书在版编目（CIP）数据

　　煤化工概论/李建法主编. 周洁主审. —北京：化学工业出版社，2017.12（2022.8重印）
　　高职高专"十三五"规划教材
　　ISBN 978-7-122-30798-9

　　Ⅰ.①煤…　Ⅱ.①李…②周…　Ⅲ.①煤化工-高等职业教育-教材　Ⅳ.①TQ53

　　中国版本图书馆 CIP 数据核字（2017）第 253694 号

责任编辑：旷英姿		文字编辑：李　玥
责任校对：王　静		装帧设计：王晓宇

出版发行：化学工业出版社（北京市东城区青年湖南街 13 号　邮政编码 100011）
印　　装：北京科印技术咨询服务有限公司数码印刷分部
787mm×1092mm　1/16　印张15¼　字数387千字　2022 年 8 月北京第 1 版第 3 次印刷

购书咨询：010-64518888　　　　　　　售后服务：010-64518899
网　　址：http://www.cip.com.cn
凡购买本书，如有缺损质量问题，本社销售中心负责调换。

定　　价：39.00元

前言

本书是在现代职业教育理念指导下，结合现代化工产业的行业特点，根据高职高专教育教学对专业教材编写的新要求而编写。建议教学时数为 70～120 学时，可根据专业的实际需求进行学时调整。

通过煤化工概论课程的学习使学生能够了解、掌握现代煤化工工艺技术、产品生产及安全与环保等内容。为反映现代煤化工技术的最新发展以及前沿动态，本教材吸纳了部分现代煤化工典型生产工艺，鉴于传统煤化工在其他教材中多有成熟完善的介绍，故本教材给予了现代煤化工较多篇幅。

本书内容包括绪论共十二章。第一篇煤化工技术与工艺部分包括煤的焦化、煤的低温干馏、煤的气化、煤的间接液化、煤的直接液化等技术与工艺；第二篇煤化工产品与生产部分包括甲醇及下游产品、煤制乙二醇、煤制烯烃、煤制天然气和煤制碳素产品等重点煤化工产品及生产以及煤化工过程污染与控制。

本书由榆林职业技术学院李建法主编并负责全书的统稿，宁夏职业技术学院周洁主审。绪论、第二章、第六章、第八章和第九章由榆林职业技术学院李建法编写，第一章由鄂尔多斯职业学院马桂香编写，第三章由宁夏工业学院刘春颖、神华宁夏煤业集团煤制油气化厂吕正编写，第四章、第五章由兰州石化职业技术学院张伟伟编写，第七章由宁夏工业职业学院康蕾编写，第十章由延安职业技术学院徐仿海编写，第十一章由榆林职业技术学院高玫香编写。

本书在编写过程中，参考了国内外许多同行的多种文献；神华宁煤煤制油厂的罗文保、榆林职业技术学院教师武瑞等在本书编写过程中提出宝贵意见，榆林职业技术学院对本书出版给予了大力支持，化学工业出版社的编辑对本书的出版付出了辛勤的劳动，在此一并致谢！

由于编者水平有限，书中疏漏、不当之处在所难免，欢迎各位读者、同行、老师和专家批评指正。

编者

2017.10

目录

第一篇 煤化工技术与工艺

绪　论

　　煤炭，简称煤，是古代植物埋藏在地下经历了复杂的生物化学和物理化学变化逐渐形成的黑色固体可燃性矿物。是一种固体可燃有机岩，主要由植物遗体经生物化学作用，埋藏后再经地质作用转变而产生的碳化化石矿物，由碳、氢、氧、氮等元素组成，是一种可以用作燃料或工业原料的矿物。煤炭是 18 世纪以来人类世界使用的主要能源之一。煤被广泛用作工业生产的燃料，是从 18 世纪末的产业革命开始的，随着蒸汽机的发明和使用，煤被广泛地用作工业生产的燃料，给社会带来了前所未有的巨大生产力。

　　我国是世界上最早利用煤的国家。辽宁省新乐古文化遗址中，就发现有煤制工艺品，河南巩义市也发现有西汉时用煤饼炼铁的遗址。《山海经》中称煤为石涅，魏、晋时称煤为石墨或石炭。明代李时珍的《本草纲目》首次使用煤这一名称。

　　煤炭对于现代化工业来说，无论是重工业，还是轻工业；无论是能源工业、冶金工业、化学工业、机械工业，还是轻纺工业、食品工业、交通运输业，都发挥着重要的作用，各种工业部门都在一定程度上要消耗一定量的煤炭。因此，煤炭被人们誉为黑色的金子，工业的食粮。

一、我国的煤炭资源

　　我国也是世界上煤炭资源最丰富的国家之一，不仅储量大、分布广，而且种类齐全、煤质优良，为我国工业和现代煤化工发展提供了极为有利的条件。

1. 我国煤炭资源的地域分布

　　我国煤炭资源丰富、分布广泛，是世界五大聚煤集中带之一，具有储量多、分布广、煤质较好、品种较齐全的特点。根据中国矿产资源报告（2016 年）的数据显示，我国煤炭查明储量 15663.1 亿吨，煤炭探明可采储量 1145 亿吨，仅次于美国（2373 亿吨）和俄罗斯（1570 亿吨），是世界第三大煤炭资源国，占世界煤炭资源的 13.3％。2015 年我国煤炭消费量约为 33.8 亿吨。但中国煤炭资源的人均占有量不足美国的 1/9、俄罗斯的 1/13、澳大利亚的 1/40。中国煤炭储采比仅为 33 年，远低于全球平均 112 年的可开采年限水平。

2. 我国煤炭资源的煤种分布

　　我国煤炭资源的种类齐全，包括了从褐煤到无烟煤各种不同煤化阶段的煤，但是其数量和分布极不均衡。褐煤和低变质烟煤（长焰煤、不黏煤、弱黏煤）资源量占全国煤炭资源总量的 50％以上，动力燃料煤资源丰富。中变质烟煤（气煤、肥煤、焦煤和瘦煤），即传统意义的炼焦用煤数量较少，特别是焦煤资源更显不足。就煤质而言，我国低变质烟煤煤质优良，是优良的燃料、动力用煤，有的煤还是生产水煤浆和水煤气的优质原料；中变质烟煤主要用于炼焦，在我国，因灰分、硫分、可选性的原因，炼焦用煤资源不多，优质炼焦用煤更显缺乏；高变质煤的主要不足是硫分高。

二、煤化工简述

1. 煤化工

煤化工是通过煤转化利用技术用化学方法将煤炭转换为气体、液体和固体产品或半产品，而后进一步加工成化工、能源产品的工业。煤化工包括煤的一次化学加工、二次化学加工和深度化学加工，可分为传统煤化工和现代煤化工。煤的焦化、气化、液化，煤的合成气化工、焦油化工和电石乙炔化工等都属于煤化工范畴。其中，焦炭、氮肥、电石等属于传统煤化工的范畴，而煤制油、煤制烯烃、煤制乙二醇、煤制天然气、煤制二甲醚等属于现代煤化工的范畴。

（1）现代煤化工　是以煤炭为主要原料，以生产清洁能源和化工产品为主要目标的现代化煤炭加工转化产业，是实现煤炭清洁高效利用、推进煤炭产业结构调整和发展地方经济的重要途径。

现代煤化工的主要特点是：①清洁能源是现代煤化工的主要产品。现代煤化工生产的主要产品是洁净能源和可替代石油化工产品。如天然气、柴油、汽油、乙烯原料、甲醇、二甲醚、乙二醇等以及一些其他化工产品。②煤炭能源化工一体化。依托我国丰富的煤炭资源，现代煤化工将成为我国煤炭能源化工一体化的新兴产业。如煤炭气化联合循环发电（简称IGCC）技术等。③高新技术及优化集成。现代煤化工生产采用煤转化高新技术，在能源梯级利用、产品结构方面对不同生产工艺进行优化，集成示范，不断提高煤化工的整体经济效益。④环境污染得到有效治理，人力资源得到发挥是现代煤化工的一个主要发展方向。⑤碳一化学充分发展。⑥高附加值和高投入。传统煤化工投入相对较低，如对于大中型项目的概略投资，煤的焦化制焦炭（含甲醇配套项目）约为 1200 万元/万吨。而煤制甲醇约为 4000万元/万吨；煤炭液化约为 15000 万元/万吨；煤制烯烃约为 20000 万元/万吨。煤制甲醇中生产 1t 甲醇消耗原煤约 2t，附加值可增加约 8 倍；生产 1t 聚烯烃约消耗甲醇 3t，附加值增加约 1 倍；生产 1t 油消耗煤炭约 4～5t，附加值增加 7～8 倍。

（2）洁净煤技术　由于开采技术的原因，煤造成的污染贯穿于开采、运输、储存和利用转化的全过程。因此使用煤炭比用石油或者天然气存在更大的环境挑战。煤炭燃烧不仅会产生 SO_2、NO 等污染性气体，而且还会产生砷、汞、铅甚至铀等微量重金属，污染环境。

洁净煤技术是指在煤炭开发和利用过程中，旨在减少污染和提高效率的煤炭加工、燃烧、转化和污染控制等一系列新技术的总称，是使煤作为一种能源达到最大限度利用，使释放的污染物控制在最低水平，从而实现煤的高效、洁净利用目的的技术。洁净煤技术主要包括：煤的洁净开采技术（地质灾害防治、矿区和周边环境保护等）；煤利用前的预处理技术（选煤、型煤和水煤浆等）；煤利用的环境控制技术（脱硫、脱氮、除尘等）；先进的煤炭发电技术（IGCC、PFBC 等）；提高煤利用效率技术（先进燃烧方式、能源新材料等）；煤炭转化技术（先进的热解气化技术、直接和间接液化技术、燃料电池等）；煤系废弃物处理和利用技术（煤矸石、煤泥、煤粉、炉渣等）。此外，煤层气的开发及利用和 CO_2 固定与利用技术亦可归入洁净煤技术。

2. 煤化工工艺技术

煤化工技术包括煤的热解（低温热解和焦化）、煤的气化、煤的液化（直接液化和间接液化）等。

煤化工工艺路线如图 0-1 所示。

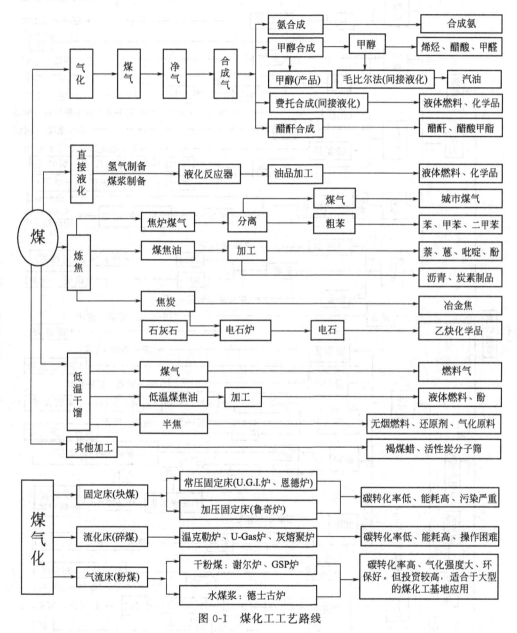

图 0-1　煤化工工艺路线

3. 煤化工产品链

煤化工产品大体上可归纳为三大类：煤焦化产品、煤液化产品和煤气化产品；有固态、液态和气态产品；还可分为有机化工产品和无机化工产品。总之，煤化工产品包罗万象，名目繁多，仅煤的焦化产品就多达几千种，仅煤焦油就可以分离出 370 多种化工产品，因此，煤化工是现代化工的重要组成部分，煤化工产品在化工产品全体系中占有十分重要的地位。煤化工产品链如图 0-2、图 0-3 所示。

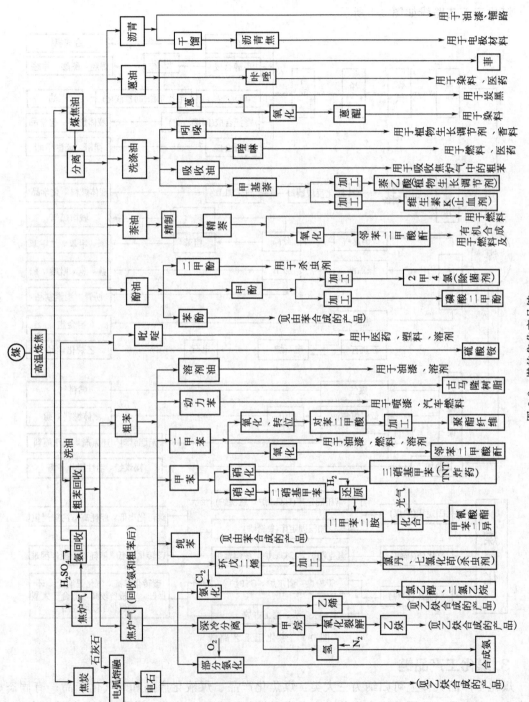

图 0-2　煤的焦化产品链

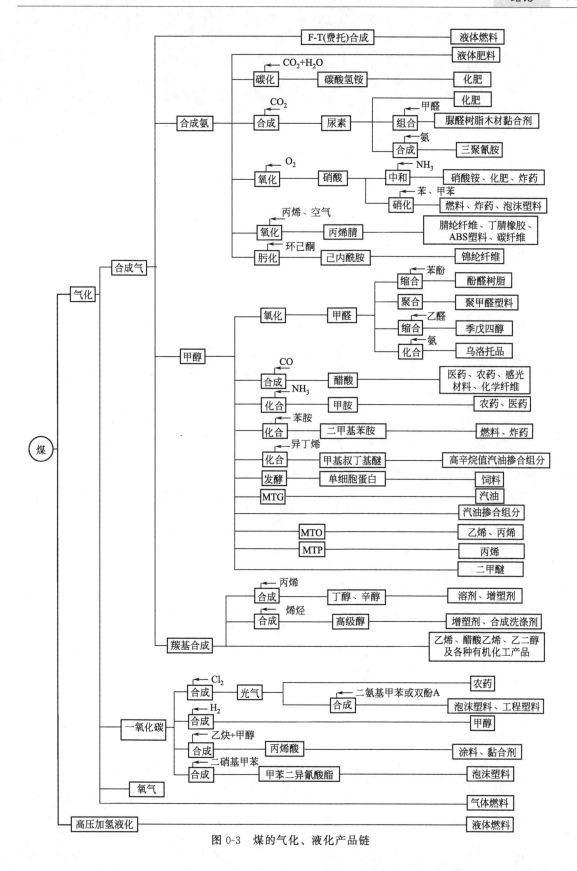

图 0-3 煤的气化、液化产品链

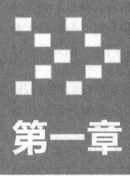

第一篇
煤化工技术与工艺

第一章

煤的焦化

第一节　煤的焦化概述

一、煤的热解及分类

煤的热解也称为煤的干馏或热分解，是将煤在隔绝空气的条件下加热，煤在不同温度下发生一系列的物理变化和化学反应，生成气体（煤气）、液体（焦油）和固体（半焦或焦炭）等产物的过程。

煤的热解按照不同的方法有多种分类。

按照热解温度可分为低温热解（500～700℃）、中温热解（700～1000℃）和高温热解（1000～1200℃）。

按照加热速度可分为慢速热解（<1K/s）、中速热解（5～100K/s）和闪速热解（500～10^6K/s）。

按照热解气氛可分为惰性热解（不加催化剂）、加氢热解和催化加氢热解。

按照固体颗粒与气体在床内的相对运动状态分为固定床热解、气流床热解和流化床热解等。

按照加热方式可分为内热式、外热式和内外热并用式热解。

按照热载体方式可分为固体热载体、气体热载体和气-固热载体热解。

按照反应器内的压力可分为常压热解和加压热解。

二、煤的焦化

煤的焦化又称煤炭高温干馏，是以煤为原料，在隔绝空气条件下，加热到 950℃ 左右，经高温干馏生产焦炭，同时获得煤气、煤焦油并回收其他化工产品的一种煤转化工艺。煤经焦化后的产品有焦炭、煤焦油、煤气和化学产品四类。

1. 炼焦用煤及其结焦特性

炼焦用煤主要有气煤、肥煤、焦煤、瘦煤，它们的煤化程度依次增大，挥发分依次减小，因此半焦收缩度依次减小，收缩裂纹依次减少，块度依次增加。以上各种煤的结焦特性如下：

(1) 气煤 气煤的煤化程度较小，挥发性大，煤的分子结构中侧链多且长，含氧量高。在热解过程中，不仅侧链从缩合芳环上断裂，而且侧链本身又在氧键处断裂，所以生成了较多的胶质体，但黏度小，流动性大，其热稳定性差，容易分解。在生成半焦时，分解出大量的挥发性气体，能够固化的部分较少。当半焦转化成焦炭时，收缩性大，所以，成焦后裂纹最多、最宽、最长，大部分为纵裂纹，所以焦炭细长易碎。

配煤炼焦时加入适当的气煤，可以增加焦炭的收缩性，便于推焦和保护炉体，同时可以得到较多的化学产品。我国气煤储存量大，在炼焦时应尽量多配气煤，以合理利用炼焦煤资源。

(2) 肥煤 肥煤的煤化程度比气煤高，属于中等变质程度的煤，所含的侧链较多，但含氧量少，隔绝空气加热时能产生大量的分子量较大的液态产物。因此，肥煤产生的胶质体数量最多，其最大胶质体厚度可达 25mm 以上，并具有良好的流动性能，且热稳定性能也好。肥煤胶质体生成温度为 320℃，固化温度为 460℃，处于胶质体状态的温度间隔为 140℃。如果升温速度为 3℃/min，胶质体的存在时间可达 50min，故肥煤黏结性最强，是我国炼焦煤的基础煤种之一。由于其挥发分高，半焦的热分解和热缩聚都比较剧烈，最终收缩量很大，所以生成焦炭的裂纹较多，又深又宽，且多以横裂纹出现，故易碎成小块。肥煤单独炼焦时，由于胶质体数量多，又有一定的黏性，膨胀性较大，导致推焦困难。

配煤时加入肥煤，可起到提高黏结性的作用，如多加瘦煤等弱黏煤，既可扩大煤源，又可减轻炭化室墙的压力，以利推焦。但肥煤的结焦性较差，配合煤中用此煤时，气煤用量应减少。

(3) 焦煤 焦煤的挥发分适中，比肥煤低，分子结构中大分子侧链比肥煤少，含氧量较低。热分解时生成的液态产物比肥煤少，但热稳定性更高，胶质体数量多，黏性大，因此膨胀压力很大。半焦最大收缩的温度（即开始出现裂纹的温度）较高，约为 600～700℃，收缩过程缓和，最终收缩量也较低，所以，焦块裂纹少、块大、气孔壁厚、机械强度高。就结焦性而言，焦煤是最好的能炼制出高质量焦炭的煤。炼焦时，为提高焦炭强度，调节配合煤半焦的收缩度，可适量配入焦煤。但焦煤储量少，膨胀压力大，收缩量小，在炼焦过程中对炉墙极为不利，并且容易造成推焦困难。

(4) 瘦煤 瘦煤的煤化程度较高，是低挥发分的中等变质程度的黏结性煤，热解时产生的液体产物少，热解温度区间最窄，故黏结性差。半焦收缩过程平缓，最终收缩量最低，最大收缩温度较高，瘦煤炼成的焦炭块度大，裂纹少，但熔融性较差，因其碳结构的层面间容易撕裂，耐磨性能也差。

炼焦时，在黏结性较好、收缩量大的煤中适当配入，既可增大焦炭的块度，又能充分利用煤炭资源。

2. 配煤炼焦

(1) 配煤炼焦　是将两种或两种以上的单种煤，均匀地按适当的比例配合，使各煤种实现各自的特性优化组合，以生产出优质焦炭，达到合理利用煤炭资源、增加炼焦化学产品的目的。

(2) 配煤炼焦的意义　从以上几种炼焦煤的结焦特性看，若用它们单独炼焦，不仅焦炭的质量难以符合要求，而且生产操作困难。故实际生产中多采用配煤炼焦。早期炼焦只用单种煤，如焦煤，其缺点是：焦煤储量不足；焦饼收缩小，造成推焦困难；膨胀压力大，容易胀坏炉墙；化学产品产率低等。我国的煤源丰富，煤种齐全，但焦煤储量较少。因此，从长远看，走配煤炼焦之路是未来炼焦行业发展的总趋势。现有炼焦工艺中，已普遍采用多种煤的配煤技术。合理的配煤不仅同样能够炼出好的焦炭，还可以扩大炼焦煤源，同时又有利于生产操作和增加焦化学产品，使煤炭资源得到充分合理的利用。

(3) 配合煤的质量指标

① 水分　配合煤水分是否稳定，主要取决于单种煤的水分。配煤水分太低时，在破碎和装煤时造成煤尘飞扬，会恶化焦炉装煤的操作环境；水分过大，会使结焦时间延长，炼焦耗热量增高，同时影响焦炭产量、炼焦速度和焦炉寿命，对炼焦过程带来种种不利影响。所以要力求使配煤的水分稳定，以利于焦炉加热制度稳定。操作时，来煤应尽量避免直接进配煤槽，应在煤场堆放一定时期，通过沥水稳定水分，也可通过干燥，稳定装炉煤的水分。一般情况下，配合煤水分稳定在8%～12%较为合适。

② 灰分　配合煤灰分可直接测定，也可将各单种煤的灰分用加权平均计算得到。炼焦时配煤中的灰分几乎全部转入焦炭。计算出的配合煤灰分值是控制的上限，降低配合煤灰分有利于焦炭灰分降低，可使高炉、化铁炉等降低焦耗，提高产量；但降低灰分使洗煤厂的洗精煤产率降低，提高了洗精煤成本，因此应从资源利用、经济效益等方面综合权衡。我国的煤炭资源中，多数中等煤化度的焦煤和肥煤属高灰难洗煤，而低煤化度的高挥发弱黏结气煤，则储量较多，且低灰易洗。因此，为了降低配煤中的灰分，应适当少配中等煤化度的焦煤、肥煤，多配高挥发分弱黏煤。

③ 挥发分　配煤挥发分是煤中有机质热分解的产物，可按配煤中各单种煤的挥发分加权平均计算得到。评价煤质时，须排除水分和灰分产生的影响，所以是可燃基的挥发分。配煤挥发分的高低，决定煤气和化学产品的产率，同时对焦炭强度也有影响。

对大型高炉用焦炭，在常规炼焦时，配合煤料适宜的挥发分在25%～28%，此时焦炭的气孔率和比表面积最小，焦炭的强度最好。若挥发分过高，焦炭的平均粒度小，抗碎强度低，而且焦炭的气孔率高，各向异性程度低，对焦炭质量不利。若挥发分过低，尽管各向异性程度高，但煤料的黏结性变差，熔融性变差，耐磨强度降低，可能导致推焦困难。确定配合煤的挥发分值应根据我国煤炭资源的特点，合理利用煤炭资源，尽量提高化学产品的产率，尽可能多配气煤，也可使配煤挥发分控制在28%～32%。

④ 硫分　我国不同地区所产的煤含硫量不同，东北、华北地区的煤含硫较低，中南、西南地区的煤含硫较高。硫是高炉炼铁的有害成分，配煤中的硫分有80%左右转入焦炭，焦炭硫分一般要求小于1.0%～1.2%，因此配煤的硫分应控制在1.0%以下。降低配煤硫含量的途径，一是通过洗选除掉部分无机硫，二是配合煤料时，适当将高、低硫煤调配使用。

⑤ 黏结性　黏结性是配煤炼焦中首先考虑的指标。煤的黏结性是指烟煤粉碎后，在隔绝空气的条件下加热至一定温度，发生热分解，产生具有一定流动性的胶质体，可与一定量

的惰性颗粒混熔结合，形成气、液、固相的均匀体，其体积有所膨胀，这种在干馏时黏结本身和惰性物的能力，就是煤的黏结性。煤的黏结性大小可用多种指标表示，我国最常用的是胶质层最大厚度 Y 和黏结指数 G，它们的数值越大，煤的黏结性越好。为了获得熔融性良好、耐磨性强的焦炭，配煤必须具有适当的 Y 和 G 值。黏结性好的煤，$Y = 16 \sim 18\text{mm}$，$G = 65\% \sim 78\%$。

⑥ 膨胀压力　膨胀压力是配煤中另一个必须考虑的指标。膨胀压力的大小与煤的黏结性和煤在热解时形成的胶质体性质有关。一般挥发分高的弱黏结性煤，膨胀压力小；胶质体不透气性强，膨胀压力大。膨胀压力可促进胶质体均匀化，有助于加强煤的黏结。对黏结性弱的煤，可通过提高堆密度的办法来增大膨胀压力。但膨胀压力过大，能损坏炉墙。试验表明，安全膨胀压力应小于 $10 \sim 15\text{kPa}$。膨胀压力和胶质层最大厚度分别是胶质体的质和量的指标，黏结性好的煤，膨胀压力为 $8 \sim 15\text{kPa}$。

⑦ 煤料细度　煤料必须粉碎才能均匀混合。煤料细度是指粉碎后配合煤中的小于 3mm 的煤料量占全部煤料的质量分数。常规炼焦煤料细度要求为 80% 左右。

细度过低，配合煤混合不均匀，焦炭内部结构不均一，强度降低。细度过高，不仅粉碎机动力消耗增大，设备生产能力降低，而且装炉煤的堆密度下降，更主要的是细度过高，煤料的表面积增大，生成胶质体时，由于固体颗粒对液相量的吸附作用增强，使胶质体的黏度增大而流动性变差，因此细度过高不利于黏结，反而使焦炭质量受到影响。故要尽量减少粒度小于 0.5mm 的细粉含量，以减轻装炉时的烟尘逸散，以免造成集气管内焦油渣增加，焦油质量变坏，甚至加速上升管的堵塞。

三、室式结焦过程

1. 煤的成焦过程机理

炭化室内的高温炼焦过程可分为以下四个阶段。

(1) 干燥预热阶段　煤由常温逐渐加热到 350℃，失去水分。

(2) 胶质体形成阶段　烟煤是组成复杂的高分子有机物混合物，其基本结构单元是不同缩合程度的芳香核，核周边带有侧链，结构单元之间以交联键连接。故当煤受热到 350~480℃时，一些侧链和交联键断裂，首先发生缩聚和重排等反应，其次形成分子量较小的有机物。黏结性煤转化为胶质状态，分子量较小的以气态形式析出或存在于胶质体中，分子量较大的以固态形式存在于胶质体中，形成了气、液、固三相共存的胶质体。由于液相在煤粒表面形成，将许多粒子汇集在一起，故胶质体的形成对煤的黏结成焦非常重要。不能形成胶质体的煤，没有黏结性；黏结性好的煤，热解时形成的胶质状的液相物质多，且热稳定性好。又因为胶质体透气性差，气体析出不易，故会产生一定的膨胀压力。

(3) 半焦形成阶段　当温度超过胶质体固化温度 480~650℃时，液相的热缩聚速率超过其热解速率，增加了气相和固相的生成，煤的胶质体逐渐固化，形成半焦。胶质体的固化是液相缩聚的结果，这种缩聚产生于液相之间或吸附了液相的固体颗粒表面。

(4) 焦炭形成阶段　温度升高到 650~1000℃时，半焦内的不稳定有机物继续进行热分解和热缩聚，此时热分解的产物主要是气体，前期主要是甲烷和氢气，随后，气体分子量越来越小，750℃以后主要是氢气。随着气体的不断析出，半焦的质量减少较多，因而体积收缩。由于煤在干馏时是分层结焦的，同一时刻煤料内部各层所处的成焦阶段不同，故收缩速率也不同；又由于煤中有惰性颗粒，会产生较大的内应力，当此应力大于焦饼强度时，焦饼上形成裂纹，焦饼分裂成焦块。

2. 煤在炭化室内的结焦特征

（1）单向供热、成层结焦 由于炭化室的侧向供热，炭化室内煤料的结焦过程所需热能是以高温炉墙侧向炭化室中心逐渐传递的。因煤料的热导率低，在炭化室中心面的垂直方向上，煤料内的温度差较大，所以在同一时间，距炉墙不同距离的各层煤料的温度不同，炉料的状态也就不同，如图 1-1 所示。各层处于结焦过程的不同阶段，靠近炉墙附近的煤先结成焦炭，而后逐层向炭化室中心推移，即"成层结焦"。炭化室中心面上炉料温度始终最低，因此结焦末期炭化室中心面温度（焦饼中心温度）可以作为焦饼成熟程度的标志，称为炼焦最终温度。据此，生产上常以焦饼中心温度测定焦炭的成熟程度。

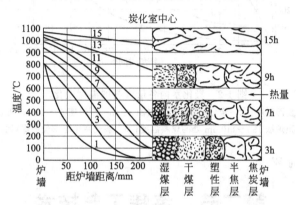

图 1-1 不同结焦时间炭化室内各层煤料的温度与状态

（2）各层炉料的传热性能随温度的变化而变化 炭化室内煤料中是不均匀、不稳定温度场，其传热过程属不稳定传热。各层煤料的温度与状态由于单向供热和成层结焦，各层的升温速度不同，如图 1-2 所示。结焦过程中不同状态的各种中间产物的热容、热导率、相变热、反应热等都不相同。最靠近炉墙的炉料升温速度最快，约 5℃/min 以上，而位于炭化室中心部位的炉料升温速度最慢，约 2℃/min 以下，这种温度上的变化区别必然导致焦炭质量的差异。

常规炼焦采用湿煤装炉，结焦过程中湿煤层被夹在两个塑性层之间，这样湿煤层内的水汽不易透过塑性层向两层外流出，致使大部分水汽窜入内层湿煤中，并因内层温度低而冷凝下来，这样内层湿煤水分增加，加之煤的热导率小，使得炭化室内中心煤料长时间停留在约 110℃以下，煤料水分愈多，结焦时间就愈长，炼焦耗热量也就愈大。

（3）炭化室内产生膨胀压力 由于成层结焦，两个大体上平行于两侧炭化室墙面的塑性层从两侧向炭化室中心面逐渐移动，又因炭化室底面温度和顶面温度也很高，在煤料的上层和下层也会形成塑性层。这样，围绕中心煤料形成的塑性层如同一个膜袋，膜袋内的煤热解产生气态产物，由于塑性层的不透气性而使膜袋膨胀，塑性层又通过半焦层和焦炭层将压力施加于炭化室墙，这种压力称之为膨胀压力。

膨胀压力的大小是随结焦过程而变化的，当两个塑性层面在炭化室中心面汇合时，两边外侧已是焦炭和半焦，由于焦炭和半焦需热少而传热好，致使塑性层内的温度急剧升高，气态产物迅速增加，这时膨胀压力达到最大值，通常所说的膨胀压力即指此最大值。

煤料结焦过程中，适当大小的膨胀压力有利于煤的黏结，但要考虑到炭化室墙的结构强度。炼焦炉组的相邻两个炭化室总处于不同的结焦阶段，每个炭化室内煤料膨胀压力方向都是从炭化室中心向两侧炭化室墙面。所以相邻两个炭化室施于其所夹炉墙的侧负荷是膨胀压力之差 Δp。为了保证炉墙结构不致破裂，焦炉设计时，要求 Δp 小于导致炉墙结构破裂的

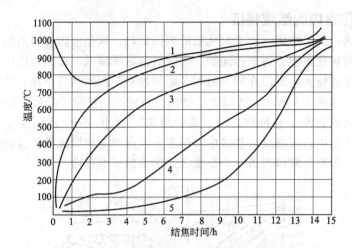

图 1-2　炭化室内各层煤料的温度变化

1—炭化室表面温度；2—炭化室墙附近煤料温度；3—距炉墙 50～60mm 处煤料温度；
4—距炉墙 130～140mm 处的煤料温度；5—炭化室中心部位的煤料温度

侧负荷值——极限负荷 W。

第二节　炼焦工艺技术

一、焦炉装煤

1. 焦炉装煤的要求

焦炉装煤包括从煤塔取煤和由装煤车往炭化室内装煤。其操作要求如下。

（1）装满　装煤不满将减少产量，而且会使炉顶空间温度升高，加速粗煤气的裂解沉积炭的形成，易造成推焦困难和堵塞上升管；但也不宜过满，以防堵塞装煤孔，使荒煤气导出困难而大量冒烟冒火，造成环境污染并有损炉体，此外装煤过满还会使上部供热不足而产生生焦。

（2）压实　煤塔和煤车放煤应迅速，可使装煤紧实，既可增加装煤量，改善焦炭质量，还可减少装煤时间并减轻装煤冒烟程度。

（3）拉平　放煤后应平好煤，不能有缺角、塌腰、堵塞装煤孔等不正常现象，以利荒煤气畅流。为缩短平煤时间及减少平煤带出量，煤车各斗取煤量应适当，放煤顺序应合理，平煤杆不要过早伸入炭化室内。

（4）均匀　装煤均匀是影响加热程度、焦饼成熟均匀等的重要因素。因为对于每个炭化室的供热量是一样的，如果各炭化室的装煤量不均匀，就会使焦炭的最终成熟度不一致，炉温均匀性受到破坏，甚至出现高温事故。因此，为了保证焦炭产量和炉温稳定，每孔炭化室装煤量应均衡，与规定装煤量的偏差不超过 $\pm 1\%$。

2. 焦炉装煤过程的烟尘控制

焦炉装煤过程中产生的烟尘若不进行处理，将直接通过装煤孔、上升管盖和平煤孔等处散发至大气，而污染空气。

（1）烟尘来源

① 装入炭化室的煤料置换出大量空气，装炉开始时空气中的氧还和入炉的细煤粒不完全燃烧生成炭黑，而形成黑烟。

② 装炉煤和高温炉墙接触、升温，产生大量水蒸气和荒煤气。

③ 随上述水蒸气和荒煤气同时扬起的细煤粉，以及装煤末期平煤时带出的细煤粉。

④ 因炉顶空间瞬时堵塞而喷出的荒煤气。

（2）焦炉装煤过程中产生的烟尘控制方法

① 上升管喷射　上升管上部和集气管接触，喷射增加了上升管下部的吸力，可减少因集气管压力太大，而使煤气和烟尘从装煤车下煤套筒不严处冒出、并引起着火的可能。喷射最好用氨水，也可用焦炉煤气。

② 顺序装煤　对四斗煤车采用 1 号→4 号→2 号→3 号顺序装煤；三斗煤车的装煤顺序为 1 号→3 号→2 号。每投空一个煤斗，就盖住炉盖，然后下一个煤斗投煤。这样可避免炉顶空间堵塞，缩短平煤时间。

③ 使用连通管　在单集气管焦炉上，为减少烟尘排入大气，用连通管将位于集气管另一端的装炉烟气通入相邻的处于结焦后期的炭化室。

④ 使用装煤车的强制抽烟和净化设备　装煤时所产生烟气，经过烟罩、烟气道、抽烟机全部排出。为避免烟气中焦油雾对洗涤系统操作的影响，烟罩上设有可调节的孔，以抽入空气，并通过着火装置，将抽出烟气中的可燃成分烧掉。然后经过洗涤、冷却，由抽烟机排入大气。

实际生产中，往往将上述方法组合并用，以达到更好的消除烟尘散发的效果。

二、焦炉出焦

1. 出焦操作的要求

焦炉出焦时，要注意以下几点。

① 焦炉的出焦应严格按计划进行，使炭化室的焦饼按一定的结焦时间均匀成熟，使整个炉组实现定时、准点出焦。定时进行机械设备的预防性检修。

② 出焦时，只有接到拦焦车和熄焦车做好接焦准备的信号后才能推焦。

③ 每次推焦应清扫炉门、炉门框、磨板和小炉门上的石墨和焦油渣等，推焦后及时清扫尾焦。炉门应关闭严密，严防炉门冒烟、冒火。

④ 推焦时，应注意推焦电流。推焦电流大，说明焦饼移动阻力大，常表现为焦饼移动困难，应尽量避免和预防。当出焦困难时，应查明原因，视具体情况采取措施后，再继续推焦。

2. 推焦串序

一座焦炉的各炭化室装煤、出焦是按照一定的顺序进行的，此顺序即为推焦串序。它对炉体寿命、热量消耗、操作效率和机械损耗等方面均有影响。

合理的推焦串序应该有以下选择。

① 相邻炭化室的结焦时间最好相差一半。当相邻炭化室结焦时间相差一半时，燃烧室两侧的炭化室分别处于结焦前半期和后半期，即一侧燃烧室墙与煤料的温差较大而吸热较多，另一侧则吸热较少。这样使燃烧室的供热和温度比较稳定，减轻了因炭化室周期性装煤、出焦所造成的燃烧室温度波动，有利于保护炉墙，并节省炼焦耗热量。此外，当相邻炭化室结焦时间相差一半时，出炉炭化室两侧的炭化室煤料处于结焦中期，即处于膨胀阶段，由两侧炉墙传来的膨胀压力可平衡推焦时对砌体的推力，从而可防止炉墙因单侧受力而变形

损坏的可能。

② 最充分地发挥焦炉机械的使用效率，减少机械操作全炉的行程次数。

③ 新装煤的炭化室应均匀分布于全炉，使集气管的压力、全炉纵长方向的温度和炭化室的压力分布均匀。

目前通常采用的推焦串序有 9-2、5-2、2-1 等，通式为 $m\text{-}n$，其中 m 代表一座或一组（两座）焦炉所有炭化室所划分的组数（笺号），即相邻两次推焦相隔的炉孔数；n 代表两趟笺号对应炭化室号相隔的数。

三种串序的优缺点的比较见表 1-1。

表 1-1　三种推焦串序的比较

串序特点	2-1	5-2	9-2
沿炉组方向温度均匀性	好	差	次之
集气管负荷均匀性	差	次之	好
车辆利用率	高	次之	低
操作维护条件	差	次之	好

最合理的是采用 2-1 串序，一是从热工技术方面和合理利用焦炉机械方面都是最有效的，相邻炭化室的结焦时间刚好相差一半，而且机械走两个行程就能完成全炉的操作；二是有利于实现焦炉全盘机械化操作。当焦炉机械的有关机构配置适当时，可以实现一个炭化室装煤的同时，对下一个将要出焦的炉室的上升管进行清扫；对一个炭化室推焦时，对前一个炭化室进行平煤。但采用 2-1 串序，对机械化操作水平要求比较高，是今后的发展方向。

3. 出焦过程的烟尘控制

（1）出焦过程的烟尘来源

① 炭化室炉门打开后散发出的残余煤气及由于空气进入使部分焦炭和可燃气燃烧产生的烟尘；

② 推焦时炉门处及导焦槽散发的粉尘；

③ 焦炭从导焦槽落到熄焦车中时散发的粉尘；

④ 载有焦炭的熄焦车行至熄焦塔途中散发的烟尘。

烟尘量以②、③两项为主，是装炉时粉尘散发量的 2 倍以上，主要气态污染物是 SO_2。

（2）出焦过程的烟尘控制　收集和净化正常推焦时所散发的烟尘，大体上有三种集尘处理系统。

① 在炉子的焦侧安装固定棚罩　把拦焦车和熄焦车都置于棚罩内，推焦时散发的烟尘，通过罩顶的集尘导管引至焦炉一端的固定气体净化系统，新鲜空气则从罩的两侧和底部进入。

② 移动罩——移动式气体净化装置　由设于熄焦车的集尘罩及带抽烟机和文丘里洗涤器的净化车组成。

③ 移动罩——固定式气体净化装置　推焦时散发的烟尘，由位于熄焦车上部的集尘罩，通过沿炉组长向布置的固定通道，经过洗尘系统净化。集尘罩上的出气管与固定通道的支管（每个炉孔一个），由气动闸门或连通器等装置接通。

三、熄焦

1. 湿法熄焦

湿法熄焦设施包括熄焦塔、喷洒装置、水泵、粉焦沉淀池及粉焦抓斗等。

熄焦在熄焦塔内进行，熄焦水由水泵直接送熄焦塔喷洒管，用水量一般为 $2m^3/t$ 干煤，洒水时间由熄焦时间控制器或时间继电器控制。熄焦过程中约 20% 的水蒸发，可用生化处理后的水补充；熄焦后未蒸发的水经过沉淀池将焦粉沉淀下来，澄清后的水流入清水池循环使用。沉淀池中的焦粉，由抓斗机抓出，脱水外运。熄焦后的焦炭，卸至焦台停留 30～40min，使其水分蒸发和冷却，剩余红焦在此补充消火。

熄焦过程的关键是控制水分稳定，全焦水分应小于 6%。为此，熄焦车接焦时的行车速度要与焦饼推出速度相适应，使车内焦炭分布均匀。

2. 干法熄焦

干法熄焦是利用惰性气体冷却灼热的焦炭，携带热量的惰性气体与废热锅炉进行热交换产生水蒸气（供焦化厂使用），因热量交换惰性气体温度降低，再循环回来对红焦进行冷却。

在回收焦炭显热的同时，可减少大量熄焦水，消除含有焦粉的水汽和有害气体对附近构筑物和设备的腐蚀，从而改善了环境。干法熄焦还避免了湿法熄焦时水对红焦的剧冷作用，故有利于焦炭质量的提高，也可适当提高配合煤中气煤或弱黏煤的配比。

干法熄焦技术在 20 世纪 30 年代开始出现，有多种形式的干熄焦装置，如多室式、笼箱式和集中槽式等。前两种属于早期研制，技术与设备不够完善，投资高、漏气多、散热大、热效率低，已逐渐被淘汰。集中槽式为目前普遍采用的一种干法熄焦装置，其工艺流程如图1-3所示。干法熄焦装置包括焦炭运行系统、惰性气体循环系统和锅炉系统，主要设备包括电机车、焦罐车及其运载车、提升机、装料装置、排焦装置、干法熄焦炉、鼓风装置、循环风机、一次除尘器、二次除尘器等。

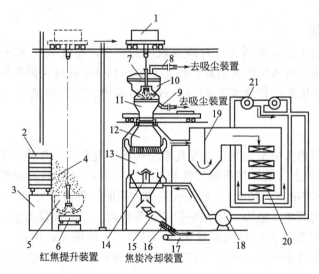

图 1-3　集中槽式干法熄焦流程

1—提升机；2—导焦槽；3—操作台；4—红焦；5,10—焦罐；6—台车；7—盖；
8,9—去吸尘装置；11—装料装置；12—前室（热焦预存段）；13—冷却室（干熄段）；
14—槽底气体分配帽；15—排焦装置；16—焦台；17—胶带机；
18—循环风帽；19—重力沉降槽；20—锅炉；21—旋风除尘器

图 1-3 中焦炭流程：红焦 4→台车 6 上的焦罐 5→干熄站→移动式提升机 1→干熄槽顶→装料装置 11→前室（热焦预存段）12→冷却室 13→排焦装置 15→焦台 16→胶带机 17。

惰性气体流程：冷却室出来的热惰性气体（800℃）→斜道→环形道→重力沉降槽 19→余热锅炉 20→旋风除尘器 21（180℃）→循环风帽 18→干熄槽底的气体分配帽 14→冷却室。

干法熄焦与湿法熄焦相比，有如下优点。

① 有效地利用焦炭的热量，而且避免了环境污染。焦炭离开焦炉时所带出的热量约占炼焦耗热量的 40%。在湿法熄焦中，这部分热量全部损失并污染环境。而干法熄焦中被加热的惰性气体经废热锅炉产生蒸汽，每吨红焦可产生蒸汽 400kg 以上，且熄焦在密闭的循环系统中进行，不需熄灭水，消除了对空气和水的污染。

② 提高了焦炭质量。焦炭在惰性气流通过时，被缓慢而均匀地冷却，没有湿法熄焦过程中的骤冷现象，而且焦炭是干的。所以，得到的焦炭块度均匀、强度和真密度较高、粉焦率少、反应性低。

③ 提高了焦炉的生产能力。由于焦炭质量提高，可增加配煤中气煤和弱黏煤的配比，使高炉冶炼的成焦比降低 0.5%～2.3%，高炉生产能力提高 1%～1.5%。

但干法熄焦也存在着投资高及本身能耗高等缺点，成为今后发展干法熄焦技术要解决的主要问题。

3. 熄焦过程的防尘

炼焦生产过程中，熄焦是一个阵发性污染源，排放的粉尘量约占焦炉总排放量 10% 以上。干法熄焦的防尘方法类似出焦过程的处理方法，即采用集尘罩、洗涤器等。

湿法熄焦的粉尘治理可在熄焦塔自然通风道内设置挡板和过滤网，从而能够捕集绝大部分随熄焦蒸汽散发到大气并散落在熄焦塔周围地区的大量粉尘。为清除挡板和过滤网上的粉尘，要增添喷雾水泵，在挡板和过滤网上部喷洒水雾。

四、筛焦

1. 焦炭的分级

焦炭的分级是为了适应不同用户对焦炭粒度的要求，粒度大于 60～80mm 的焦炭可供铸造使用，40～60mm 的焦炭供大型高炉使用，25～40mm 的焦炭供高炉和耐火材料厂竖窑使用，10～25mm 的焦炭用作烧结机的燃料或供小高炉、发生炉使用，小于 10mm 的粉焦供烧结矿石用。

2. 筛焦设备

（1）辊轴筛　国内大中型焦化厂主要用辊轴筛筛分混合焦，焦化厂常用的辊轴筛有 8 轴和 10 轴两种，每个轴上有数片带齿的铸铁轮片，片与片间的空隙构成筛孔，按照需要筛孔尺寸可分为 25mm×25mm、40mm×40mm 两种。筛面倾角通常为 12°～15°。

辊轴筛具有结构简单、坚固、运转平稳可靠等优点，但存在设备重、结构复杂、筛片磨损快、维修量和金属耗量大，焦炭破损率高（约 3%）等缺点；同样，振动筛虽然结构简单，但噪声大，筛分效率不高（70%～85%），且潮湿的粉焦易堵塞筛网。故已逐渐被共振筛所取代。

（2）共振筛　国产的 SZG 型共振筛的结构是由铺有筛板的筛箱、激振器、上下橡胶缓冲器及板弹簧等组成。静止时，激振器靠自重压在下缓冲器上，使之产生一定的压缩量，激振器通过板弹簧与筛箱连接，其轴是偏心的，轴的两端皮带轮上装有可调的附加配重，激振器与上缓冲器间有一定的空隙，整个筛子通过四个螺栓弹簧支承在基础上。筛子运转时，由电动机通过三角皮带带动激振器的轴旋转，因皮带轮上附有配重，故产生了惯性力，又因偏心轴惯性力的作用，最初激振器离开下缓冲器越过上间隙而打击上缓冲器，使上缓冲器产生一定的压缩量，激振器与下缓冲器间又形成一定间隙。因激振器偏心轴所引起的周期性变化的惯性力作用，下半周激振器又打击下缓冲器。如此往复循环，筛子在保持稳定振幅的情况下进行筛分作业。

由于共振筛是双质量振动系统,工作中大部分动力得到平衡,因而传给厂房和基础的动负荷较一般振动筛小。由于设备的激振频率接近于系统的自振频率而发生共振,故激振力小,仅为一般振动筛的1/2~1/3。

共振筛与辊轴筛相比具有结构简单、振幅大、维修方便、筛分效率高、生产能力大、耗电量少、运转平稳、故障少等优点。但共振筛要求给料连续均匀,避免超负荷运转和带负荷启动,给料设备到筛面落差不能太大,以减少物料对筛面的打击。

筛网有钢板冲孔、圆钢焊接和橡胶筛板等几种形式,由于橡胶筛板使用寿命长、不易堵眼、噪声小、对焦炭破碎小,而且具有安装方便、成本低和节约金属材料等优点,国外已广为采用。国内一些单位也对橡胶筛板进行了研制和试用,取得了较好的效果。

3. 筛焦系统的粉尘捕集

湿法熄焦的焦炭表面温度为50~75℃,在筛焦、转运过程中,焦炭表面的蒸汽与焦炭粉尘一起大量逸散,空气中含尘量可达200~2000mg/m³空气,干法熄焦的焦炭产生的粉尘量则更大。因此筛焦炉应设置抽风除尘设备,常用的有湿法除尘器和布袋除尘器。另外在筛焦设备上还应装设抽风机,使筛焦粉尘经除尘器处理后排入大气。储焦槽上设自然排气管以将含尘气体排入大气。此外为解决通风除尘设备被含酚及H_2S的水汽腐蚀,集尘设备、抽风机和管道可采用玻璃钢或不锈钢制作。由于通风除尘设备还因水汽冷凝黏附粉尘而易引起堵塞,故需定期清扫,寒冷地区还要采取防冻措施。干法熄焦的筛焦粉尘一般多采用布袋除尘器,除尘后的焦粉可收集、加湿后,送回粉焦胶带机。

五、焦炉操作中的时间概念

炼焦生产中的时间概念是正确编制推焦计划、均衡组织生产的重要参数。

① 结焦时间　指煤料在炭化室内的停留时间。即从平煤杆进入炭化室(即装煤时刻)到推焦杆开始推焦(即推焦时刻)的一段时间间隔。

② 单孔操作时间　指某一炭化室从推焦开始到平完煤,关上小炉门,车辆移至下一炉号开始推焦为止所需的时间,即相邻两个炭化室(按推焦串序的排列)推焦或装煤的时间间隔。操作时间愈短,机械利用率愈高,但要求车辆的备用系数也愈大。目前,大型焦炉每炉的操作时间为10min左右。

③ 炭化室处理时间　指炭化室从推焦开始(推焦时刻)到装煤后平煤杆进入炭化室(装煤时刻)的一段时间间隔。

④ 周转时间(小循环时间)　指结焦时间和炭化室处理时间之和,即某一炭化室从本次推焦(或装煤)至下一次推焦(或装煤)的时间间隔。

⑤ 检修时间　在一个周转时间内,除完成整个炉组各炭化室的装煤和出焦操作外,其余时间则用于检修设备,即检修时间。一般情况下,检修时间不应低于2h。

周转时间包括全炉操作时间和设备检修时间。而全炉操作时间则为每孔操作时间和车辆所操作的炭化室孔数的乘积。

对于全炉而言:周转时间=全炉操作时间+检修时间

对于每个炭化室而言:周转时间=结焦时间+炭化室处理时间

⑥ 火落时间　是指炭化室装煤至焦炭成熟的时间间隔,焦炭是否成熟可以通过打开待出炉室上专设的观察孔,观察冒出火焰是否呈蓝白色来判定。焦炭成熟后再经一段焖炉时间,才能推焦。因此,结焦时间=火落时间+焖炉时间。

通过焖炉可提高焦饼均匀成熟程度和焦炭质量。

第三节　炼焦新技术与工艺

随着钢铁工业的发展和技术进步，人类对焦炭质量和数量的要求也日益提高，但世界性的优质炼焦煤资源短缺，且炼焦煤分布不均匀，大部分地区高挥发分弱黏结煤多的现状，进一步推动了炼焦新技术的发展，不断开发出炼焦新技术、新工艺，以扩大炼焦煤源，提高焦炭质量，满足经济发展需要。

炼焦新技术主要包括以下几个方面：一是为扩大炼焦煤源。对配煤的预处理技术，例如煤的选择性破碎、型煤、干燥预热和调湿、缚硫焦技术以及捣固炼焦等；二是型焦；三是焦炉的大型化；四是新的炼焦技术。

一、捣固炼焦

1. 捣固炼焦的定义

是指利用专门的粉煤捣固机械，将配合煤料捣实成致密的、体积略小于炭化室的煤饼，再由焦炉的机侧推入炭化室内的炼焦方法。它是各种非常规炼焦技术中较为成熟的一种炼焦工艺。捣固炼焦技术具有区域性，这种工艺主要适用在高挥发分煤和弱黏结煤储量多的地区。

2. 捣固炼焦的优点

（1）扩大了炼焦煤源：利用捣固炼焦生产焦炭时，既可掺入焦粉和石油焦粉生产优质冶金焦，还可采用高配比的高挥发分煤生产气化焦等，从而扩大了配煤范围，有效地节约了主焦煤资源。通常情况下，普通炼焦工艺只能配入气煤 $30\%\sim35\%$，而捣固炼焦工艺可配入气煤 $50\%\sim55\%$。

（2）提高了焦炭质量：捣固炼焦增大了煤料的堆密度，可以有效提高焦炭的冷态强度和反应后强度。在原料煤同一配比的情况下，利用捣固工艺所生产的焦炭，无论是耐磨强度还是抗碎强度，都比常规顶装焦炉所生产出来的焦炭有很大程度的改善，其机械强度 M_{40} 提高 $5.6\%\sim7.6\%$，耐磨指标 M_{10} 可下降 $2\%\sim4\%$。

（3）首先在总投资方面，同样生产能力的捣固焦炉与顶装焦炉的投资大体相当，5.5m 捣固焦炉与同类型顶装焦炉比较，吨焦成本降低约 10%；其次，在煤料的费用方面，煤料的费用占焦炭成本费用的 $70\%\sim75\%$，常规焦炉往往需要配用价格较高的优质强黏结煤以保证焦炭质量，而捣固炼焦配煤选择比较灵活，煤源广，可以用价廉的弱黏结性煤，使生产成本降低；再次，由于捣固炼焦可增加煤料的堆密度，在相同炭化室条件下能够增加焦炭的产量。

3. 捣固炼焦的缺点

① 捣固机比较庞大，操作复杂，投资高。
② 煤饼尺寸小于炭化室，致使炭化室的有效率低。
③ 煤饼与炭化室墙面间有空隙，影响传热，使结焦时间延长。

4. 捣固炼焦工艺

捣固炼焦工艺比较简单，只需增加一个捣固、推焦装煤联合机（图1-4）。
工艺流程主要由粉碎、配合、捣固、装炉炼焦等工序组成。粉碎好的煤料，按预先安好的配比充分混合均匀后，经捣固装入炉中。为了使煤料能够捣固成型，煤料的水分要保持在9%~11%。水分偏低时，需在制备过程中适当喷水。煤料的粉碎细度（＜3mm粒级含量）要求达到90%以上。为了提高煤料的粉碎细度，往往需要进行两次粉碎。对挥发分较高的捣固煤料，一般需要配一定比例的瘦化剂。如焦粉、石油焦粉和无烟煤粉等。瘦化剂经单独细磨处理后与煤配合。焦粉用作瘦化剂时，如水分偏大，还要先进行干燥。

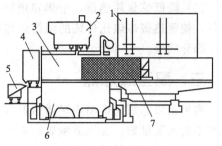

图 1-4　捣固炼焦工艺
1—捣固机；2—煤气净化车；3—焦炉；
4—导焦车；5—熄焦车；
6—蓄热室；7—煤饼

煤料的捣固是在焦炉机侧的装煤推焦机上进行的。这种装煤推焦机有两种结构形式。一种是将捣固、装煤和推焦全部功能集中在一台机器上，其优点是每一操作循环的作业时间短，缺点是车体庞大、自重大。另一种是机上只设捣固煤箱，并具有装煤和推焦功能，捣固机单设在储煤塔下，装煤推焦机在储煤塔下边装煤边捣固。其优点是车体较轻，缺点是每一操作循环的作业时间长。

国内捣固炼焦技术在很长的一段时期内没有取得显著的进展，只占整个炼焦能力的很小一部分。但21世纪初鞍山焦耐院、化二院相继开发成功了4.3m和5.5m捣固焦炉，2006年，鞍山焦耐院又开发出了高达6.25m捣固焦炉，并于2009年3月在河北唐山建成出焦，标志着我国大型捣固焦炉技术达到了国际先进水平。

二、干燥、预热煤炼焦

1. 干燥煤炼焦

是将装炉煤在炉外预先脱水，干燥至水分含量6%以下，再装炉炼焦的工艺。用干燥煤炼焦可以达到如下效果：

（1）改善焦炭质量或增加高挥发分弱黏结性煤用量。干燥后的煤流动性提高，使装炉煤的堆密度增大，有利于黏结。

（2）提高炼焦炉的生产能力。由于水分降低而降低了煤料间水分的表面张力，增加煤料的润滑，提高煤料的堆密度，使焦炉加热速度提高，从而缩短了结焦时间。

（3）降低炼焦耗热量。研究表明，装炉煤水分绝对值每降低1%，炼焦耗热量减少60~100kJ/kg。

（4）可稳定装炉煤水分和炉温，有利于炉温管理和炉体保护。

2. 预热煤炼焦

预热煤炼焦是将装炉预先加热到150~250℃后，再装入炼焦炉中炼焦的工艺。预热煤炼焦可达到的效果如下：

（1）改善焦炭质量并增加气煤用量　预热煤炼焦所得的焦炭与同一煤料的湿煤炼焦所得焦炭相比，具有真密度大、气孔率低、耐磨强度高、反应性低、反应后强度大及平均粒度大等特点。装炉煤中结焦性较差的高挥发分煤含量大时，改善的幅度更大。因此，对于规定的焦炭质量指标，预热煤炼焦可增大高挥发分弱黏煤的用量。

（2）提高炼焦炉的生产能力　预热煤炼焦的周期缩短，装入炭化室内的煤量增多，焦炉的生产能力显著提高。如在相同燃烧室温度下，湿煤炼焦的结焦时间为18.5h，预热到250℃的煤结焦时间则可缩短至12.5h，焦炉生产能力可提高20%~30%。

（3）降低炼焦耗热量　干燥和预热设备大多数采用了效率较高的沸腾炉等流化态热交换设备，使预热煤炼焦比传统的湿煤炼焦耗热量降低 4% 左右。同时，煤在预热过程中还可脱除一部分的硫。

三、配型煤炼焦

型焦是以非炼焦煤粉或炭质粉料（半焦粉、焦粉、石油焦粉和木炭等）为主体原料，配入或不配入黏结剂，加压成型煤，再经炭化等后处理制备成具有一定形状、一定强度和块状均匀的制品，用以代替焦炭。

常规炼焦，配煤的主体是焦煤，非黏结性煤和弱黏结性煤只能作为辅助煤。我国的国情是焦煤储存量少，而弱黏结性煤储存量多，急需扩大炼焦煤源，而型煤和型焦（统称为成型燃料），由于是以非炼焦煤为主体的煤料生产焦炭，所以，被认为是广泛使用劣质煤炼焦的最有效措施。

型焦可用于工业或民用的块状燃料和气化原料，也可代替常规焦炭用于炼铁和铸造等工业。

1. 型焦的分类

按原料种类分为两种：一是单种煤型焦，如褐煤、长焰煤和无烟煤等；二是以不黏结性煤、黏结性煤和其他添加物的混合料制得的型焦。按型焦的用途可分为冶金用、非冶金用或民用的无烟燃料。

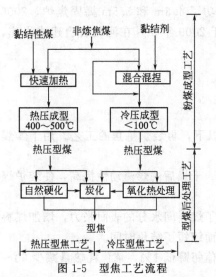

图 1-5　型焦工艺流程

习惯上是按成型时煤料的状态分，可分为冷压和热压型焦。前者是在远低于煤料塑性状态的温度下加压成型，后者为煤料处于塑性状态下成型，见图 1-5。

（1）冷压型焦　又分为无黏结剂成型和加黏结剂成型两大类。

① 无黏结剂冷压型焦　不加黏结剂，只靠外力成型，多用于低变质程度的泥煤和软质褐煤。因这类煤可塑性大，煤结构中具有大量氧键，故压型时容易形成"固体搭桥"，型煤强度较高。无黏结剂成型一般是在成型压力为 100～200MPa 的较高压力下成型。

② 加黏结剂冷压型焦　是以不黏结性和弱黏结性煤为主体配料，配入一定比例的黏结剂经混合和通蒸汽加热混捏后，混合料在低于 100℃ 下成型。所得冷压型煤有三种后处理方式制成型焦：经深度氧化、经一次炭化和先经轻度氧化再经高温或中温炭化制成型焦。由于借助黏结剂的作用，成型压力较低（一般为 30MPa 或更低），工业上便于实现。

（2）热压型焦　热压成型按加热方式不同，分为气体热载体和固体热载体两种类型。按配料不同，又分为单组分和双组分热压成型两种。

① 单组分热压成型法　也称为无黏结剂成型法，是将单种煤或两种以上煤的配煤快速加热到其塑性温度区间。这种方法以热废气做载体，适用于高挥发分弱黏煤。

② 双组分热压成型法　以低挥发分不黏煤（或焦粉、惰性组分）为主体原料，加热后做载体，和预热的黏结性烟煤（黏结组分）混合，然后在煤的塑性温度范围内（400～500℃）成型。

所得热压型煤也有三种后处理方式制成型焦,即趁热进行自热硬化处理(即热焖);直接炭化成型焦;先经自热硬化处理后,再经炭化成型焦。

2. 型焦的质量

型焦性质因受所用原料和工艺条件的影响,有较大的差异。目前尚无型焦质量评定的国家标准。作为焦炭代用品使用时,一般参照或套用相同用途的常规焦炭标准。

型焦与常规焦炭的区别是:型焦的形状规则、块度均匀,其大小和形状可根据用户需要来制备,型焦焦体致密,气孔小且分布均匀,整体气孔率低,视密度和堆积密度较大,质量好的型焦抗碎强度与合格的常规焦炭相近,抗压强度也较高,但有的耐磨强度较差,型焦的块焦反应性指数(CRI)较高,反应后强度(CSR)大多较低。

3. 典型的配型煤工艺

(1)新日铁配型煤炼焦 该工艺是由日本新日铁公司八幡技术研究所开发的,于1971年开始在该公司生产焦炉上应用。主要设备包括混煤机、混捏机、成型机和网式冷却输送机,其基本流程是:将30%经过配合、粉碎的煤料,送入成型工段的原料槽,煤从槽下定量放出,在混煤机中与喷入的黏结剂(型煤量的6%~7%)充分混合后,进入混捏机。煤在混捏机中被喷入的蒸汽加热至100℃左右并充分混捏后进入双辊成型机压制成型。热型煤在网式输送机上冷却后送到成品槽,再转送到储煤塔内单独储存。用煤时,在塔下与粉煤按比例配合装炉。该工艺因在网式输送机上输送的同时实现强制冷却,因此设备较多,投资相应增加。

(2)住友配型煤炼焦 是20世纪70年代中期由日本住友金属工业公司和住友炼焦公司开发的配型煤工艺。其基本流程是:黏结性煤经配合、粉碎后,大部分直接送储煤槽,小部分留待与非黏结性煤配合。约占总煤量20%的非黏结性煤在另一粉碎系统处理后,与小部分黏结性煤一同进入混捏机,喷入约为总煤量2%的黏结剂。煤料在混捏机中被加热合并充分混捏后进入双辊成型机压制成型。型煤与粉煤同步送到储煤塔。该工艺可不建成品槽和网式冷却输送机,故工艺布置简单、投资少,但型煤与粉煤在同步和储存过程中易产生偏析。

四、配添加物炼焦

1. 添加改质黏结剂炼焦

添加的改质黏结剂要求其具有溶剂化作用、黏结作用及供氢作用。通常配入的黏结剂基本上属于沥青类,按沥青原料来源不同可分为石油系、煤系、煤-石油混合系。配入黏结剂可使焦炭强度和反应性都得到改善。有时也可代替强黏结煤或增加非黏结煤的用量。

2. 添加瘦化剂炼焦

高挥发分、高流动度的煤料配入瘦化剂,如配入无烟煤粉、半焦粉或焦粉等含碳的惰性物质炼焦时,可提高焦炭的强度和块度。

五、连续层状炼焦

该方法是由乌克兰共和国煤化所开发研究成功的,它是利用直立式的炭化室进行连续层状炼焦,煤料由炭化室的上部分批给入炭化室并由推料装置向下推入炭化室,炭化好的焦炭由炭化室的下部排出。由于煤料受热膨胀,炭化室在高度方向上具有锥度。

该方法具有以下优点:

① 改变煤料推移速度和时间间隔,从而适用不同的煤料及不同炼焦阶段的加热;

601_

601_

601_601_

601_601_601_

601_601_601_601_

② 炭化室不同高度处的温度不同，从而使煤料经历了若干阶段的热处理；

③ 提高炉内煤料的堆密度（可达 1000kg/m³）；

④ 节约优质炼焦煤，扩大了炼焦煤源；

⑤ 工艺和生产过程实现机械化和自动化，根本上改善操作人员的劳动条件，提高了劳动生产率，减轻对大气的污染。

六、大型炼焦技术

焦炉的大型化，就是增大炭化室的几何尺寸和有效容积，以提高焦炉的生产能力，同时更有利于环保。焦炉大型化是 20 世纪 70 年代以来世界炼焦技术发展的总趋势。几十年来，炭化室高度由 4m 增高至 8m 以上，平均宽度增至 0.51～0.61m，其长度超过 20m，单孔炭化室容积由约 20m³ 增大到 90m³ 以上。

1. 焦炉大型化的方向

（1）增大炭化室的长度　增加炭化室的长度，焦炉生产能力成比例增长，砌体造价升高，单位产量的设备价格则因每孔炉的护炉设备不变、煤气设备增加不多而显著降低。增大炭化室虽有利于提高产量和降低基建投资及生产费用，但受长向加热均匀性、推焦杆和平煤杆热态强度的限制。目前，国外大容积焦炉的炭化室长度一般在 17～18m。

（2）增加炭化室的高度　增加炭化室高度来扩大炭化室有效容积，是提高焦炉生产能力的重要措施之一。但是，为使炉墙具有足够的极限负荷，必须相应加大炭化室中心距和炉顶砖厚度。此外，为了保证高向加热均匀，势必在不同程度上引起燃烧室结构的复杂化。为了防止炉体变形和炉门冒烟，应该有更坚固的护炉设备及更有效的炉门清扫机械。这些因素都使每个炭化室的基建投资和材料消耗增加。因此，炭化室高度应从经济技术条件出发，以单位产品的各项技术指标进行总额和平衡选定。国内鞍山焦耐院已设计出炭化室高 6.95m 的大型焦炉，国外设计的焦炉炭化室高度已达到 8m 以上。

（3）增加炭化室的宽度　增加炭化室的宽度，可以提高劳动生产率，降低单位产品的生产费用。炭化室宽度的选择，应注意按冶金焦的质量和产率，综合考虑合理的炭化室宽度。国内外已有设计、建造宽炭化室焦炉的趋势，如德国鲁尔煤业公司建造的炭化室平均宽610mm、炭化室高 7.65m、长 18m 的焦炉组。

2. 焦炉大型化现状

目前，世界各国 6m 及以上焦炉的炭化室高度有多种规格，如 6m、6.25m、6.74m、6.95m、7.1m、7.63m、7.85m、8.43m 等。德国史韦根（Schwelgern）焦化厂拥有当今世界最大焦炉，炭化室高达 8.43m，该焦炉为两座 70 孔焦炉，年产焦炭 250 万吨，相当于我国普通 4.3m 焦炉 8 座，6m 焦炉 4.5 座。

（1）我国的大型焦炉　近年来，我国每年新建投产的焦炉都在 50 座以上，其中顶装焦炉绝大多数为 6m 以上的大型焦炉，6m 以上大容积机焦年产能已在 1 亿吨左右，已接近当前总产能的 25%。自动化程度更高的 7.63m 焦炉也在兖矿、太钢、马钢、武钢等企业相继投产。

① JN-60 型焦炉　我国最早设计炭化室高 6m 的焦炉是 20 世纪 90 年代初投产的 JN-60 型焦炉，该焦炉的结构特点是双联火道，废气循环、富煤气设高低灯头，蓄热室分格，焦炉煤气下喷，贫煤气和空气侧喷的复热式焦炉。也有仅仅燃烧贫煤气的单热式焦炉。

② JNX-60 型焦炉　JNX 型焦炉是在 JN 型焦炉基础上设计的下部调节气流式焦炉，其结构特点为双联火道、废气循环、焦炉煤气下喷、蓄热室分格、贫煤气和空气下调的复热式焦炉。其主要尺寸和基本结构与相应的 JNX 型焦炉基本相同，主要不同在于蓄热室长向用

横隔墙分成独立的小格，每一格与上部立火道一一对应，数目相同。

③ 新日铁 M 型焦炉　新日铁 M 型焦炉是日本八幡制铁所开发的一种多段加热的复热式焦炉。它按炭化室高度的不同有 5.5m、6m 和 6.5m 三种不同的规格。其中 5.5m 和 6m 两种焦炉加热用的焦炉煤气为下喷供入，而 6.5m 焦炉的焦炉煤气则为侧喷供入。

上海宝山钢铁总厂从日本引进的炭化室高 6m 的新日铁 M 型焦炉，其结构如图 1-6 所示。该焦炉为双联火道，蓄热室沿长向分格，为了改善高向加热均匀性，采用了三段加热，为调节准确方便，焦炉煤气和贫煤气（混合煤气）均为下喷式。在正常情况下空气用管道强制通风，再经空气下喷管进入分格蓄热室，强制通风有故障时，则由废气盘吸入（自然通风）。

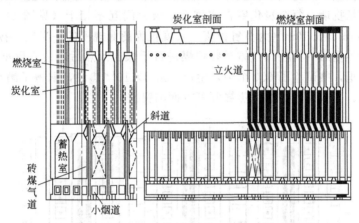

图 1-6　新日铁 M 型焦炉结构

④ 7.63m 大容积焦炉　从 2003 年起，兖矿、太钢、昌钢相继引进德国技术与设备，建成了年产 200 万吨的 7.63m 大容积焦炉，大大推动了我国焦炉大型化和技术进步的进程。

其特点为双联火道、废气循环、分段加热、焦炉煤气下喷、混合煤气和空气侧入、蓄热室分格的复热式超大型焦炉。

（2）国外的大容积焦炉　德国焦炉大型化非常迅速。2003 年，TKS Schwelgern 焦化厂投产了炭化室高度 8.3m、宽 0.6m、单炭化室容量 93m^3、2×70 孔的大容积焦炉，其生产能力达 264 万吨/年。

以往只从焦炉长度和高度方面考虑焦炉容积的增大，从 20 世纪 70 年代开始，德国开始研究炭化室宽度对增大炉容的影响。采用宽炭化室有以下优越性。

① 减少了焦炉炭化室摘门和装煤次数，有利于环境保护、操作人员的安全和健康，以及减少炉体受损，延长焦炉寿命；

② 宽炭化室使焦炭产生的裂纹变小、焦炭粒度均匀，焦炭的 M_{40}、M_{10} 都有改善；

③ 减小了膨胀压力，从而减小了炉墙的负荷；

④ 使炭化室煤料的堆密度分布更均匀。

宽炭化室使荒煤气在较宽的炭化室内停留时间较长，裂解反应加剧，焦油产率和荒煤气中的甲烷和更高烃类化合物的含量减少，而氢气含量却增加，焦炭产率也有所上升。

另外，德国 ZKS 厂已经实现了 6m 捣固焦炉技术，捣固堆密度达 1100kg/m^3 以上。

七、几种新型炼焦技术

水平室式炼焦炉已经历了一个世纪，期间焦炉结构多次发生重大变革，其热工性能和环保等方面达到了一定的水平，但仍存在许多问题。今后室式传统焦炉应向着大型化、自动化、可靠、节能、扩大炼焦煤资源、长寿以及严格控制污染的方向发展。

1. 单室炼焦系统

欧盟专家早在 20 世纪 80 年代后期就提出了单炉室式巨型反应器的设计思想,同时提出煤预热与干熄焦直接联合的方案。20 世纪欧洲 8 个国家的 13 家公司共同组建欧洲炼焦技术中心,在德国的普罗斯佩尔(Prosper)焦化厂进行了单室炼焦系统(single hambersystem,SCS),也叫巨型炼焦反应器(jumbo coking reactor,JCB)的示范性试验。

SCS 实际上是一个完全独立的单炉室布置的巨型炭化室,其主要的技术特征既保留了传统焦炉的技术优点,又克服了传统焦炉的技术缺点。它是在每个炭化室的两边各有一个燃烧室、隔热层和抵抗墙,每个炭化室自成体系,彼此间互不相干(见图 1-7)。该试验装置高 10m、宽 850mm、长 10m(为节省投资,长度仅为商业规模的一半)。用熄焦系统蒸汽发生器中回收部分热量后的惰性热气体对装炉煤进行干燥、预热后,装入巨型反应器中炼焦。在三年多的时间里,共试验了 650 个炉,生产了近 3×10^4 t 焦炭,取得了满意的结果。实现了焦炉超大型化、高效化和扩大炼焦煤源等方面的突破。

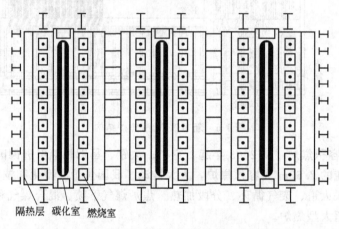

隔热层　碳化室　燃烧室

图 1-7　SCS 炼焦反应器结构

SCS 生产的焦炭其反应后强度有较大增加,这正是改善大量喷吹煤粉的大型高炉操作的前提,比传统焦炉配用更多的高膨胀性、低挥发分煤和弱黏结性或不黏结性的高挥发分煤,节能 8%。由于采用 Precarbon 法煤预热技术,煤料的堆积密度可增加至 $860 \sim 880 kg/m^3$,污染物的散发总量约可减少一半,生产成本约下降 10%,但投资稍有增加。专家预测,这种 SCS 工艺有望很快投入工业应用,成为替代传统焦炉的新炉型。目前,这种技术的商业化受到诸如推焦和出焦机械的大型化、干熄焦和煤预热联合生产装置能力的大幅度提高等因素的制约,尚需技术攻关。

2. 日本的炼焦新技术

日本是现代室式炼焦先进技术应用最多、最完善的国家之一。新日铁、川崎公司、住友公司等已实现了焦炉机械(四大车)完全自动化、现场无人操作;干熄焦基本普及;各炼焦厂普遍采用了煤调湿、煤预热、配型煤、选择粉碎等炼焦煤处理技术。

为实现炼焦节能与环保,日本钢铁联盟于 1994 年携手日本煤炭利用中心共同启动了 SCOPE21(21 世纪高产无污染大型焦炉)工程,对焦炉的生产率和环保性能进行革新,取得了预期的效果。

根据现有炼焦工艺的生产流程,SCOPE21 工程将其工艺过程划分为三大块,即煤炭快速加热、煤炭快速炭化和焦炭中温精炼。SCOPE21工程的目标在于实现每个工艺过程的功效最大化，并开发出一种高度协调的新型炼焦工艺。

图1-8为SCOPE21炼焦工艺流程。湿煤经干燥后，在快速加热的预热装置中预热到约400℃，为防止细粒煤的温度过高而引起变质，预热分两段进行，前段采用流动床加热，并将粗、细级筛分分离，细粒煤进行成型，以避免预热煤装炉时夹带煤粉，影响焦炉操作和焦油质量；粗粒煤继续采用气流床加热，使其达到规定的预热温度。成型煤与进一步预热的粗粒煤采用脉冲式输送技术混合装炉，进行中温干馏（焦饼中心温度为700~800℃）。由中温干馏炉排出的焦炭经密闭输送系统，送入带加热系统的干熄焦装置中进行高温（1000℃左右）改质，获得与高温焦炭同质量的焦炭。

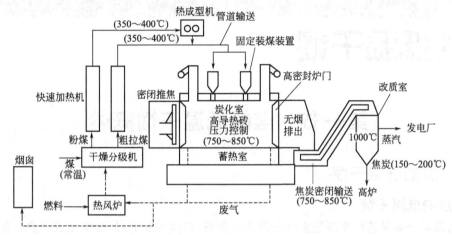

图1-8 SCOPE21炼焦工艺流程

SCOPE21工艺的特点是将煤干燥、煤预热、粉煤热压成型、管道化装煤、快速中温炭化、焦炭炉外高温处理、干熄焦等技术集于一个系统中。其优点如下：

（1）有效利用煤炭资源 通过快速加热提高炼焦煤的焦化特性，并通过对细煤部分进行干燥和压块处理增加其堆密度，以改善焦炭质量。实现了把劣质煤的利用率从过去传统工艺的20%提高到50%的突破。

（2）高效炼焦技术 对入炉煤加以预热，采用热传导率高的炉砖，并降低焦炭的出炉温度，也可以缩短炼焦时间。煤炭预热工作温度为350~400℃，焦炉炭化室温度为800℃，干熄焦一次加热温度为1000℃。与传统工艺相比，这种加热方法可将生产率提高三倍。

（3）节能 节能技术致力于降低炭化所需的热量。通过高温预热煤炭，提高炭化过程的初始温度，同时采用中温炭化，降低焦炭的出炉温度。此外，还回收利用炭化过程中所产生的荒煤气及烟囱中排放的废气的显热。

（4）环保 通过采用密封结构传送煤炭、焦炭，来改善环保水平；同时避免焦炉漏气，通过提高焦炉加热系统的性能，降低氮氧化物的排放量。

思　考　题

1. 煤的成焦过程主要有哪几个阶段？各有何特点？
2. 简述常用于炼焦的煤种及其结焦特点。
3. 干法熄焦与湿法熄焦相比具有哪些优点？
4. 炼焦新技术主要有哪些？

第二章

煤的低温干馏

第一节 煤的低温干馏概述

一、煤的低温干馏

1. 煤的低温干馏

煤的低温干馏是使煤在隔绝空气条件下，受热（500～800℃）分解生成半焦、低温煤焦油、煤气和热解水的过程，它是煤的干馏方法之一。工业上低温干馏分类方法有多种。按炉的加热方式可分为外热式、内热式及内热外热混合式。外热式炉的加热介质与原料不直接接触，热量由炉壁传入；内热式炉的加热介质与原料直接接触，因加热介质的不同而有固体热载体法和气体热载体法两种。

与高温干馏相比，低温干馏的焦油产率较高而煤气产率较低。煤的低温干馏是常压热加工过程，不用加氢和氧就可实现煤部分气化（煤气）和液化（焦油），把煤的大部分热值相对富集在固定燃料半焦中。其工艺过程简单，加工条件温和；投资少，生产成本低。煤低温干馏的原料煤通常是单种煤。用于低温干馏的煤主要是变质程度较低的褐煤、长焰煤和高挥发分的不黏煤等低阶煤。低阶煤在我国储量很丰富，过去多用于直接燃烧。低阶煤由于含较多挥发分，直接燃烧污染较大，污染防护负荷大。经过低温干馏不但可以把原料煤的大部分热值集中在固体产物半焦中，减少污染，还可以得到相当数量的经济价值更高的低温煤焦油和煤气，使煤中的部分富氢产物以优质的液态、气态能源或化工原料产出，实现煤资源的分质利用，也有利于环境保护。如用褐煤为原料生产的半焦反应活性好、硫含量低，适用作还原反应的炭料，有利于产品的质量。

以低变质煤为原料，通过干馏热解，生产半焦、煤焦油和煤气三种初级产品，是对低变质煤进行综合利用的有效方法，其热能利用效率可达85％以上，是燃煤发电热效率的2.15倍，是煤制甲醇的1.6倍。中国半焦（榆林地区称为兰炭）产业近年来发展较快，其中，陕西省榆林地区占70％以上，其次为内蒙古、山西、宁夏等省（区），也有相当规模的半焦生产。半焦在低变质煤资源丰富地区具有较好的发展前景。在我国缺油的情况，把煤通过热解干馏，先提取焦油，半焦再用作气化原料或燃料，既可提高煤利用的经济效益，又可对我国石油短缺状况起到一定的缓解作用，是低变质煤加工的较好途径之一。低变质煤主要分布在陕西、内蒙古、黑龙江、山西北部、宁夏、甘肃东部、云南、贵州、新疆等省（区），可以为煤热解干馏提供充足的原料。

煤热解生产的焦油因热解温度和热解工艺不同其性质也不相同。焦油催化加氢可以生产石脑油和柴油馏分，两者的总收率可达80％左右。煤焦油的性质及组分见表2-1。

表2-1　煤焦油的性质及组分（8个样品混合后分析数据）

成分	水分	灰分	酚	吡啶	蒽	沥青	硫	甲苯不溶物	密度
单位	%	%	%	%	%	%	%	%	t/m³
数值	4.6	0.04	10.64	2.21	1.65	36.14	0.12	0.456	1.048

（1）低温煤焦油加氢　煤热解干馏产出的中低温焦油，可以通过催化加氢生产轻油和燃料油；从干馏副产的煤气中提取氢气作为氢源；提取氢以后的煤气含有甲烷和一氧化碳等可燃气体，可以作热解干馏装置的供热热源。所产石脑油可作为汽油调和油，也可作为重整原料油。焦油加氢过程及产品见图2-1。

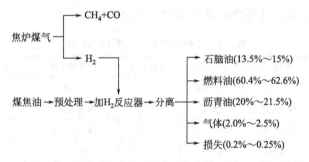

图2-1　焦油加氢过程及产品

（2）干馏煤气组成　内热式、外热式干馏煤气组分见表2-2。

表2-2　内热式、外热式干馏煤气组分　　　　单位：%（体积分数）

炉型	H_2	CO	CH_4	C_nH_m	N_2	CO_2	O_2	合计	热值/(kcal/m³)
内热式	28.3	16.2	7.2	0.5	38.1	9.6	0.1	100.0	1905.6
外热式	50.0	21.1	14.9	1.5	5.5	6.5	0.5	100.0	3431.0

注：1kcal=4.18kJ。

低阶煤无黏结性，有助于物料的流动及传热等，有利于在移动床或流化床干馏炉中的操作和控制。低阶煤的热解温度低，最佳热解温度随煤阶降低而降低。

2. 低变质煤的低温干馏过程

在隔绝空气条件下加热至较高温度，低变质煤将发生一系列复杂的物理和化学反应，形成气态（煤气）、液态（焦油）和固态（半焦/兰炭）产物。由于黏结性差，热解过程不会产生胶质体，因此其热解过程与炼焦过程存在明显的差异，大致可分为以下三个阶段。

（1）第一阶段　室温到300℃为干燥脱气阶段。这一阶段煤的外形基本无变化，主要从煤中析出储存的气体和非化学结合水。脱水主要发生在120℃前，而脱气（主要脱除煤吸附和孔隙中封闭的CO_2、CH_4和N_2等气体）大致在200℃前后完成。褐煤在200℃以上发生脱羧反应，300℃左右开始热解。

（2）第二阶段　300～600℃为半焦/兰炭形成阶段。这一阶段低变质煤不产生胶质体或产出量很少，过程以裂解反应为主。主要包括不稳定桥键断裂生成自由基碎片、脂肪侧链受热裂解生成气态烃以及含氧官能团、脂肪结构的低分子化合物的裂解。450℃前后焦油的产出量最大，在450～600℃气体析出量最多。

（3）第三阶段　600～800℃为低温半焦的收缩稳定阶段。在这一阶段以缩聚反应为主，半焦的挥发分进一步降低，芳香结构脱氢产生的挥发分主要是煤气（700℃后煤气成分主要是H_2），其组成为H_2和少量的CH_4。

3. 煤的低温干馏技术

目前，低变质煤干馏技术已实现工业化的炉型有内热式固定床干馏炉，以块煤为原料，单炉产焦炭（7～10）×10^4t/a，焦油产率7%～8%；外热式固定床干馏炉，以块煤为原料，单炉产焦炭（5～115）×10^4t/a；固体热载体移动床干馏炉，以碎粉煤为原料，单炉处理原煤量（10～15）×10^4t/a；气体、固体热载体流化床干馏炉，以碎粉煤为原料，单系统处理煤量60×10^4t/a，焦油产率10%～20%；煤催化热解技术，在煤粉中加入催化剂，在氧气存在的情况下，对煤进行深度热解，可以使焦油产率提高到15%～20%，该技术正在进行煤量75kg/h的小型试验。几种煤热解干馏炉技术比较见表2-3。

表2-3　几种煤热解干馏炉技术比较

技术特点	单位	内热式	外热式1	外热式2	固体热载体	催化热解	褐煤干燥热解
原料煤粒度	mm	20～50	20～50	20～40	<8	<6	<6
干馏介质		煤气、空气	燃气	燃气	热焦或热渣	煤气、粉焦	热烟气
干馏温度	℃	600～650	650～700	750～800	650～700	650～700	500～520
焦油产率	%	6.5～7.5	7.0～7.5	5.5～6.0	10～12	20～22	5～6
煤气热值	MJ/m^3	7～7.5	17～18	17～18	18～20	18～19	4.8～5.3
单台炉能力	10^4t/a	10.0	15.0	5.0	10～15	60.0	30.0
典型工程		神木三江	内蒙古伊东	府谷恒源	神木富油淮南煤矿	小试	美国

二、煤的低温干馏产品

煤低温干馏的主要产品为半焦、低温煤焦油和煤气。产品的产率、组成取决于原料煤的性质、干馏炉结构、加热条件等。一般焦油产率为6%～25%、半焦为50%～70%、煤气为80～200m^3/t（原料干煤）。

1. 半焦

由煤低温干馏所得的可燃固体产物称为半焦。半焦色黑多孔，主要成分是炭、灰分和挥发分。其灰分含量取决于原料煤质，挥发分含量为5%～20%（质量分数）。半焦与焦炭相比，挥发分含量高，孔隙率大而机械强度低。与一氧化碳、蒸汽或氧气具有较强的反应活性，比电阻高。原料煤煤化程度越低，半焦的反应能力和电阻越高。半焦是很好的高热值无烟燃料，主要用作工业或民用燃料、合成气、电石生产等，是生产铁合金的优良炭料，少量用作冶炼铜矿或磷矿等时的还原剂，此外也用作炼焦配煤。

半焦和焦炭的性质见表2-4。

由表2-4可知，半焦的反应性与比电阻比高温焦高得多，而且煤的变质程度越低，其反应性和电阻越高。半焦的高比电阻特性，使它成为生产铁合金的优良原料。半焦硫含量比原煤低、反应性高、燃点低（250℃左右），是优质的燃料，也适合用于制造活性炭、炭分子和还原剂等。

表 2-4 半焦和焦炭的性质

炭料名称	孔隙率/%	反应性/[mL/(g·s)]	比电阻/(Ω·cm)	强度/%
褐煤中温焦	36～45	13.0	—	70
前苏联列库厂半焦	38	8.0	0.921	61.8
长焰煤半焦	50～55	7.4	6.014	66～80
英国气煤半焦	48.3	2.7	—	54.5
60%气煤配煤焦炭	49.8	2.2	—	80
冶金焦(10～25mm)	44～53	0.5～1.1	0.012～0.015	77～85

2. 煤焦油

煤焦油为煤干馏过程中所得到的一种液体产物。低温干馏得到的焦油称为低温干馏煤焦油（简称低温煤焦油），低温煤焦油也是黑色黏稠液体，与高温煤焦油不同的是低温为煤受热的初步分解产物，因此未受到深度裂化，具有较小的 H/C 比值，较高的氧、氮、硫含量。因此，低温煤焦油具有相当多的煤焦酸和煤焦碱类，密度通常小于 $1.0g/cm^3$，成分中芳烃含量少、烷烃含量大，其组成与原料煤质有很大关系。低温干馏焦油是人造石油的重要来源之一，经高压加氢制得汽油、柴油等产品。

低温煤焦油的用途：

① 发动机燃料，生产酚类和烃类；

② 提取的酚可用于生产塑料，合成纤维、医药等产品；

③ 褐煤焦油中含有大量蜡类，是生产表面活性剂和洗涤剂的原料。

3. 煤气

煤低温干馏产生煤气，其密度为 $0.9～1.2kg/m^3$；主要成分为甲烷、氢气、一氧化碳等。主要用途为工业及民用加热燃料，也可作化学合成原料气。低温干馏和中温干馏、高温干馏产品的产率和性质见表 2-5。

表 2-5 低温干馏和中温干馏、高温干馏产品的产率和性质

干馏类型 产品产率与性质		低温干馏	中温干馏	高温干馏
固体产物		半焦	中温焦	高温焦
焦炭/%		80～82	75～77	70～72
焦油/%		9～10	6～7	3～5
煤气/(m³/t)		120	200	320
焦炭着火点/℃		450	490	700
相对密度		<1	1	>1
中性油/%		60	50.5	35～40
焦油	酚类/%	25	15～20	1.5
	焦油盐基/%	1～2	1～2	1～2
	沥青/%	12	30	57
	游离碳/%	1～3	1～5	4～10
中性油成分		脂肪烃、芳烃	脂肪烃、芳烃	芳烃

续表

干馏类型 产品产率与性质		低温干馏	中温干馏	高温干馏
煤气	$H_2/\%$	31	45	55
	$CH_4/\%$	55	38	25
	发热量/$(\times 10^3 kJ/m^3)$	31	25	19
	产率/%	1.0	1.0	1.0~1.5
	组成	脂肪烃为主	芳烃50%	芳烃90%

第二节　煤的低温干馏工艺

一、低温干馏的影响因素

煤热解过程中，挥发分会从煤基体中挥发出来形成初始热解产物，随后在温度继续升高的情况下，发生分解、加氢、脱氢、缩聚等二次反应。一般来说，在600℃以下，气相的二次反应基本不发生，但随着热解温度的升高，气体产品的产率上升，而液体产品的产率下降。

热解过程的影响因素很多，主要有原料煤性质与组成的影响，它包括煤化程度、煤岩组成、煤的粒度等；还有其他外界条件的影响，包括干馏炉的类型、加热条件、装煤条件、添加剂、预处理、产品导出方式等。

1. 原料煤的影响

（1）原料煤种及煤化程度　原料煤煤阶的不同影响着煤热解产物的差异，高阶煤煤化程度大，C元素的含量大，H和O元素所占比例小，其芳香层的排列更工整有序，煤分子结构稳定性好，热解过程中半焦的产率大，水以及碳氧化合物生成量较少。中低阶煤H和O元素含量多，煤中氧碳比较大、挥发分高，热解气和焦油的产率大。

不同煤种的煤化程度不同，可直接影响煤开始热解的温度、热解产物、热解反应活性、黏结性和结焦性等。随着煤化程度增加，煤开始热解温度逐渐升高，反应活性降低。

在同一热解条件下，由于煤化程度的不同，其热解产物及产率也不同。煤化程度低的煤（褐煤），热解时煤气、焦油和热解水产率高，但没有黏结性（或很小），不能结成块状焦炭；中等变质程度烟煤，热解时煤气、焦油产率较高，而热解水少，黏结性强，能形成强度高的焦炭；煤化程度高的煤（贫煤以上），煤气量少，基本没有焦油，也没有黏结性，生成大量焦粉（脱气干煤粉）。而且不同种类褐煤低温干馏的焦油产率差别也较大，可变动于4.5%~23%。烟煤低温焦油产率与煤的结构有关，其值介于0.5%~20%，由气煤到瘦煤，随着变质程度增高，焦油产率下降，但肥煤加热到600℃时生成的焦油量等于或高于气煤的。腐泥煤低温干馏焦油产率一般较高。

同时，原料煤种类对低温干馏煤气的组成有较大的影响。

（2）煤岩组成　煤岩成分不同，热解产物的产率也不同。煤气产率以稳定组最高，惰质组最低，镜质组居中；焦油产率以稳定组最高（同时其中性油含量高），惰质组最低，镜质组焦油产率居中（其酸性油和碱性油含量高）；焦产量惰质组最高，镜质组居中，稳定组最低。镜质组和稳定组为活性组分，惰质组和矿物质为惰性成分。从煤的岩相组分来看，暗煤的焦油产率最高，亮煤、镜煤次之，丝炭的焦油产率最低。

（3）煤中氧含量　对绝大多数煤而言，氮和硫含量之和不足4％。但氧是煤中第二重要元素，且存在形式非常复杂，主要有羧基、羟基、羰基、醌基、甲氧基、醚键和杂环氧（主要是呋喃环）。氧是使煤分子结构复杂的重要因素。氧含量增加会使其黏结性和结焦性大大降低，甚至失去黏结性。此外不同煤阶氧的含量和存在形式有很大不同，且煤中的氧在炼焦过程中几乎全部随挥发物逸出，因此其对热解过程，特别是对煤气组成有很大影响。

（4）煤的水分含量　煤料的水分对半焦/兰炭的质量和产量也有很大影响。水分含量直接影响装煤的堆密度，干燥煤料可以使堆密度增加，从而改善煤料的黏结性，提高生产能力。由于炭与水蒸气易反应生成水煤气，因而影响炭化煤气的组成。在一定水分范围内煤气产率随煤中水分增加而提高，当水分超过一定限度后，煤中水分增加时煤中有机物含量会减少，反而使煤气产率降低。

（5）煤中挥发分　煤中挥发分有60％～65％进入热解煤气，其余部分生成焦油、粗苯、氨和水等。一般情况下煤气的产率随煤中挥发分的增加而增加。

原料煤的挥发分与半焦产率成反比，原料煤氢含量愈高，焦油收率愈高。氧含量愈高，焦油收率愈低。

（6）煤的粒度　煤的粒度对热解产物有很大影响。一般煤的粒度增加，挥发物由煤块内部向外部析出时受到的阻力增大，气体产物在高温区停留时间增长，加深了二次热解的程度，焦油产率降低。

2. 加热条件的影响

（1）炭化终温　煤干馏终温是产品产率和组成的重要影响因素，也是区别干馏类型的标志。随着温度升高，使得具有较高活化能的热解反应有可能进行，与此同时生成了多环芳烃产物，它具有高的热稳定性。温度不仅影响生成初级分解产物的反应，而且影响生成挥发分的二次反应。在不存在二次反应的情况下，某一挥发性组分的产率随温度的升高而单一地增加。当存在大量二次反应的情况下，二次反应的速率增加，导致焦油发生裂解和再聚合反应。因此炭化终温直接影响热解焦油和兰炭的组成。对于兰炭生产，一般采用中低温干馏。

随着热解最终温度的升高，固体焦和焦油产率下降，煤气产率增加，但煤气中氢含量增加，而烃类减少，因此其热值降低；焦油中芳烃和沥青增加，酚类和脂肪烃含量降低。当煤料温度高于600℃，如提高干馏终温，则兰炭和焦油产率会降低，煤气产率增加。

（2）加热升温速率　升温速率是影响煤热解的一个重要因素，一般随升温速率的增加，最大热解速率也随之增加，热解气体的析出速率越大。根据煤的升温速度，一般可将热解分为四类：慢速加热，$<5K/s$；中速加热，$5～100K/s$；快速加热，$100～10^6K/s$；闪激加热，$>10^6K/s$。现有的炭化工艺属慢速加热。

改变加热速率对挥发分产率影响并不十分明显，但是对热解产物的组成有明显的影响，提高煤的加热速度能降低半焦产率，增加焦油产率，煤气产率稍有减少。

3. 压力

压力对热解的影响一般认为是二次反应造成的。压力的提高使产物的逸出受阻，使产物特别是焦油经历更为复杂的二次反应。一般情况下，压力增大，焦油产率减少，半焦和气态产物产率增加，煤气中H_2产率会下降。

4. 停留时间

停留时间的影响与温度的影响是相互关联的，停留时间对煤热解气体产物的影响与压力相似，停留时间增加，将促进芳烃的缩聚，半焦中残留的挥发分减少，H/C比下降。同时加强了热解挥发分，特别是焦油的二次热解，因此直接影响着炭化过程和热解产品的产率和组成。

采用煤快速加氢热解时，载气的停留时间也是影响热解的重要因素之一。调节停留时间可控制加氢二次反应进程，改变生成物的产率和组成。

二、低温干馏炉及工艺

1. 干馏炉类型

干馏炉是低温干馏生产工艺中的主要设备，为保证高效生产，低温干馏炉应具备过程效率高、易控制、操作方便可靠、主要干馏物料加热均匀、原料适应性广、煤粒尺寸范围大、导出的挥发物二次热解作用小等特点。

根据供热方式不同，工业生产中的干馏炉一般可分为外热式、内热式和内外混热式干馏炉（图 2-2）。

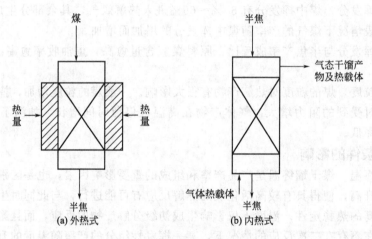

图 2-2 低温干馏炉加热方式

外热式炉供给煤料的热量是由炉墙外部传入。焦炉就是典型的外热式干馏炉。外热式热效率低，煤料受热不均匀，挥发产物发生二次分解严重；内热式工艺借助热载体（根据供热介质不同又分为气体热载体和固体热载体）把热量直接传递给煤料，受热后的煤发生热解反应，克服了外热式工艺的缺点。

内热式工艺按供热介质不同可分为气体热载体和固体热载体两种。气体热载体热解通常是将燃料燃烧的高温热烟气或惰性气体作为循环的热载体，引入热解室，代表性的有美国的 COED 工艺、ENCOAL 工艺和波兰的双沸腾床工艺等；固体热载体热解则是由加热后的瓷球、瓷环以及热解产生的高温半焦或热灰渣等作为循环热载体，与煤在热解室内混合，利用热载体的显热将煤热解。与气体热载体热解工艺相比，固体热载体热解工艺避免了煤热解析出的挥发产物被烟气稀释，同时降低了冷却系统的负荷。比较而言，在能获得高温固体热源的情况下，固体热载体热解工艺优势明显。

根据固体物料在反应器内的运行状况，一般可分为旋转床、固定床、流化床、气流床及滚动床（回转炉/窑）等。

2. 典型工艺

（1）气体热载体直立炉工艺 德国的鲁奇（Lurgi）三段炉属于典型的气体热载体内热立式干馏炉，主要用于低变质煤低温热解，热载体以气体为主，该工艺不适用于中等黏结性或高黏结性的烟煤。三段炉结构如图 2-3 所示。

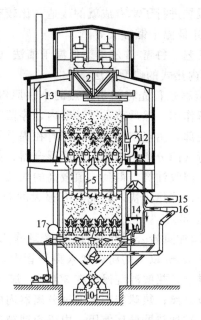

图 2-3　德国鲁奇三段炉

1—来煤；2—加煤车；3—煤槽；4—干馏段；5—通道；6—低温干馏段；7—冷却段；
8—出焦机构；9—焦炭闸门；10—胶带运输机；11—干燥段吹风机；12—干燥段燃烧炉；
13—干燥段排气烟囱；14—干燥段燃烧炉；15—干燥段出口煤气管；16—回炉煤气管；17—冷却煤气吹风机

其工艺过程是：煤或由褐煤压制成的型块（25～60mm）由上而下移动，与燃烧器逆流直接接触受热。炉顶原料的含水量约 15％时，在干燥段脱除水分至 1.0％以下，逆流而上的约 250℃热气体冷至 80～100℃。干燥后原料在干馏段被 600～700℃不含氧的燃烧气加热至约 500℃，发生热分解；热气体冷至约 250℃，生成的半焦进入冷却段被冷气冷却。半焦排出后进一步用水和空气冷却。从干馏段逸出的挥发物经过冷凝、冷却等步骤，得到焦油和热解水。德国、美国、苏联、捷克斯洛伐克、新西兰和日本以及我国东北均曾建此类干馏炉。气流内热式炉干馏流程见图 2-4。

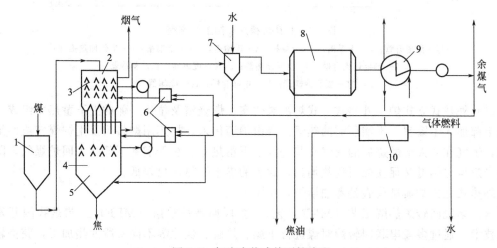

图 2-4　气流内热式炉干馏流程

1—煤槽；2—气流内热干馏炉；3—干馏段；4—低温干馏段；5—冷却段；6—燃烧室；
7—初冷器；8—电捕焦油器；9—冷却器；10—分离器

近年来，我国对鲁奇三段炉进行了卓有成就的改造，比较有代表性的如陕西神木县三江煤化工有限责任公司设计的 SJ 低温干馏方法等。

（2）内热式固体热载体工艺　鲁奇-鲁尔盖斯低温干馏法（简称 L-R 法）和美国的 TOSCOAL 法工艺是固体热载体内热式的典型方法。

① L-R 法　L-R 法工艺流程是首先将初步预热的小块原料煤，同来自分离器的热半焦在混合器内混合，发生热分解作用。然后落入缓冲器内，停留一定时间，完成热分解。从缓冲器出来的半焦进入提升管底部，由热空气提送，同时在提升管中烧去其中的残炭，使温度升高，然后进入分离器内进行气固分离。半焦再返回混合器，如此循环。从混合器逸出的挥发物，经除尘、冷凝和冷却、回收油类，得到热值较高的煤气。

此法由于温差大、颗粒小、传热极快，因此具有很大的处理能力。所得液体产品较多、加工高挥发分煤时，产率可达 30%。

② TOSCOAL 法　由美国油页岩公司开发的用陶瓷球作为热载体的煤炭低温热解方法，其工艺流程如图 2-5 所示。将 6mm 以下的粉煤加入提升管中，利用热烟气将其预热进入旋转滚筒与被加热的高温瓷球混合，热解温度保持在 300℃。煤气与焦油蒸气由分离器的顶部排出，进入气液分离器进一步分离；热球与半焦通过分离器内的转鼓分离，细的焦渣落入筛下，瓷球通过斗式提升机送入球加热器循环使用。由于瓷球被反复加热循环使用，在磨损性上存在问题；此外，黏结性煤在热解过程中会黏附在瓷球上，因此仅有非黏结性煤和弱黏结性煤可用于该工艺。

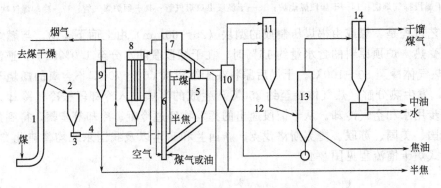

图 2-5　L-R 法褐煤干馏工艺流程

1—煤干燥提升管；2—干煤槽；3—给煤机；4—煤输送管；5—干馏槽；6—半焦加热提升管；
7—热半焦集合槽；8—空气预热器；9,10—旋风器；11—初冷器；
12—喷洒冷却器；13—电除尘器；14—冷却器

（3）外热式立式炉　外热式立式炉由炭化室、燃烧室及位于一侧的上下蓄热室组成。煤料由上部加入干馏室，干馏所需的热量主要由炉墙传入。加热用燃料为发生炉煤气或回炉干馏气，煤气在立火道燃烧后的废气交替进入上下蓄热室。在干馏室下部吹入回炉煤气，既回收热半焦得出热量又促使煤料受热均匀，此炉的煤干馏热耗量较低。

外热式立式炉典型代表是考伯斯炉，见图 2-6。

（4）多段回转炉热解工艺（MRF 工艺）　多段回转炉热解（MRF）工艺是我国开发的一项技术，通过多段串联回转炉对煤进行干燥、热解、炭化等不同阶段的热加工，获得较高的产率的焦油、中热值煤气及优质半焦，其工艺流程如图 2-7 所示。

中国煤炭科学研究总院北京煤化所多段回转炉热解工艺的主体是 3 台串联的卧式回转炉。制备好的原煤（6～30mm）在干燥炉内直接干燥，脱水率不小于 70%。干燥煤在热解

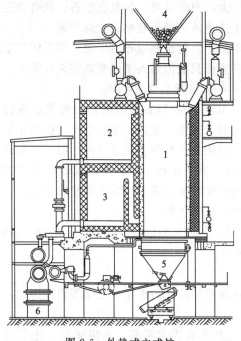

图 2-6　外热式立式炉

1—干馏室；2—上部蓄热室；3—下部蓄热室；
4—煤槽；5—焦炭槽；6—加热煤气管

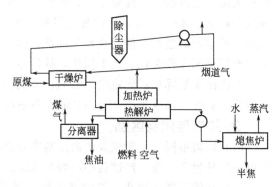

图 2-7　MRF 工艺流程

炉中被间接加热。热解温度 550～750℃，热解挥发产物从专设的管道导出，经冷凝回收焦油。热半焦在三段熄焦炉中用水冷却排出。除主体工艺外，还包括原料煤储备、焦油分离及储存、煤气净化、半焦筛分及储存等生产单元。

该工艺的目标产品是优质半焦，煤料在热解炉里最终热解温度 750℃，半焦产率为湿原料煤的 42.3％，是干煤的 69.3％，产油率为干热解煤的 2.5％，约为该煤葛金焦油产率的44％。用该工艺分别对先锋、大雁、神木、天祝各煤种进行测试，并研究了干馏的半焦特性数据。MRF 工艺以建立中小型生产规模为主，采用并联工艺，已在内蒙古海拉尔市建有 $5.5×10^4$ t/a 的工业示范厂。

三、兰炭生产工艺

1. 兰炭生产概述

兰炭，其实就是半焦，是利用神府煤田盛产的优质侏罗纪精煤块烧制而成的，因其颜色呈浅黑色，看上去蓝幽幽的，因而被当地人称为兰炭。

作为一种新型的碳素材料，兰炭因固定碳高、电阻率高、化学活性高、含灰分低、铝低、硫低、磷低的特性，已逐步取代冶金焦而广泛用于电石、铁合金、硅铁、碳化硅等产品的生产。

兰炭结构为块状，粒度一般在 3mm 以上，主要有两种规格：一种是土炼兰炭；二是机制兰炭。虽然两种规格的兰炭用的是同种优质煤炼制而成，但因生产工艺和设备不同，其成本和质量也不大一样。优质的兰炭主产于陕西的神木和府谷一带。

（1）土炼兰炭　20 世纪 70 年代末，由于当时的交通、运输、投资资金等制约因素，煤矿将难以销售的块煤在平地堆积，用明火点燃，等烧透后用水熄灭而制成兰炭，尽管生产工艺简单、落后，但因为煤质优良，其产品还是为广大用户所认可，并且在电石、铁合金生产中已经成为一种不可替代的优质碳素材料，这种土法冶炼的兰炭被称为土炼兰炭。

土炼兰炭生产工艺简单，投资较少，生产成本低，销售价格也相对低廉，但正因其生产工艺简单、落后，浪费资源，污染环境，而且生产操作只能依靠人工经验观察火候灭火，质量不稳定，一般情况下固定炭只能保证在82%左右。故已逐渐停止生产。

（2）机制兰炭   由于治理环境、减少污染、节能降耗的需要和国家环保政策法规的要求，采用机械化炉窑生产工艺生产兰炭逐渐形成规模，代替了原来的土法生产。机械化炉窑生产采用了先进的干馏配烧工艺，机制兰炭中的固定炭比土炼炭提高了5%～10%，灰分和挥发分降低了3%～5%，炉内装有可控的测温设备，质量比较稳定，用回收的煤气二次燃烧烘干所生产的兰炭，使兰炭水分降低，而且机械强度也较土炼兰炭有了明显的提高。该兰炭生产用机械操作替代了人工操作，故产品兰炭称为机制兰炭。

兰炭的质量标准：固定碳>82%，挥发分<4%，灰分<6%，硫<0.3%，水分<10%，电阻率>3500，粒度15～25mm，最大不超过30mm。

2. 兰炭与焦炭区别

（1）原料不同   一般焦炭产品原料主要以具有较强黏结性的焦煤、肥煤等煤种为主，多以单一煤种生产，在生产过程中不需要配煤。

（2）品质不同   相比一般意义的焦炭产品，兰炭具有固定碳高、电阻率高、化学活性高、灰分低、硫低、磷低、水分低等"三高四低"的优点，但兰炭的强度和抗碎性相对较差。近年来由于一些优质煤矿资源的发现开采并用在了兰炭生产上，使兰炭也带有一定的黏结性，原本低强度和抗碎性差的兰炭有了焦炭的一些机械特性。

（3）技术工艺不同   一般焦炭产品生产多以高温干馏为主，干馏温度通常需要达到1000℃左右，经过多年发展，目前大型化焦炭炉设备及技术工艺相对成熟，具备大规模生产的条件。近年新建的焦炭炉产量可达（50～100）×10⁴t/a，如兖矿国际焦化有限公司两座炭化室7.63m高的焦炉，每座产量可达110×10⁴t/a。兰炭生产以低温干馏为主，干馏温度一般在600℃左右，低温干馏炉设备的单炉年生产能力多数在（3～5）×10⁴t/a，因此，大型化设备的技术工艺尚不成熟，仅能通过一炉多门等组合技术实现集中化大规模生产。

（4）产品价格不同   由于原料及工艺等方面的差异，兰炭的市场价格远低于一般焦炭的价格。相对较低的市场价格使兰炭产品具备了较高的市场竞争能力。

（5）用途不同   焦炭产品多用于高炉炼铁和铸造等冶金行业，兰炭由于强度和抗碎性相对较差，不能用于高炉生产。但在铁合金、电石、化肥等行业，兰炭完全可以代替一般焦炭，并且质量优于国家冶金焦、铸造焦和铁合金专用焦的多项标准，因而兰炭在提高下游产品质量、节约能源、降低生产成本、增加产量等方面，具有更高的应用价值；同时兰炭在高炉喷吹、生产碳化料、活性炭领域也有较大的发展潜力。

3. 兰炭生产的炉型

陕西榆林地区兰炭生产设备采用的SJ低温干馏方炉，属内热式炉。该炉是由陕西神木三江煤化工责任有限公司（三江煤化工研究所）在鲁奇三段炉的基础上，参考国内有关炉型，结合原立式炭化炉工艺，根据神木及周边地区煤的特性、环保要求等综合研制开发的新一代低温干馏炉，因其截面呈长方形，故命名为SJ低温干馏方炉，是目前国内应用最广、最为成功的一种炉型，已在陕北榆林地区和内蒙古的东胜地区设计并建造了超过数百台SJ型低温干馏炉，炉型也由开始的SJ-Ⅰ型发展到现在的SJ-Ⅶ型，2005年SJ-Ⅲ低温干馏炉及工艺还出口到哈萨克斯坦。

SJ-Ⅶ型低温干馏炉是目前兰炭生产的优良炉型，不但工艺简单、投资少、产量大、容易操作、效益高，而且在提高焦油收率的同时，也解决了过去喷孔结疤和炉内挂渣的问题。

SJ-Ⅶ型低温干馏炉基本构造见图 2-8。

炉截面为 3000mm×5900mm，干馏段高（即花墙喷孔至阵伞边的距离）为 7020mm，炉子有效容积为 91.1m³。距炉顶 1.1m 处设置集气罩，采用 5 条布气墙（4 条完整花墙、2 条半花墙），花墙总高 3210mm。考虑花墙太高稳定性不好，除了用异型砖砌筑外，厚度也从 350mm 加大至 590mm，中心距为 1180mm。花墙顶部之间设置有小拱桥。干馏炉炉体采用黏土质异型砖和标准砖砌筑，硅酸铝纤维毡保温。采用工字钢护炉柱和护炉钢板结构，加强炉体强度并使炉体密封。

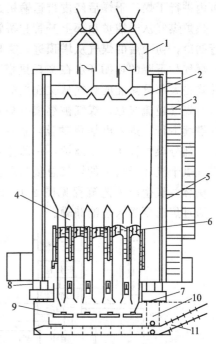

图 2-8　SJ-Ⅶ型低温干馏炉基本构造
1—辅助煤箱；2—集气罩；3—爬梯；
4—花墙；5—炉体；6—小拱墙；
7—排焦箱；8—炉底平台；9—推焦盘；
10—刮板机；11—水封箱

（1）SJ-Ⅶ型低温干馏炉的特点　①炉内花墙顶部之间设置小拱桥，通过小拱桥的支撑作用，可以增加花墙的强度，防止花墙坍塌。②拉焦盘浸入水封内。SJ-Ⅶ型低温干馏炉的花墙下面是水冷排焦箱和出焦漏斗，出焦漏斗下面又设置有拉焦盘，最下面是出焦刮板机。拉焦盘和刮板机均泡在水封内，这样的好处是不但拉焦盘不会变形，保证炉子的均匀出焦，而且在没有冷却煤气的情况下也可以正常运转，同时还可以避免半焦堵馏子。③取消了冷却煤气冷却段，改为炉底水冷夹套式冷却排焦箱。老式方炉中给冷却煤气的主要作用是为了保护拉焦盘，并回收半焦的显热，但通冷却煤气增加了循环煤气量，因而电耗增加，把拉焦盘浸入水封可取消冷却煤气的保护。④文丘里塔选用 11 根文丘里管，简化了结构，只需用一台水泵进行热水循环。文丘里管的作用是增加气液之间的接触，达到提高焦油回收率的目的。一般地，文丘里管的喉管气速取 15～20m/s 为宜。喷头安装位置距喉管200mm，喷头水压>14.7Pa，每个文丘里管的喷水量为 5.2m³/h。生产实践证明，在文丘里塔内大约有 80% 的焦油被洗脱。

（2）SJ 低温干馏方炉的不足之处　①由于采用内热式加热方式，导致出炉煤气热值低，难以符合工业和民用要求，对后续煤气加工利用造成影响；②采用水封冷却出焦方式，虽然可避免由于煤气泄漏而造成的环境污染，但熄焦产生的高温废水仍会挥发出有毒有害气体；③由于半焦是从水里捞出需要烘干，还需消耗大量煤气；④气体热载体必须自下而上穿过料层，这就要求料层有足够的透气性，并使气流分布均匀，所以原煤粒度大小受到限制，需要破碎和筛分；⑤干馏炉加料过程中粉尘问题未得到有效解决。

4. 兰炭生产工艺

兰炭生产工艺包括备煤、炭化、筛焦、煤气净化和污水处理工段。

原料煤通过二级破碎后，块度为 20～80mm，通过运煤皮带送入位于干馏炉上方的储煤仓，由加煤工按照干馏炉的处理量添加煤至炉顶不亏料为止。原料煤在干馏炉内逐渐下降，依次经过干燥段、干馏段和冷却段，最后经推焦机退落至熄焦池内，经刮板机将兰炭送入烘干机内进行干燥，干燥后经皮带运输机送至筛分机，筛分得兰炭成品。

焦炉煤气从干馏炉顶部上升管和桥管进入煤气收集箱，在桥管设有热环喷淋水，将煤气进行初冷，初冷后的煤气从塔顶进入文丘里塔，来自热水循环系统的热循环水从塔顶喷淋而下，煤气与下降的热循环水在文丘里塔充分接触，大约80%的焦油被冷却水带入塔底，冷却并除去大部分焦油的煤气从文丘里塔底导出，进入旋流板塔内，来自冷水循环系统的冷循环水与煤气逆流接触，煤气被继续冷却并除去其中所含焦油。经过二级冷却和除焦油处理的煤气继续下行，进入电捕焦油器，进一步除去煤气中的焦油后进入煤气风机。通过煤气风机，一部分煤气被送至干馏炉，一部分被送至兰炭烘干机，剩余部分送至发电厂发电。配送到煤气烘干机和干馏炉的煤气总量与送至发电厂的煤气量之比大约为4∶6。

榆林兰炭生产工艺流程见图 2-9。该工艺中各部分去除的焦油在各循环池内静置分层后，通过焦油泵送入焦油储罐。

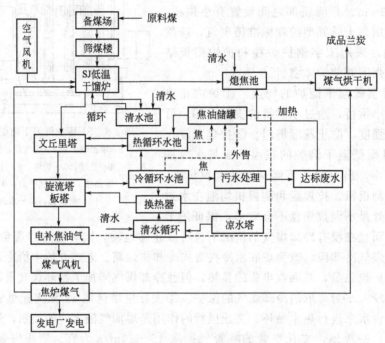

图 2-9　榆林兰炭生产工艺流程

四、低温干馏多联产模式

近年来，作为国家级能源化工基地，榆林市兰炭产业得到长足的发展，形成了独具特色的榆林煤热解多联产模式，见图 2-10。该模式从煤质特点出发，采用热解（干馏）加工技术，对煤中的成分进行分质综合利用，形成了兰炭生产、焦油加工、煤气利用等多联产低碳产业模式。大大提高了能量利用效率，热能利用效率可达 80%，是发电的两倍。采用催化热解新技术焦油收率可达 20%以上，吨油投资相当于 F-T 合成油的 1/2，耗水量是 F-T 合成油的 40%左右，CO_2 减少 30%以上。煤气中甲烷含量达 25%～28%，分离出来作为合成天然气，成本只有煤制天然气的一半左右。H_2 和 CO 作为焦油加工的原料气，其余部分可用于发电等。块状半焦用于铁合金、金属镁生产，粉焦活性好、成本低，用于制水煤浆，制浆浓度提高 2%～3%，还可用作锅炉燃料、发电、高炉喷吹料、制活性炭、炭黑材料、无烟燃料、铸造用捣固焦等。

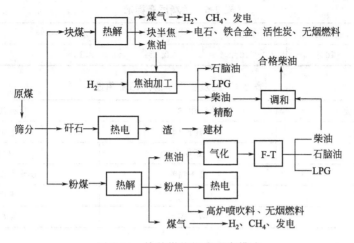

图 2-10 榆林煤热解多联产模式

第三节 低温干馏产品的利用

低温干馏产品主要包括半焦/兰炭、煤焦油和煤气。低温干馏产物的产率和组成取决于原料煤性质、干馏炉结构和加热条件。一般焦油产率为 6%～25%，半焦产率 50%～70%，煤气产率 80～300m³/t（以原料干煤计）。

一、半焦的应用

1. 半焦的种类

半焦主要是针对冶金焦炭而言，是低变质煤经低（中）温干馏工艺生产的一种低灰分、高固定碳含量的固体物质，具有较大的比表面积和丰富的微孔，化学活性较大。原料煤的煤化度越低，半焦的反应能力和比电阻越高。半焦主要分褐煤半焦和兰炭。

（1）褐煤半焦 褐煤半焦以褐煤为原料，半焦热值高于原煤（根据煤种不同一般高20%～50%），反应活性好。褐煤半焦的质量与原料煤质量有关。原料煤的灰分不同，得到的半焦灰分也不同，灰分低的褐煤半焦可用作高炉喷吹料、烧结粉焦和铁合金用焦粉，也可以加工成洁净的无烟燃料等；灰分高的褐煤半焦可用作合成气原料和燃烧发电。一般褐煤热半焦产品粒度小、灰分大，应用受到限制，大多用于电厂发电燃料。

（2）兰炭 陕北和鄂尔多斯地区的原煤特点是低硫、低灰、黏结指数小，该地区的侏罗纪煤经低（中）温干馏工艺生产的兰炭，具有低灰、低硫、低磷、高固定碳、高电阻率及高化学活性等特点。陕北兰炭燃烧时无烟，不形成焦油，含硫低于原煤，热效率高于原煤，块度均匀，反应性好，因而成为用途广泛的工业原料和燃料。陕北也成为全国的半焦/兰炭重要生产区域，兰炭产品远销鲁、晋、蒙、宁、云、贵、川、湘、鄂、粤、桂及海外。

兰炭分为大、中、小三种规格。由于其固定碳高、比电阻高、化学活性高、含灰低、铝低、硫低、磷低的特性，已逐步取代冶金焦而广泛运用于电石、铁合金、硅铁、碳化硅等产品的生产，成为一种不可替代的新型炭素材料。其中，大料用于炼铁、化肥等生产，中料主要用于电石生产，小料广泛用于生产硅铁、硅锰、铁合金等领域，在生产金属硅、铁合金、硅铁、硅锰、化肥、电石等高耗能产品过程中兰炭优于焦炭。

兰炭质量标准如表 2-6 所示，兰炭主要下游产品及用途如表 2-7 所示。

表 2-6　兰炭质量标准

固定碳	挥发分	灰分	硫	水分	比电阻
>82%	<6%	<10%	<0.3%	<10%	>3500$\mu\Omega\cdot m$

表 2-7　兰炭主要下游产品及用途

下游行业	用途	可替代产品
铁合金	还原剂	冶金焦
电石	还原剂	冶金焦
钢铁	高炉喷吹	无烟煤、其他烟煤
化肥	造气	无烟煤
民用	清洁燃料	无烟煤

2. 兰炭的用途

（1）冶金领域

① 炭质还原剂　兰炭可作为铁合金还原剂（铁合金焦）和电石还原剂，是比较典型的炭质还原剂。榆林兰炭与冶金焦相比，生产铁合金可降低电耗 10%，每吨节电 300~500kW·h，节焦 70~90kg，单炉产量可提高 10%以上。用兰炭生产铁合金、电石最大的优势是节能降耗，单位电耗的降低率 10%左右，尤其是用兰炭生产硅铁、硅合金时，可使产品的铝含量降低，增加优质品的产出率，是目前性能最好的铁合金还原剂之一，也是兰炭最主要的消费领域。从20 世纪 90 年代开始，铁合金生产基本采用兰炭和冶金焦混配作为还原剂。

② 高炉喷吹用料　国内多家钢铁企业进行了兰炭替代无烟煤作高炉喷吹用料的试验。结果表明，榆林兰炭优于现用高炉煤粉，兰炭粉的喷入对高炉运行无不利影响，且有利于脱硫，只要半焦粉配比达到 10%，就可比使用无烟煤节约 30%以上的成本。

（2）化工领域

① 电石还原剂　兰炭低灰分、低铝、低磷、高电阻率的特点，决定了兰炭应用于电石行业，可显著降低能耗、节约成本、提高产品质量。兰炭在电石工业中的作用与在铁合金生产中的作用相似，主要是充当还原剂和原料，与 CaO 在 2000~2200℃及电弧炉作用下反应生成 CaC_2（电石）。电石水解可生成乙炔。由乙炔出发可生成一系列化工产品。一般每生产1t 电石需兰炭 0.75t。电石还原剂同样要求比电阻高、反应性强、含碳量高，由于兰炭价格仅为昂贵的冶金焦的 45%，成为电石生产厂的首选。

② 化肥造气原料　低灰、低硫的兰炭用于化肥造气，可提高产气率，减少灰渣排放量，减少煤气的脱硫量，从而降低能耗、提高煤气品质。

③ 气化制合成气　与低价烟煤直接气化相比，榆林兰炭气化产生的合成气焦油含量少，有效含气量高，减轻了气体净化单元的负荷，作为气化原料，兰炭潜在市场巨大。

（3）清洁燃料领域

① 民用燃料　兰炭用作无烟燃料，发热量高，燃烧性能好。一般情况下，兰炭的着火点在 300~400℃，大大低于无烟煤的着火点 470~560℃，兰炭比无烟煤更易燃烧。兰炭的化学反应性比无烟煤要大很多，无烟煤的挥发分一般在 5%~10%范围内，而兰炭的挥发分也正好在此范围内，燃烧时不会冒烟，所以兰炭是很好的无烟清洁燃料。兰炭污染物含量只有原煤的 1/5，尤其含硫仅为原煤的 1/10，特别是在无烟煤欠缺的西南地区和兰炭生产企业周边地区，兰炭具备较强的市场竞争力。兰炭制成无烟型煤燃烧热效率可达 75%以上，固

硫率为 30%~40%，除尘率 90%。如果配套采用低温聚焰燃烧技术的专用型煤锅炉，不需要配套除尘装置和脱硫系统，锅炉热效率≥80%，炉渣含碳量≤4%，烟尘（标准状况）排放浓度≤10mg/m³，SO_2（标准状况）排放浓度<30mg/m³，NO 排放浓度<100mg/m³，热效率比传统链条锅炉高约 20%，污染物排放只有其 30% 左右。

② 电厂掺烧燃料 兰炭挥发分低（一般为 5%~7%），还具有低硫、低磷、发热量高等特性。从有利于燃烧效果和环境保护出发，根据已有试验数据，采用循环流化床锅炉掺烧兰炭可行。研究表明，发电用煤灰分每下降 1 个百分点，锅炉热效率提高 0.08% 左右，灰分下降 10%，供电标准煤耗下降 3~7g 标煤/（kW·h）；热值每降低 1000kcal/kg，锅炉热效率降低 1%~1.5%。

③ 型焦领域 早在 1950~1960 年，美国钢铁协会就开始研究利用褐煤热解半焦生产型焦的工艺。近年来，随着我国低阶煤中、低温热解产业的发展，国内开展了一系列的半焦生产型焦的研究试验。结果表明，半焦粉在加入一定的黏结剂或增黏剂等活性物后，完全可作为型焦的主要原料，并能炼成质量上好的焦炭。

④ 吸附剂领域 随着半焦的快速发展，近年来半焦基吸附剂已在国内外引起广泛关注和深入研究，为兰炭的高值化利用开辟了一个新的方向。作为活性焦（经过活化的兰炭）。活性焦的生产工艺有两种：一种是在兰炭的生产中进行活化；另一种是用兰炭作为原料进行活化。它具有一定的吸附性能，吸碘值一般在 1000mg/g 以上，比活性炭的吸附能力、强度稍差，但其吸附性能优于焦炭。由于其廉价并具有一定的吸附性能，所以它作为活性炭代用品广泛应用于污水处理等大宗物品的处理方面。随着对环境治理力度的不断加大，活性焦的市场会不断扩大。氮氧化物是主要的大气污染物之一，不仅对人体和生物有强烈的毒害作用，还会对生产设备产生腐蚀，而且由它导致的光化学烟雾会给人类带来严重的危害，因此必须对 NO_x 的排放进行控制，其中催化分解是控制 NO_x 排放的主要方法。即在催化剂的作用下，使 NO_x 直接分解为 N_2 和 O_2，该技术应用的关键是寻找一种有效、实用的催化剂载体。试验结果表明，兰炭是一种有效和理想的催化剂载体，而且煤化程度越低的兰炭其脱硝效果越好。兰炭作为脱硝剂载体其工业利用前景广阔。

（4）其他利用 目前，很多领域都在使用兰炭作为吸附剂，或正在开发利用兰炭作为吸附剂，主要是利用其反应性好、吸附能力强、价格便宜等特点。例如兰炭作为铸造型砂的炭质材料，用于烟气中 SO_2 的脱除、家庭和工业用无烟燃料、炼焦瘦化剂等。

兰炭粉末作为燃料发电早已工业化应用，对旋风炉而言，燃烧兰炭与燃烧原煤相似，兰炭燃烧的火焰较短，温度较高，炉渣的流动性较好，兰炭的粒度越细燃烧越完全，挥发分越高的兰炭燃烧效果越好。

3. 煤气的用途

低温干馏煤气密度一般为 0.9~1.21g/cm³，一氧化碳含量较高，热值低，氢气、甲烷含量较低。其组成同样因原料煤的性质和干馏工艺的不同而有较大的差异。

我国晋陕宁蒙地区的长焰煤、弱黏煤及不黏煤目前主要采用内热式的低温干馏工艺，由于采用净煤气循环空气助燃技术，因此干馏煤气中除了甲烷、一氧化碳和氢气外，还有较大比例的氮气，煤气热值比较低。

一般情况下，低温干馏煤气主要用作企业的加热燃料，多余的煤气也可作为民用煤气或合成气原料。

① 工业燃气、民用燃气和煤气发电 作为工业燃气可用于生产铝矾土、金属镁、水泥、建材、耐火材料和钢铁企业的轧钢，能降低污染和提高产品质量。

② 用作合成气原料　低温干馏煤气中含有 30%～50% 的氢气、一氧化碳和甲烷，通过重整反应将甲烷转化成氢气和一氧化碳即得合成气，用于生产化工产品。

二、低温煤焦油的利用

1. 低温煤焦油的组成及特点

（1）低温煤焦油的组成　低温煤焦油是在较低终温（500～600℃）下进行干馏产生的，是无黏结性煤低温干馏得到的一种液体产品，其组成及性质与高温煤焦油有着很大的区别。低温焦油呈黑褐色，密度小（0.95～1.10g/cm³），闪点为 100℃。由于其含有较多脂肪烃和环烷烃以及多烷基酚、二元酚和三元酚等化合物，平均分子量较低，所以比高温煤焦油轻。低温煤焦油的产率和成分受原料煤种、热解温度、速度和停留时间等因素的影响。低温煤焦油由于终温较低，分解产物的二次热解少，故产生的焦油中含较多的酚类化合物，烷烃和环烷烃含量也较多，其组成与性质类似于石油，因此其应用与石油十分相似，是人造石油的重要来源之一。

（2）低温煤焦油的特点　从利用角度讲，低温煤焦油具有如下特点。

① 不溶物含量低（一般不高于 2%），基本不含喹啉不溶物，有利于用焦油沥青制取沥青。

② 酚含量高，一般含量为 14% 左右（无水基），其中甲酚、二甲酚含量占 30%～50%。低温焦油＜330℃的馏分中除酚类含量较高外（20%），其他组分中的酚含量均较低，有利于酚类物质的提取。

③含有较多的脂肪烃（一般为 15% 左右），芳烃中的侧链也较多，故在热缩聚反应过程中，生成黏结性较强的中等分子组分，这对制取沥青黏合剂有重要意义。

2. 低温煤焦油的加工利用

由于低温煤焦油与一般高温煤焦油明显不同，故不能与高温煤焦油一起加工。作为一种宝贵的化工原料，低温煤焦油经蒸馏或萃取，然后再精制加工，可得到苯酚、甲酚、二甲酚和一系列沸点不同的高级酚类产品以及烷烃、芳烃（包括苯、萘的同系物）和其他成分。由低温煤焦油提取的酚是合成树脂、染料、医药、香料等的重要原料。酚类化合物还可以生产除草剂、杀虫剂、消毒剂等，高级酚还可用作浮选药剂、木材防腐剂和联结剂等。碱性组分中最重要的是吡啶和喹啉化合物，可加工成磺胺剂、维生素、杀虫剂、防腐剂、染料等。

低温煤焦油的加工方法有蒸馏、高温裂解、溶剂萃取、加氢等。其中加氢是利用焦油的有效途径。焦油加氢后，所含不饱和化合物趋于饱和，氧、氯、硫等杂原子减少，可制取机动车燃料油。绝大部分的低温煤焦油是作为液体燃料（如汽油、柴油和燃料油）的生产原料，近年来，低温煤焦油通过加氢制取优质燃料油的技术发展很快，目前已有多个工业装置投入生产。低温煤焦油加氢工艺分为轻馏分加氢工艺和全馏分加氢工艺，全馏分加氢工艺可分为延迟焦化-加氢联合工艺、加氢精制-加氢裂解工艺、加氢裂解工艺等。

（1）轻馏分加氢工艺　低温煤焦油原料油经蒸馏分离成小于 370℃ 馏分段和大于 370℃（400℃左右）馏分段。小于 370℃ 馏分段送入加氢精制工段进行加氢精制后获得柴油、石脑油等产品；大于 370℃ 馏分段经冷却送至沥青成型装置。该工艺最早在中煤龙化哈尔滨煤化工有限公司实现工业化，优点是氢耗低、工艺流程简单，但过程油收率低，较适合于小规模生产。

（2）延迟焦化-加氢联合工艺　中低温煤焦油经蒸馏分离为轻油馏分段和重油馏分段，重油经延迟焦化形成轻质油和焦炭，轻质油与蒸馏所得轻油进行加氢改质。该工艺较典型的代表有陕西神木天元化工技术，经延迟焦化处理后所得油品经过两次加氢，再依次经过脱

O、N、S杂质和油品精制，获得产品油和尾油；尾油进一步裂化，形成液化气、石脑油、柴油等产品。该技术已于2010年开车成功，但原料油利用率不高是该技术较明显的缺点。

(3) 全馏分加氢工艺 陕煤化集团神木富油能源科技有限公司的全馏分加氢轻质化技术，将煤焦油（一般沥青质含量约15%，胶质含量约30%）经过滤、电脱盐等预处理工艺，脱除固体杂质、盐类等物质后，经加氢精制、裂化得到石脑油、燃料油，副产液化气、尾油。加氢过程所需的氢气全部提取于副产尾气。2012年7月 12×10^4 t/a 煤焦油全馏分加氢项目投料成功，焦油的利用率100%，液体产品收率高达94%。

(4) 延迟焦化-加氢工艺 陕煤化集团神木天元化工有限公司的延迟焦化-加氢组合制燃料油工艺，将煤焦油（内热式直立炉热解副产焦油）经延迟焦化后，将一部分重组分炭化成石油焦，≤380℃馏分油经加氢精制得到石脑油、燃料油产品，副产液化气、石油焦。2010年4月，全球规模最大的中温煤焦油轻质化装置——神木天元化工有限公司 50×10^4 t/a 煤焦油轻质化装置一次投料成功并生产出优质燃料油，焦化液体产品收率76.8%，加氢装置液体产品收率达到96.3%。

第四节　低温煤焦油加氢

煤焦油根据干馏温度的不同，可分为高温、中温及低温煤焦油三类。本节只叙述低、中温焦油加氢技术。

一、低温煤焦油加氢

煤焦油加氢改质的目的是加氢脱除硫、氮、氧和金属杂质；加氢饱和烯烃，使黑色煤焦油变为浅色的加氢产品，提高产品安定性；加氢饱和芳烃并使环烷烃开环，大幅度降低加氢产品的密度，提高H/C比和柴油产品的十六烷值，部分加氢裂化大分子烃类，使煤焦油轻质化，多产柴油馏分。

1. 主要化学反应

(1) 烯烃加氢反应 煤焦油中含有少量烯烃，烯烃虽然易被加氢饱和，但是烯烃特别是二烯烃和芳烃侧链上的双键极易引起催化剂表面的结焦，因此希望烯烃在低温下被加氢饱和，这就要求催化剂具有较好的低温加氢活性，并且抗结焦能力强。

(2) 加氢脱氧反应 无水煤焦油中氧含量通常为4%~6%（摩尔分数），以酚类、酸类、杂环氧类、醚类和过氧化物的形式存在，煤焦油中含氧化合物性质不稳定，加热时易缩合结焦，酸类、醚类和过氧化物类含氧化合物要求的加氢性能不高，酚类、杂环氧类和大分子含氧化合物则要求高加氢性能。

(3) 加氢脱金属反应 煤焦油中的金属杂质主要有钠、铝、镁、钙、铁和少量的镍、钒，非金属杂质有氯化物、硫酸盐和硅酸盐、二氧化硅等，煤焦油灰分含量通常大于0.1%，这些杂质一方面造成煤焦油结焦；另一方面在催化剂床层沉积，造成催化剂床层堵塞，因此，煤焦油必须进行预处理，脱除大部分的无机物，才能作为加氢原料。

煤热油中的金属杂质可以分为水溶性无机盐和油溶性有机盐，预处理后的加氢进料中金属杂质主要以有机盐的形式存在。Na^+ 极易在床层上部结垢，进入催化剂床层后使催化剂载体呈碱性，导致催化剂中毒失活，Fe^{2+} 与硫化氢作用生成非化学计量的硫化铁相或簇，难以进入催化剂内孔道，而是沉积在催化剂颗粒表面及粒间空隙，引起床层压降的上升。

加氢脱金属要求催化剂大孔径和大孔容，催化剂床层具有大的空隙率。

(4) 加氢脱硫反应　煤焦油中的硫主要以杂环硫的形式存在，小分子的硫化物有苯并噻吩、二苯并噻吩等。噻吩类的硫化物加氢脱硫，要求催化剂具有高的加氢性能和一定的直接脱硫性能。

(5) 加氢脱氮反应　煤焦油中的氮主要以杂环氮化物的形式存在，可以分为碱性氮化物和非碱性氮化物。在胶质和沥青质中氮含量非常高。原料中的杂环氮化物对催化剂的加氢脱硫活性具有强烈的抑制作用。加氢脱氮反应历程是氮杂环首先加氢饱和，然后其中一个C—N键断裂，最后是同芳环结合的C—N键断裂，完成加氢脱氮。煤焦油加氢脱氮要求催化剂具有高的芳烃加氢活性和与加氢活性相匹配的氢解功能，要求催化剂具有适中的孔径。

(6) 芳烃加氢反应　由于煤焦油主要成分为芳烃和杂环化合物，非芳烃含量很少，因此，芳烃加氢反应是煤焦油加氢改质过程中最重要的反应。加氢脱硫、加氢脱氮、加氢脱氧、加氢脱残炭反应均离不开芳烃加氢反应，芳烃加氢反应也是提高柴油产品十六烷值的最重要手段。

(7) 加氢脱胶质反应和加氢脱沥青质反应　低温煤焦油中胶质加沥青质含量占30％以上，胶质和沥青质是结焦的主要前驱物。胶质和沥青质的单元结构都是以稠合芳香环系为核心的结构，两者的差别仅是分子结构及分子量大小不同。由于胶质和沥青质颗粒大，要求催化剂具有大的孔径，在大孔中加氢分解为小分子化合物，才能进一步加氢。

(8) 加氢脱残炭反应　煤焦油中残炭有三种来源，即游离碳（通常被胶质、沥青质包裹）；五环及五环以上的缩合芳烃；由胶质、沥青质及多环芳烃加热缩合形成。游离碳难以加氢转化为烃类化合物；五环以及五环以上的缩合芳烃可以经过加氢饱和和氢解，使稠环度逐步降低，有些变成少于五环的芳烃。胶质和沥青质是残炭的主要来源，这与胶质和沥青质中含有大量的稠环芳烃和杂环芳烃有关。

在加氢反应过程中，脱残炭的主要反应步骤：含有稠合芳烃的物质其芳烃环首先被饱和；加氢裂解已饱和的芳烃环；将大分子物质加氢转化为小分子物质，最终得到几乎不含能够形成焦炭的物质。

煤焦油原料中残炭值高会导致催化剂结焦速度加快，催化剂失活速度加快，使运转周期变短。因此，应严格控制残炭含量以延长运转周期。

(9) 加氢裂化反应　煤焦油的基本组成是多环芳烃，芳烃加氢饱和后，C—C才能发生加氢裂化反应。由于分子直径大，不能使用分子筛作为催化剂的活性组元，一方面大分子不能进入分子筛的孔道中；另一方面分子筛的强酸性易导致脱氢反应和转移反应的发生，造成催化剂结焦。

氧化铝载体具有大孔径，通过改性使之具有适宜的酸强度，多环烷烃可在氧化铝表面上发生加氢裂化反应，多环烷烃部分开环。加氢裂化反应是一个耗氢较大的放热反应，控制适宜的加氢裂化程度，就是在提高柴油产品的十六烷值和降低氢耗之间找到一种平衡。

2. 技术特点

中低温煤焦油与石油二次加工馏分油、石油重质油相比，密度大、芳烃含量高；氮含量和氧含量高；胶质、沥青质、残炭含量高；盐酸盐、硅酸盐和金属有机酸盐含量高；中低温煤焦油性质很不稳定，受热时易发生缩聚、结焦反应。

与石油馏分加氢精制相比，煤焦油加氢改质的特点如下。

(1) 全馏分煤焦油中残炭、灰分含量高，极易在换热器、加热炉和催化剂床层上部结焦，严重时使管道和催化剂床层堵塞；氯离子含量高将对设备造成严重的腐蚀；金属离子含量高会造成催化剂中毒、催化剂床层结垢；原料中的大量胶质、沥青质和铁离子也是重要的结焦因素。因此，为了减慢装置结焦速度，延长装置运转时间，减缓催化剂中毒、失活，必须采取有效的煤焦油预处理组合技术，制取合格的加氢进料。

（2）煤焦油加氢改质的催化剂体系的特点：由于煤焦油中氧含量高，原料油带入和加氢过程生成的水对催化剂活性、稳定性及强度均产生非常不利的影响，要求催化剂具有优异的抗水性能；其次，煤焦油中氮含量和多环芳烃含量高，必须深度加氢处理，提高油品安定性和最大限度提高柴油馏分十六烷值，要求催化剂具有优异的加氢活性和活性稳定性。再者，由于加氢原料含有高的胶质、沥青质和强极性大分子含氧化合物（苯不溶物甲苯可溶物），以及一些未脱除干净的金属离子，要求催化剂具有良好的抗结焦性能和脱金属能力。因此，煤焦油加氢改制的催化剂是一个由多种各具特点的催化剂组成的复杂体系。

（3）煤焦油加氢改制氢耗大、升温高，控制好温升，保护催化剂能够长周期运转，必须选择适宜的催化剂级配方案、合适的加氢工艺条件以及其他的控制温升的方法（如加入稀释油、急冷氢等）。

二、低温煤焦油加氢工艺流程

1. 煤焦油加氢工艺技术路线

煤焦油加氢根据焦油性质，工艺路线及产品方案也随之不同，一般而言，低温煤焦油经过脱水、脱机械杂质等预处理后可直接进加氢反应器，与石油化工馏分油加氢精制工艺技术基本相似。中温煤焦由于其化学组成较低温煤焦油复杂，胶质、沥青质及金属含量高；氢碳比小，通常采用加氢组合工艺，原料预处理也相对复杂，需脱水、脱盐、脱机械杂质，同时需进行净化后煤焦油的稀释（通常采用加氢柴油或尾油），加氢催化剂采用级配装填，包括加氢预反应、加氢精制、加氢裂化等逐级串联。高温煤焦油加氢必须经过分馏切割出轻组分进行加氢，其实质是煤焦油的轻组分加氢，油渣用作改质沥青原料。

2. 中低温煤焦油加氢工艺流程

目前，低温煤焦油加氢技术较为成熟，中低温煤焦油全馏分加氢技术也已进入工程阶段，如神木富油能源科技煤焦油加氢。其加氢工艺流程选择通常是根据煤焦油加氢装置进料的不同，选择加氢精制、加氢改质和加氢裂化等不同工艺或组合，获得优质的石脑油馏分和柴油调和组分。中低温煤焦油加氢主要工艺步骤包括原料预处理、加氢反应、产物分离等。

（1）煤焦油原料预处理　煤焦油原料预处理包括脱水、脱盐、脱金属及脱机械杂质等过程。

煤焦油脱水可分为三个步骤完成，初脱水采用储罐加热维温静置的方法，可将水脱至2%～3%；二次脱水采用超级离心过滤机，可将水脱至2%以下，同时脱除煤焦油中大于$100\mu m$的机械杂质；最终脱水采用加热气化的方法，可将水脱至0.1%，达到煤焦油中水含量降低至0.3%以下的要求，以消除水对加氢反应及分馏操作的影响。

煤焦油盐组分主要由铵盐、钠、钙、镁、铁等离子组成的盐类，通过以上脱水处理，溶于水的盐类部分被脱除，在煤焦油中加入适量的碳酸钠溶液、脱金属剂、破乳剂等，通过电脱盐工艺，将煤焦油中盐类及金属离子脱至满足加氢催化剂的要求。

煤焦油通过超级离心机脱机械杂质后，再通过气体自动反冲洗过滤器，可将大于$10\mu m$的机械杂质脱至98%以上。

（2）加氢反应　经过原料预处理的净化煤焦油与分馏产物加氢尾油（或加氢柴油）按照一定的比例［煤焦油与稀释油比例1：（0.4～1）］混合进入原料油缓冲罐。加氢反应器进料油料性质要求见表2-8。

表 2-8　加氢反应器进料油料性质要求

项目	限定指标	项目	限定指标	备注
密度(20℃)/(g/cm³)	≤0.97	残炭/%(质量分数)	≤5	
总硫含量/(μg/g)	≤5000	金属含量/(μg/g)		
总氮含量/(μg/g)	≤7000	Na	≤10	
氧含量/%(质量分数)	≤0.7	Fe	≤5	
		Ca	≤25	
氯含量/(μg/g)	≤50	Fe	≤2	
水含量/%(质量分数)	≤0.3	酸值/(mgKOH/100g)	≤30	脱除率≥98%
		机械杂质/μm	≤10	

　　自原料油缓冲罐来的净化煤焦油经反应进料泵升压后与混合氢混合,依次经反应产物与混氢油换热器、反应进料加热炉加热至反应所需温度后进入加氢反成器进行预加氢反应,再依次进入预精制、精制及裂化反应器将原料中的硫、氮、氧等化合物转化为硫化氢、氨和水,将原料中的烯烃、芳烃进行加氢饱和,并脱出原料中的金属等杂质。各反应器设多个催化剂床层,床层之间、反应器之间设冷氢措施。

　　自反应器出来的反应产物经换热后进入热高分罐。热高分油经减压至热低分罐,热低分油直接进入分馏部分,热高分气经换热冷却至冷高分罐,为了防止高分气在冷却过程中析出铵盐堵塞管道和设备,在空冷器上游管道设置注水。冷却后的反应产物在冷高分罐中进行油、气、水三相分离。自冷高分罐顶部出来的循环氢至循环氢脱硫系统,脱硫后经分液罐进入循环氢压缩机升压后分成两路,一路作为急冷氢去各反应器控制反应器床层温度,另一路与来自新氢压缩机的新氢混合成为混合氢。自冷高分底部出来的油相在液位控制下进入冷低分罐,其顶部干气去上游制氢装置作制氢原料。

　　从装置外来的新氢经分液罐分液后进入新氢压缩机,升压后与循环氢混合,混合氢经换热升温后,与原料油混合成为混氢油。

　　(3)分馏部分　自反应部分来的低分油经柴油、加氢尾油、中段回流换热后进入硫化氢汽提塔顶部。汽提塔下设蒸汽汽提,顶部设冷凝冷却系统及回流罐,回流泵出口分两路,一路为液态烃,经液化气脱硫后进产品罐区,另一路为塔顶回流。塔底油换热后进分馏塔进料加热炉升温至分馏所需温度后,进入柴油汽提塔再沸器,为柴油汽提塔提供热源,再进分馏塔。

　　分馏塔为蒸汽汽提,塔顶油气经分馏塔顶空冷器、分馏塔顶水冷器冷凝冷却后进入分馏塔顶回流罐。回流罐液相经分流塔顶回流泵升压后,一部分作为分馏塔的顶回流,另一部分作为石脑油产品送出装置。回流罐水包排出的酸性水经分馏塔顶污水泵升压后与反应部分的含硫污水一并进污水汽提装置。

　　柴油馏分自分馏塔侧线抽出,进入柴油汽提塔,塔顶气相返回分馏塔,塔底液相作为柴油产品经柴油汽提塔底泵升压后,经换热冷却后送出装置。柴油汽提塔采用再沸器提供热源,热源为分馏进料炉出口油。

　　分馏塔底油经塔底泵升压换热后,部分返回原料缓冲罐回炼,部分经后冷器冷却为加氢尾油送出装置。

　　分馏塔设有中段回流。中段回流油泵升压换热后返回分馏塔。

　　(4)中低温煤热油加氢产品方案

　　① 产品分布　中低温煤焦油加氢的主要产品包括:液态烃、石脑油、柴油或柴油调合

组分、加氢尾油及加氢尾气。产品总液收率为 90%～94%，其产品分布大致如下。

液态烃：0.5%～1%；

石脑油：12%～22%；

柴油或柴油调合组分：60%～75%；

加氢尾油：2%～15%。

② 产品性质　石脑油产品为低硫、低氮优质石脑油产品，芳烃高（70%～80%），是优质的催化重整原料，同样，柴油或柴油调合组分通过加入部分添加剂，达到国际柴油指标，且具有更低的硫氮含量。加氢尾油可作为优质的低硫、低氮燃料油或优质的催化裂化原料。加氢尾气可作为制氢原料得到充分利用。

（5）中低温煤焦油加氢反应的主要操作条件

① 氢分压：12.0～15.0MPa；

② 体积空速：0.3～4h^{-1}；

③ 反应平均温度：250～400℃；

④ 氢耗：4%～8%（质量分数）；

⑤ 氢油体积比：800～2500；

⑥ 预计总温升：100～350℃。

（6）影响煤焦油加氢装置操作周期、产品质量的主要因素　主要影响煤焦油加氢装置操作周期、产品收率和质量的因素有反应压力、反应温度、体积空速、氢油体积比和原料油性质等。

① 反应压力　提高反应器压力和/或循环氢纯度，即提高反应氢分压，不但有利于脱除煤焦油中的 S、N 等杂原子及芳烃化合物加氢饱和，改善相关产品的质量，而且也可以缓解催化剂的结焦速率，延长催化剂的使用周期，降低催化剂的费用。但提高反应氢分压也会增加装置建设投资和操作费用。

② 反应温度　提高反应温度，会加快加氢反应速率和加氢裂化率。过高的反应温度会降低芳烃加氢饱和深度，使稠环化合物缩合生焦，缩短催化剂的使用寿命。

③ 体积空速　提高反应体积空速，会使煤焦油加氢装置的处理能力增加。对新装置而言，高体积空速可降低装置的投资和购买催化剂的费用。较低的反应体积空速，可在较低的反应温度下得到所期望的产品收率，同时延长催化剂的使用周期，但是过低的体积空速将直接影响装置的经济性。

④ 氢油体积比　氢油体积比的大小主要是以加氢进料的化学耗氢量为依据，是加氢进料的需氢量相对大小，同时根据床层温升状况而确定。煤焦油加氢比一般的石油类原料要求有更高的氢油比。因为煤焦油组成是以芳烃为主，在反应过程中需要消耗更多的氢气；另外，芳烃加氢饱和反应是一种强放热反应过程，需要有足够量的氢气将反应热从反应器中带走，避免加氢反应器"飞温"。

⑤ 煤焦油性质　煤焦油的性质会影响加氢装置的操作。氮含量氮化物主要集中在芳环上，它的脱除是先芳环加氢饱和，后 C—N 化学键断裂，因此，原料中氮含量的增加，对加氢催化剂活性有更高的要求，同时，反应生成的 NH_3 也会降低反应氢分压，影响催化剂的使用周期和加氢饱和能力。原料中的硫在加氢过程中生成 H_2S，因此，硫含量主要影响反应氢分压，高的硫含量增加，会明显降低反应氢分压，从而影响催化剂的使用周期和加氢饱和能力，沥青质对加氢装置影响主要是造成催化剂结焦、积炭，引起催化剂失活，加速反应器的提温速度，缩短催化剂的使用寿命。原料中含的微量金属杂质主要是有 Fe、Cu、V、

Pb、Na、Ca、Ni、Zn 等，这些金属在加氢过程中会沉积在催化剂上，堵塞催化剂孔道，造成催化剂永久失活。

思 考 题

1. 什么是煤的低温干馏？
2. 简述低温干馏的产品、产率及特点。
3. 低温干馏产品的影响因素有哪些？
4. 外热式与内热式炉型各有哪些特点？
5. 兰炭和焦炭有哪些区别？
6. 简述 SJ 型直立方炉的工作原理及工艺特点。
7. 简述低温煤焦油加氢的化学反应。
8. 简述低温煤焦油加氢的工艺流程。

第三章

煤的气化

第一节　煤的气化概述

我国能源特点是"缺油、少气、富煤"，石油资源相对匮乏，供需矛盾日益突出。我国的炼油工业存在结构性缺陷，石油总量不足，油质偏重，即使结合进口，也仅能满足燃料的基本需求，不能有效保障化工基础原料（烯烃、芳烃）供应。所以充分发挥我国煤炭资源丰富的特点，发展煤化工来替代石油是国家能源战略的现实选择。

煤焦化、煤电石、合成氨、煤制甲醇等传统煤化工具有高能耗、高排放、高污染、资源利用效率低、产品技术含量低等诸多缺陷，在环保日益成为行业壁垒、发展循环经济变为共识的大环境下，煤化工产业正快速向现代煤化工产业转型升级。现代煤化工是以煤气化为龙头，以一碳化工技术为基础，合成、制取各种化工产品和燃料油的煤炭洁净利用技术，在环保、煤种适应性和煤利用效率等方面更具优势，其产品附加值高，市场潜力大，具有较强的成本优势。而煤炭的气化是现代煤化工产业中的龙头技术，以煤气化为基础的化工产业具有广阔的发展前景，见图 3-1。

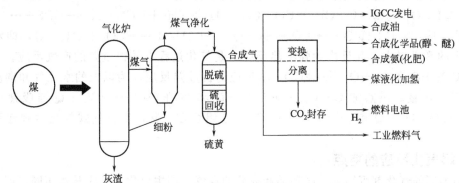

图 3-1　以煤气化为基础的化工产业

一、煤炭气化的基本原理

煤炭气化是在一定温度、压力条件下，用气化剂将煤中的有机物转变为煤气的过程。

煤炭气化原料指煤或煤焦，所用气化剂是氧气（空气、富氧或纯氧）、水蒸气或氢气等。气化需具备三个条件，主体设备气化炉、气化剂和供给能量，三者缺一不可。最终得到的气化产品为气化煤气，主要有效成分为 CO、H_2、CH_4 等，粗煤气中还含有 CO_2、H_2O、硫化物、烃类产物和其他微量成分。有效成分可做合成气、燃料气和化工原料气体等。

1. 煤气化的基本反应

燃烧反应：

$$C + O_2 \longrightarrow CO_2 \qquad\qquad \Delta H_r = -394 kJ/mol$$

$$H_2 + \frac{1}{2}O_2 \longrightarrow H_2O \qquad\qquad \Delta H_r = -21.8 kJ/mol$$

气化反应：

$$C + \frac{1}{2}O_2 \longrightarrow CO \qquad\qquad \Delta H_r = -111 kJ/mol$$

$$C + CO_2 \longrightarrow 2CO \qquad\qquad \Delta H_r = 173 kJ/mol$$

水煤气反应：

$$C + H_2O \longrightarrow CO + H_2 \qquad\qquad \Delta H_r = 131 kJ/mol$$

$$C + 2H_2O \longrightarrow CO_2 + 2H_2 \qquad\qquad \Delta H_r = 75.37 kJ/mol \quad 吸热反应$$

甲烷化反应：

$$C + 2H_2 \longrightarrow CH_4 + Q \qquad\qquad \Delta H_r = -84.3 kJ/mol$$

$$CO + 3H_2 \longrightarrow CH_4 + H_2O + Q \qquad\qquad \Delta H_r = -219.3 kJ/mol$$

变换反应：

$$CO + H_2O \longrightarrow CO_2 + H_2 \qquad\qquad \Delta H_r = -41 kJ/mol$$

气化过程中的其他反应包括有机结构的反应、无机组分（S、N、灰分）的反应。其中硫的元素反应：$S + O_2 \longrightarrow SO_2$、$SO_2 + 3H_2 \longrightarrow H_2S + 2H_2O$、$SO_2 + 2CO \longrightarrow S + 2CO_2$、$2H_2S + SO_2 \longrightarrow 3S + 2H_2O$、$C + 2S \longrightarrow CS_2$ 和 $CO + S \longrightarrow COS$ 等；氮的元素反应：$N_2 + 3H_2 \longrightarrow 2NH_3$、$N_2 + H_2O + 2CO \longrightarrow 2HCN + 1.5O_2$ 和 $N_2 + xO_2 \longrightarrow 2NO_x$。在以上反应中生成许多硫及硫的化合物，它们的存在可能造成对设备的腐蚀和对环境的污染。

根据以上反应，煤炭气化总过程，可用下式来表达。

$$C_n H_m O_x N_y S_z = C + CH_4 + CO + CO_2 + H_2 + NH_3 + HCN + H_2S + COS + \cdots$$

这些反应中：$C + H_2O \longrightarrow CO + H_2 - Q$、$C + 2H_2O \longrightarrow CO_2 + 2H_2 - Q$，即水蒸气和碳反应的意义最大，此反应为强吸热反应，是气化过程中的很重要的产气反应。而 $C + O_2 \longrightarrow CO_2 + Q$ 和 $2C + O_2 \longrightarrow 2CO + Q$ 反应为强放热反应，为以上的水蒸气和碳反应提供了必需的热量。供热的 $C + O_2 \longrightarrow CO_2 + Q$ 和 $2C + O_2 \longrightarrow 2CO + Q$ 与吸热的 $C + H_2O \longrightarrow CO + H_2 - Q$ 和 $C + CO_2 \longrightarrow 2CO - Q$ 组合在一起，对自热式气化过程起重要的作用。

2. 煤气化反应的特点

使用不同的气化剂可得到不同种类和成分的煤气，但主要化学反应基本相同。即反应有如下特点。

（1）一次反应和二次反应　碳与气化剂之间的反应为一次反应（如反应：$C + O_2 \longrightarrow CO_2 + Q$），反应得到的产物再与碳或者其他气态产品的反应再发生二次反应（如反应：$C + CO_2 \longrightarrow 2CO - Q$），当然气化过程不仅仅限于二次反应。

（2）均相反应和非均相反应　非均相气-固相反应如：$C+H_2O \longrightarrow CO+H_2-Q$，均相气-气相反应如：$CO+H_2O \longrightarrow CO_2+H_2+Q$。

（3）吸热反应和放热反应　放热反应可为吸热反应提供热量，促进吸热反应的进行。气化剂中的氧气参与的反应均为放热反应，对气化供热起了关键性的作用，但气化氛围同时又是缺氧的环境，氧煤比控制要合适，氧气不足，无法满足产气反应的进行；氧气过量则会将产品烧掉。

二、煤炭气化方法的分类

目前采用的煤炭气化方法有很多，根据不同的分类方法就有不同的气化方法。现将主要分类方法进行总结。

1. 按是否需要开采分类

按煤炭是否需要开采可分为地下气化与地面气化。地下气化、地面气化的气化原理相同，在某些场合，煤层不适合开采，进行开采既不经济又不安全时，可采用地下气化方法。地面气化技术是目前最常用的技术，随着新工艺、新设备、新技术的开发和利用，地面气化技术越来越成熟和完善。

2. 按气化剂和供热方式分类

反应热的供入方式对气化炉最佳设计及气化效率有重要的影响。气化所需要的热量可由气化炉内部或者外部提供。热量在气化炉内部产生即为内热式；自外部提供即为外热式，迄今为止，成熟的气化工艺都是自热式过程，外热式还处于开发阶段。

按气化剂和供热方式来看目前通常采用的及正在研究中的气化方法，可归纳为五种气化方式。包括自热式煤的水蒸气气化、外热式煤的水蒸气气化、煤的加氢气化、煤的水蒸气气化和加氢气化相结合制造代用天然气及煤的水蒸气气化和甲烷化相结合制造代用天然气。表 3-1 为自热式气化炉中不同产热方式的比较。

表 3-1　自热式气化炉中不同产热方式的比较

反应物质	优点	缺点	适用场合
空气	耗费少	N_2 稀释了煤气	低热值煤气
H_2	高 CH_4 含量	H_2 的分离制造作为合成气时，CH_4 需进一步分离转化	加热气
O_2	可获得纯度高的煤气	需制氧设备	中热值煤气及合成气
CaO	不需要制造 O_2	再生未解决	合成气和加热气

3. 按灰渣排出形态分类

按灰渣排出形态可分为固态排渣气化和液态排渣气化。固态排渣是指煤燃尽成为灰渣，灰渣以松碎的固体状态排出气化炉燃烧室；液态排渣是指气化温度高于灰渣的熔化温度，气化后的灰渣熔化成液态排出。

4. 按流体力学行为（燃料在炉内的状况）分类

按照燃料在气化炉内的运动状况来分类是目前国内外应用最广泛的一种，一般分为以块煤（10～50mm）为原料的固定床、以碎煤（小于 6mm）为原料的流化床和以粉煤（小于0.1mm）为原料的气流床等。

固定床：气流速度不致使固体颗粒的相对位置发生变化，即固体颗粒处于固定状态，床层高度基本上维持不变。由于气化过程是连续进行的，燃料连续从气化炉的上部加入、形成的灰从底部连续排出，所以燃料是以缓慢的速度向下移动，故又称为移动床。

流化床：气流速度提高，固体颗粒全部浮动起来，但是仍逗留在床层中不被流体带出。这时的床层内固体颗粒具有了流体的特性，这时的床层称流化床。

气流床：进一步提高流速，固体颗粒不能继续逗留在床层中，开始被流体带出容器外，固体颗粒的分散流动与气体质点的流动类似。这时的床层相当于一个气流输送设备，因而被称为气流床。

几种床层状态的气化炉基本原理如下。

(1) 固定床（移动床）气化炉　原料是6～50mm块煤或者煤焦，炉体上部加料，排灰一般为固态或者液态排灰，灰渣和煤气出口温度都不高，炉内情况如图3-2所示，煤焦与产生的煤气、气化剂与灰渣都进行逆向热交换。

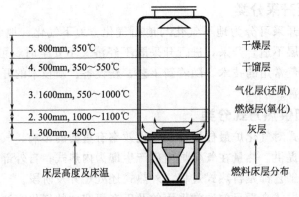

图3-2　固定床原料层

基本过程：燃料由移动床上部的加煤装置加入，底部通入气化剂，燃料与气化剂逆向流动，反应后的灰渣由底部排出。

炉内料层：当炉料装好进行气化时，以空气作为气化剂，或以空气（氧气、富氧空气）与水蒸气作为气化剂时，炉内料层可分为六个层，自上而下分别是空层、干燥层、干馏层、还原层、氧化层和灰渣层。由于气化剂的不同，发生的化学反应也有所不同。

灰渣层：煤灰的温度比刚入炉的气化剂温度高，预热气化剂。灰层上面的氧化层温度很高，有了灰层的保护，避免了和气体分布板的直接接触，起到保护分布板的作用。

氧化层：也称燃烧层，即火层，是煤炭气化的重要反应区域，从灰渣中升上来的预热气化剂与煤接触发生燃烧反应，产生的热量可维持气化炉正常操作。

还原层：在氧化层的上面是还原层，水（当气化剂中用蒸汽时）或二氧化碳发生还原反应而生成相应的氢气和一氧化碳，故称为还原层。还原反应是吸热反应，其热量来源于氧化层的燃烧反应所放热量。

干馏层：位于还原层的上部，气体在还原层释放大量的热量，进入干馏层时温度已经不太高了，气化剂中的氧已基本耗尽，煤在这个过程历经低温干馏，煤中的挥发分发生裂解。产生甲烷、烯烃和焦油等，它们受热成为气态而进入干燥层。

干燥层：位于干馏层的上面，上升的热煤气与刚入炉的燃料在这一层相遇并进行换热，燃料中的水分受热蒸发。

空层：空层即燃料层的上部，炉体内的自由区，其主要作用是汇集煤气，并使炉内生成的还原层气体和干馏段生成的气体混合均匀。

固定床气化的特性是简单、可靠。同时由于气化剂与煤逆流接触，气化过程进行得比较完全，且使热量得到合理利用，因而具有较高的热效率。

（2）流化床气化炉　原料粒度在 3～5mm，一般为固态排渣，灰渣和煤气出口温度均接近炉温，炉内温度均匀，炉内情况为悬浮沸腾。流化床炉内温度情况如图 3-3 所示。

过程特点：气化剂通过粉煤层，使燃料处于悬浮状态，固体颗粒的运动如沸腾的液体一样。气化用煤的粒度一般较小，比表面积大，气固相运动剧烈。整个床层温度和组成一致，所产生的煤气和灰渣都在炉温下排出，因而导出的煤气中基本不含焦油类物质。

过程分析：煤料入炉的瞬间即被加热到炉内温度，几乎同时进行着水分的蒸发、挥发分的分解、焦油的裂化、碳的燃烧与气化过程。为防止可能出现结焦而破坏床层的正常流化，因而沸腾床内温度不能太高。

流化床具有流体的流动特性，因而向气化炉加料或由气化炉出灰都比较方便。整个床内的温度均匀，容易调节。但采用这种气化途径，对原料煤的性质很敏感，煤的黏结性、热稳定性、水分、灰熔点变化时，易使操作不正常。

（3）气流床气化炉　原料粒度一般为粉煤（70％以上通过 200 目），煤与气化剂并流加料，灰渣排出为液态排渣，灰渣和煤气出口温度都接近炉温，炉内煤与气化剂在高温火焰中反应。气流床炉内温度情况如图 3-4 所示。

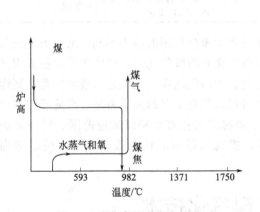

图 3-3　流化床炉内温度情况

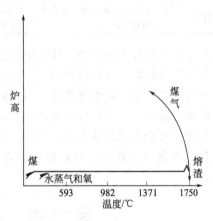

图 3-4　气流床炉内温度情况

气化过程：微小的粉煤在火焰中经部分氧化提供热量，然后进行气化反应，粉煤与气化剂均匀混合，通过特殊的喷嘴进入气化炉后瞬间着火，直接发生反应，温度高达 2000℃。所产生的炉渣和煤气一起在接近炉温下排出，由于温度高，煤气中不含焦油等物质，剩余的煤渣以液态的形式从炉底排出。

（4）熔池气化炉　熔池气化炉为气-固-液三相反应器，原料为 6mm 以下直至煤粉所有范围的煤粒，燃料与气化剂并流加入，灰渣以液态排出，灰渣和煤气出口温度都接近炉温，炉内熔池是液态的熔灰、熔盐或熔融金属作为气化剂和煤的分散剂，作为热源供煤中挥发物的热解和干馏。

气化过程：燃料和气化剂并流进入炉内，煤在熔融的灰渣、金属或盐浴中直接接触气化剂而气化，生成的煤气由炉顶导出，灰渣则以液态和熔融物一起溢流出气化炉。

炉内温度很高，燃料一进入床内便迅速被加热气化，因而没有焦油类的物质生成。熔融床不同于移动床、沸腾床和气流床，对煤的粒度没有过分限制，大部分熔融床气化炉使用磨得很粗的煤，也包括粉煤。熔融床也可以使用强黏结性煤、高灰煤和高硫煤。缺点是热损失大，熔融物对环境污染严重，高温熔盐会对炉体造成严重腐蚀。

几种床层气化炉的技术特点比较见表 3-2。

表 3-2   几种床层气化炉的技术特点比较

项目	固定床	流化床	气流床	熔融床
气化过程	块煤炉顶供给与热空气逆流,依次通过干燥区、气化区、燃烧区、焦炭与 O_2、H_2O 作用生成煤气	小颗粒煤粒在炉底供给高速气化剂和蒸汽带动下边流态翻滚,边在高温炉床内气化	小煤粒的干煤或湿态煤与气化剂高速从喷嘴喷入,在高温高压欠氧下完成气化	煤粉与氧一起从喷嘴喷进熔融金属表面,在高温下瞬时气化
气化温度/℃	440~1400	800~1100	1200~1700	>1500
优点	低温煤气易于净化;适于高灰熔点煤;技术成熟,全世界煤气化装置容量占 90%	操作简单,动力消耗少;对耐火炉衬要求低;适于高灰熔点的煤	碳转化率高;液态灰渣易排出放大容易;煤种适应性广	煤种适应性广;气化效率高
缺点	不适于结焦性强的煤;低温干馏产生煤焦油、沥青等;单段炉不易大型化	容量较小;飞灰中未燃尽碳多	对耐火炉衬要求高;适于低灰熔点煤	适于低灰熔点煤
碳转化率/%	99	95	97~99	—
实用例子	UGI 炉、鲁奇炉、液态排渣鲁奇炉	Winker 炉、KRW 炉、U-Gas 炉	德士古炉、Shell 炉、GSP 炉、K-T 炉	开发中

除了以上的分类方法外,气化炉在生产操作过程中根据使用的压力不同,又分为常压气化炉和加压气化炉;根据过程是否连续,分为间歇气化和连续气化等。气化工艺在很大程度上影响煤化工产品的成本和效率,采用高效、低耗、无污染的煤气化工艺(技术)是发展煤化工的重要前提,其中反应器便是工艺的核心,可以说气化工艺的发展是随着反应器的发展而发展的。无论方法怎么划分,煤气化的发展趋势都向着拓宽原料煤适应范围、提高单炉产气量、提高气化效率、提高控制自动化水平、提高运行可靠性和改善环保特性的方向发展。

第二节   典型煤气化技术

一、常压固定床气化技术

固定床气化也称移动床气化。固定床一般以块煤或焦煤为原料。煤由气化炉顶加入,气化剂由炉底加入。流动气体的上升力不致使固体颗粒的相对位置发生变化,即固体颗粒处于相对固定状态,床层高度亦基本保持不变,因而称为固定床气化。另外,从宏观角度看,由于煤从炉顶加入,含有残炭的炉渣自炉底排出,气化过程中,煤粒在气化炉内逐渐并缓慢往下移动,因而又称为移动床气化。固定床气化的特性是简单、可靠。同时由于气化剂与煤逆流接触,气化过程进行得比较完全,且使热量得到合理利用,因而具有较高的热效率。

固定床气化炉常见的有间歇式气化(UGI)和连续式气化(鲁奇炉)两种。前者用于生产合成气时一定要采用白煤(无烟煤)或焦炭为原料,以降低合成气中 CH_4 含量,国内有数千台这类气化炉,弊端颇多,后者国内有 20 多台炉子,多用于生产城市煤气,该技术所含煤气初步净化系统极为复杂,不是公认的首选技术。

水煤气是由炽热的碳和水蒸气反应所生成的煤气。燃烧时呈蓝色,所以又称为蓝水煤气。需提供水蒸气分解所需的热量,采用交替用空气和水蒸气为气化剂的间歇气化法。

二、碎煤固定床加压气化技术

固定床气化只能以不黏块煤为原料，不仅原料昂贵、气化强度低，而且粗煤气中含酚类、焦油等较多，使净化流程加长，污染严重，增加了投资和成本，目前，运转中的固定床气化炉主要是鲁奇气化炉。鲁奇碎煤加压气化技术是 20 世纪 30 年代由德国鲁奇公司开发的，属第一代煤气化工艺，技术成熟可靠，是目前世界上建厂数量最多的煤气化技术。正在运行中的气化炉达数百台，主要用于生产城市煤气和合成原料气。

德国鲁奇加压气化炉压力 2.5～4.0MPa，气化反应温度 800～900℃，固态排渣，一小块煤（对入炉煤粒度要求是 6mm 以上，其中 13mm 以上占 87%，6～13mm 占 13%）原料、蒸汽-氧连续送风制取中热值煤气。气化床层自上而下分干燥、干馏、还原、氧化和灰渣等层，产品煤气经热回收和除油，含有 10%～12% 的甲烷和不饱和烃，适宜作城市煤气。粗煤气经烃类分离和蒸汽转化后可作合成气，但流程长，技术经济指标差，对低温焦油及含酚废水的处理难度较大，环保问题不易解决。

与 UGI 炉相比，鲁奇炉有效地解决了 UGI 炉单炉产气能力小的问题。但是，固定床炉的一些关键问题仍然没有得到解决。鲁奇炉对煤种和煤质要求较高，只能使用弱黏结烟煤和褐煤，灰熔点（氧化气氛）大于 1500℃。对强黏结性、热稳定性差、灰熔点低以及粉状煤则难以使用。第三代鲁奇炉在炉内增设了搅拌器用于破焦，但也仅局限于黏结性较小的煤种。鲁奇炉气化工艺的另一个问题是进料用灰锁上、下阀使用寿命仅为 5～6 个月，增加了运行成本，究其原因，问题存在于固定层气化工艺本身。

鲁奇炉的技术特点有以下几个方面：鲁奇碎煤气化技术系固定床气化，固态排渣，适宜弱黏结性碎煤（5～50mm）；生产能力大，自工业化以来，单炉生产能力持续增长。例如，1954年在南非沙索尔建立的 10 台内径为 3.72m 的气化炉，其产气能力为 $1.53×10^4 m^3/(h·台)$；而 1966 年建设的 3 台，产气能力为 $2.36×10^4 m^3/(h·台)$；到 1977 年所建的 13 台气化炉，平均产气能力则达 $2.8×10^4 m^3/(h·台)$。这种持续增长，主要是靠操作的不断改进；气化炉结构复杂，炉内设有破黏和煤分布器、炉箅等转动设备，制造和维修费用大；入炉煤必须是块煤，原料来源受一定限制；出炉煤气中含焦油、酚等，污水处理和煤气净化工艺复杂、流程长、设备多，炉渣含碳 5% 左右。

1. 鲁奇三代 Mark-Ⅳ 型加压气化炉

第三代加压气化炉是在第二代炉型上的改进，其型号为 Mark-Ⅳ 型，是目前世界上使用最为广泛的一种炉型。其内径为 $\phi3.8m$、外径 $\phi4.128m$、炉体高为 12.5m、气化炉操作压力为 3.05MPa。该炉生产能力高，炉内设有搅拌装置，可气化强黏结性烟煤外的大部分煤种。鲁奇加压气化炉如图 3-5 所示。

加压气化炉的炉体不论何种炉型均是一个双层筒体结构的反应器。内、外筒体的间距一般为 40～100mm，其中充满锅炉水，以吸收气化反应传给内筒的热量产生蒸汽，经气液分离后并入气化剂中。一般在设置搅拌器的同时也设置转动的布煤器，它们连接为一体。由设在炉外的传动电动机带动。宝塔形炉箅一般由四层依次重叠成梯锥状的炉箅块及顶部风帽组成，共五层炉箅。煤锁是用于向气化炉内间歇加煤的压力容器，它通过泄压、充压循环将存在于常压煤仓中的原料煤加入高压的气化炉内，以保证气化的连续生产。灰锁是将气化炉炉箅排出的灰渣通过升、降压间歇操作排出炉外，而保证了气化炉的连续运转。灰锁膨胀冷凝器是第三代鲁奇炉所专有的附属设备，它的作用是在灰锁泄压时将含有灰尘的灰锁蒸汽大部分冷凝、洗涤下来。

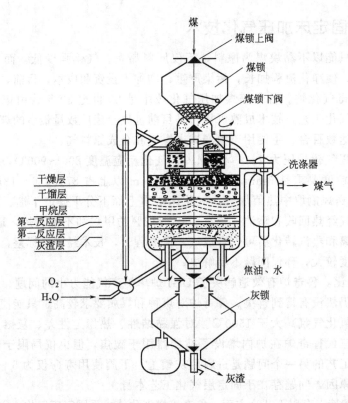

图 3-5 鲁奇加压气化炉

2. 液态排渣鲁奇 (BGL) 炉

1984 年鲁奇公司和英国煤气公司联合开发了 BGL 液态排渣鲁奇炉,将固体燃料全部气化生产燃料气和合成气。BGL 炉操作压力 2.5~3.0MPa,气化温度在 1400~1600℃,超过了灰渣流动温度,灰渣呈液态形式排出。炉结构比传统的鲁奇炉简单,取消了转动炉箅。BGL 液态排渣气化炉如图 3-6 所示。

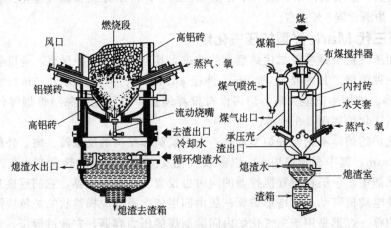

图 3-6 鲁奇 BGL 液态排渣气化炉

与固体排渣法相比较,液态排渣加压气化法的主要特点是:气化强度高、生产能力大;水蒸气耗量低,水蒸气分解率提高;煤气中可燃组分增加,热值提高;煤种适应性强;碳转化率、气化效率和热效率均有提高;对环境污染减少。

液态排渣法固定床加压气化具有一系列优点，因而受到广泛重视。但是由于高温、高压的操作条件，对于炉衬材料、熔渣池的结构和材质以及熔渣排出的有效控制都有待于不断改进。

液态排渣加压气化炉的基本原理是：仅向气化炉内通入适量的水蒸气，控制炉温在灰熔点以上，灰渣要以熔融状态从炉底排出。气化层的温度较高，一般在 $1100 \sim 1500$℃，气化反应速率大，设备的生产能力大，灰渣中几乎无残炭。

主要特点是炉子下部的排灰机构特殊，取消了固态排渣炉的转动炉箅。

该炉气化压力为 $2.0 \sim 3.0$MPa，气化炉上部设有布煤搅拌器，可气化加强黏结性的烟煤。

在炉体的下部设有熔渣池。在渣箱的上部有一液渣急冷箱，用循环熄渣水冷却，箱内充满 70％ 左右的急冷水。由排渣口下落在急冷箱内淬冷形成渣粒，在急冷箱内达到一定量后，卸入渣箱内并定时排出炉外。由于灰箱中充满水，和固态排渣炉相比，灰箱的充、卸压就简单多了。

在熔渣池上方有 8 个均匀分布、按径向对称安装并稍向下倾斜、带水冷套的钛钢气化剂喷嘴。气化剂和煤粉及部分焦油由此喷入炉内，在熔渣池中心管的排渣口上部汇集，使得该区域的温度可达 1500℃ 左右，使熔渣呈流动状态。

三、流化床气化技术

流化床气化一般要求原煤破碎成＜10mm 粒径的煤，＜1mm 粒径细粉应控制在 10％ 以下，经过干燥除去大部分外在水分，进气化炉的煤含水量＜5％ 为宜。流化床更适合活性高的褐煤、长焰煤和弱黏烟煤，气化贫煤、无烟煤、焦粉等需提高气化温度和增加煤粒在气化炉内的停留时间。

固体干法排渣，为防止炉内结渣除保持一定的流化速度外，要求煤的灰熔点 ST 应大于1250℃，气化炉操作温度（表温）一般选定在比 ST 温度低 $150 \sim 200$℃ 的温度下操作比较安全。

1926 年第一个流化床煤气化工业生产装置——温克勒煤气化法在德国投入运转。以后在世界各国共建有约 70 台温克勒气化炉。早期的常压温克勒气化实际是沸腾床气化炉，存在氧耗高、碳损失大（超过 20％）等缺点，因此至今仍在运转的已不多。

1. 温克勒（Winkler）气化炉

气化炉组成：流化床（下部的圆锥部分）、悬浮床（上部的圆筒部分，为下部的 $6 \sim 10$倍）。原料由螺旋加料器加入圆锥部分腰部。如图 3-7 所示。

矸石灰（30％ 左右）自床层底部排出；其余飞灰由气流从炉顶夹带而出。一次气化剂（60％～70％）由炉箅下部供入，二次气化剂（30％～40％）由气化炉中部送入。二次气化剂的作用是，在接近灰熔点的温度下，使气流中夹带碳粒得到充分的气化。二次气化剂用量与带出未反应的碳成比例（过少：未反应碳得不到充分气化而被带出，气化效率下降；过多：产品被烧）。

操作温度一般为 900℃ 左右，操作压力约为 0.098MPa（常压），原料粒度为 $0 \sim 10$mm，褐煤、弱黏煤、不黏煤和长焰煤等，但活性要高。

温克勒气化工艺单炉生产能力大，气化炉结构简单，可气化细颗粒煤（0～10mm），出炉煤气基本上不含焦油，运行可靠，开停车容易。但是该种炉型气化温度低，气化炉设备庞大，热损失大（煤气出炉温度高），煤气带出物损失较多（气流中夹带碳颗粒），粗煤气质量

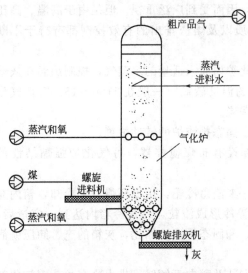

图 3-7　温克勒（Winkler）气化炉

粗产品气

蒸汽
进料水

气化炉

蒸汽和氧

煤

螺旋
进料机

蒸汽和氧

螺旋排灰机

灰

较差。

2. 高温温克勒（HTW）气化法

提高了操作温度。由原来的 900～950℃ 提高到 950～1000℃，因而提高了碳转化率，增加了煤气产出率，降低了煤气中甲烷含量，氧耗量减少。

提高了操作压力。由常压提高到 1.0MPa，提高了反应速率和气化炉单位炉膛面积的生产能力，使后序压缩机能耗大幅度降低。

气化炉粗煤气带出的固体煤粉尘，经分离后返回气化炉循环利用，使排出的灰渣中含碳量降低，碳转化率显著提高，可以气化含灰量高（＞20％）的次烟煤。由于气化压力和气化温度的提高，使气化炉大型化成为可能。

提高温度从而提高 CO 和 H_2 的浓度，提高碳的转化率和煤气产率。但要防止结渣，可在煤中添加石灰石等来提高煤的软化点和熔点。

加压，床层的膨胀度下降，工作状态比常压稳定，气流带出量减少，带出物的颗粒尺寸也减小了，生产能力提高，煤气热值得到提高。

温克勒气化炉的优点：原料可以全部是碎煤或粉煤（＜1mm）。气化剂（氧气和水蒸气）消耗量低，气化负荷弹性大，在短时间内，其处理量可从最小（25％设计负荷）调至最大（150％设计负荷）。

3. 灰团聚气化法

一般流化床煤气化炉要保持床层炉料高的碳灰比，而且使碳灰混合均匀以维持稳定的不结渣操作。因此炉底排出的灰渣组成与炉内混合物料组成基本相同，故排出的灰渣的碳含量比较高（15％～20％）。

针对上述问题提出了灰熔聚（灰团聚、灰黏聚）的排灰方式。做法是在流化床层形成局部高温区，使煤灰在软化而未熔融的状态下，相互碰撞黏结成含碳量较低的球状灰渣，球状灰渣长大到一定程度时靠其重量与煤粒分离下落到炉底灰渣斗中排出炉外，降低了灰渣的含碳量（5％～10％），与液态排渣炉相比减少了灰渣带出的热损失，提高了气化过程的碳利用率，这是煤气化炉排渣技术的重大发展。

目前采用灰熔聚排渣技术的有美国的 U-Gas 气化炉、KRW 气化炉以及中国科学院山西煤炭化学研究所的 ICC 煤气化炉。该类技术可用于生产燃料气、合成气和联合循环发电，特别适用于中小型氮肥厂替代间歇式固定床气化炉，以烟煤替代无烟煤生产合成氨原料气，可以使合成氨成本降低 15％～20％，具有一定的发展前景。

灰团聚气化法特点：团聚排渣（灰团聚而不结渣）。原理是在流化床中导入氧化性高速射流，使煤中灰分在软化而未熔融状态下，在一个锥形床中相互熔聚而黏结成含碳量较低的球状灰渣，有选择地排出炉外。

与传统排渣方式相比的优点：与固态排渣比，降低了灰渣中的碳损失；与液态排渣比，减少了灰渣带走的显热损失。

（1）U-Gas 气化　U-Gas 气化工艺由美国煤气工艺研究所（IGT）开发，属于单段流化床粉煤气化工艺，采用灰团聚方式操作。U-Gas 气化炉如图 3-8 所示。

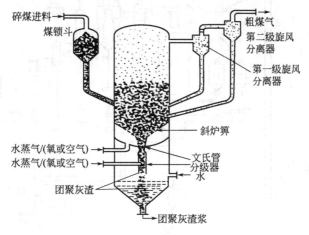

图 3-8　U-Gas 气化炉

　　U-Gas 气化炉内四个重要功能：煤的破黏、脱挥发分、气化及灰的熔聚、团聚灰渣从半焦中分离出来。原料煤 0～6mm，床内反应温度为 950～1100℃；操作压力在 0.14～2.4MPa 范围变化。气化剂由两处进入气化炉：①从炉箅进入，维持正常的流化；②由中心（文氏管）进入灰熔聚区。由中心进入气体的氧/汽比较大，故床底中心区（熔聚区）温度较高，当达到灰的初始软化温度时，灰粒选择性地和别的颗粒团聚起来。

　　团聚体不断增大，直到它不能被上升气流托起为止。床层上部空间作用：裂解在床层内产生的焦油和轻油（煤气不含焦油）。煤气夹带煤粉由两级旋风分离器分离和收集。

　　(2) ICC 灰融聚气化床工艺　中科院山西煤化所开发的 ICC 灰熔聚气化炉，于 2001 年在陕西城化股份公司进行了 100t/d 制合成气工业示范装置试验。

　　ICC 灰熔聚流化床粉煤气化工艺的特点：煤种适应性宽，可实现气化原料本地化。操作温度适中，氧耗低、干法排渣。无特殊材质要求，操作稳定，连续运转可靠性高。工艺流程简单，气化炉及配套设备结构简单，造价低，维护费用低。灰团聚成球，借助重量的差异与半焦有效分离，排灰碳含量低（<10%）。炉内形成一局部高温区（1200～1300℃），可处理高灰、高灰熔点煤，气化强度高。飞灰经旋风除尘器捕集后返回气化炉，循环转化，碳利用率高。产品气中不含焦油，洗涤废水含酚量低，净化简单。设备投资低，气化条件温和，消耗指标低，煤气成本低。中国自主专利，同等规模下，与引进气化技术相比，投资低 50%。

　　ICC 灰融聚气化床工艺流程如图 3-9 所示。粒径为 0～30mm 的原料煤（焦），先筛分、破碎到 0～8mm 粒度，经回转干燥器烘干（烟煤水分<5%，褐煤水分<12%）待用。备好的入炉煤经斗式提升机进入煤锁斗系统，由螺旋给料器计量，气力输送进入气化炉下部。气化剂（空气/蒸汽、氧气/蒸汽）分三路计量调节，由分布板、环形管、中心射流管进入气化炉。煤在气化炉中部燃烧产生的高温（950～1100℃）下与气化剂（氧气、蒸汽）进行反应，一次实现破黏、脱挥发分、气化、灰团聚及分离、焦油及酚类的裂解等过程，生成煤气。高温煤气带出的飞灰，大部分经一级旋风分离器捕集，返回气化炉进一步气化，二级旋风分离器捕集的少量飞灰排出系统。除尘后的热煤气依次进入废热锅炉、蒸汽过热器和脱氧水预热器回收热量，再经洗涤塔净化冷却，送至下一工序。

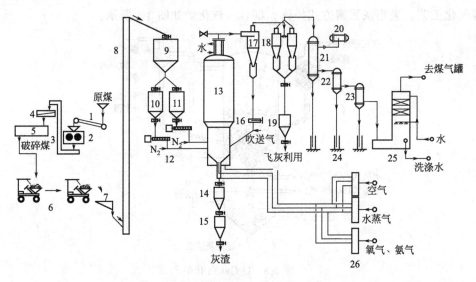

图 3-9   ICC 灰融聚气化床工艺

1—皮带输送机；2—破碎机；3—埋刮板输送机；4—筛分机；5—烘干机；6—输送；7—受煤斗；

8—斗式提升机；9—进煤斗；10—进煤平衡斗 A；11—进煤平衡斗 B；12—螺旋给料机 A/B；13—气化炉；

14—上排灰斗；15—下排灰斗；16—高温返料阀；17—一级旋风分离器；18—二级旋风分离器；

19—二旋排灰斗；20—汽包；21—废热锅炉；22—蒸汽过热器；23—脱氧水预热器；

24—水封；25—粗煤气水洗塔；26—气体分气缸

四、气流床煤气化技术

1. Texaco 水煤浆加压气化技术

Texaco 气化工艺最早开发于 20 世纪 40 年代后期。由美国德士古（Fexaco）石油公司开发，该技术现属美国 GE 公司所拥有，又称为 GE 气化技术，国外已于 20 世纪 80 年代成功用于商业运行，1983 年美国 EASTMAN 生产甲醇、醋酸酐，1984 年日本 UBE 生产氨；1984 年、1996 年美国在 Cool-water 和 Tampa 建成 IGCC 装置；我国鲁南化肥厂于 1993 年建成首套德士古气化装置用于生产氨。兖矿鲁南化肥厂的德士古气化装置，是我国从国外引进的第一套德士古煤炭气化装置，采用水煤浆进料在加压下来生产合成氨的原料气体。目前 Texaco 气化装置在第二代气流床技术中，建设装置最多、商业运行时间最长、用于化工生产技术成熟可靠。

德士古气化是第二代气流床水煤浆气化技术的代表，以水煤浆单烧嘴顶喷进料，耐火砖热壁炉，激冷流程为主。

（1）Texaco 水煤浆气化工艺原理   Texaco 水煤浆气化属气流床气化工艺技术，即水煤浆与气化剂（纯氧）在气化炉内特殊喷嘴中混合，高速进入气化炉反应室，遇灼热的耐火砖瞬间燃烧，直接发生火焰反应。微小的煤粒与气化剂在火焰中作并流流动，煤粒在火焰中来不及相互熔结而急剧发生部分氧化反应，反应在数秒内完成。在上述反应时间内，放热反应和吸热反应几乎是同时进行的，因此产生的煤气在离开气化炉之前，碳几乎全部参与了反应。在高温下所有干馏产物都迅速分解转变为均相水煤气的组分，因而生成的煤气中只含有极少量的 CH_4。

Texaco 水煤浆气化炉所得煤气中含有 CO、H_2、CO_2 和 H_2O 四种主要组分，它们存在平衡关系：$CO + H_2O \Longrightarrow CO_2 + H_2$。在气化炉的高温条件下，上述反应很快达到平衡，因此气化炉出口的煤气组成相当于该温度下一氧化碳水蒸气转化反应的平衡组成。

（2）Texaco水煤浆气化主要设备

① Texaco气化炉　气化炉为一直立圆筒形钢制耐压容器，内壁衬以高质量的耐火材料，可以防止热渣和粗煤气的侵蚀。

Texaco气化炉有两种炉型：淬冷型、全热回收型。两种炉型下部合成气的冷却方式不同，但炉子上部气化段的气化工艺是相同的，如图3-10所示。

目前大多数德士古气化炉采用淬冷型，优势在于它更廉价、可靠性更高，劣势是热效率较全热回收型的低。

淬冷（激冷）炉分为燃烧室和激冷室两部分，上部为燃烧室，是气化反应的场所，内衬三层作用不同的耐火砖及耐火材料；下部为激冷室，气化炉激冷室由激冷环、下降管、导气管、液池等组成。图3-11为激冷型气化炉激冷室结构。

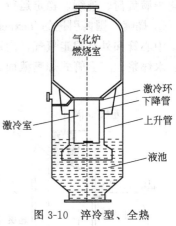

图 3-10　淬冷型、全热回收型德士古炉

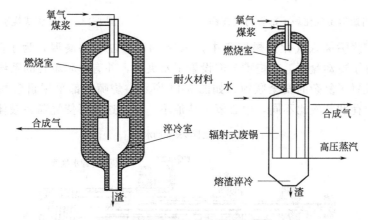

图 3-11　激冷型气化炉激冷室结构

淬冷炉粗合成气体经过淬冷管离开气化段底部，淬冷管底端浸没在一水池中。激冷水由激冷环流出，沿下降管内壁下降形成水膜并流入液池，高温合成气和熔融态灰渣从气化室出来后，与下降管内壁水膜直接接触发生热质交换。激冷过程中，液态熔渣发生凝固，部分激冷水剧烈气化，高温合成气急剧降温并增湿。合成气沿下降管穿越液池后沿上升管与下降管构成的环隙上升，凝渣留在液池黑水中，形成气固分离。

全热回收炉粗合成气离开气化段后，在合成气冷却器中从1400℃被冷却到700℃，回收的热量用来生产高压蒸汽。熔渣向下流到冷却器被淬冷，再经过排渣系统排出。合成气由淬冷段底部送下一工序，德士古废锅型气化炉下部辐射式废锅如图3-12所示，辐射废锅是双通道水冷壁设计的，高温粗煤气及熔渣流经中间的通道，通过热辐射方式与水冷壁进行热交换。

德士古水煤浆加压气化激冷流程应用已比较广泛，而全热回收的废锅流程装置目前运行较少，相对缺乏运行经验。国内第一套德士古废锅流程气化装置是节能示范性气化装置，于2004年开工建设，2007年6月建成投入试生产，2008年12月通过验收，正式投入生产。经过多年来的生产运行和改造完善，作为国内唯一一套废锅流程装置在设备、仪表、工艺设计等方面的问题已逐步得到解决和完善，但是辐射冷却器内部结渣问题始终存在，严重影响气化炉满负荷、连续、稳定运行，是整套装置高效运行的瓶颈之一。

② 烧嘴　国内引进的 Texaco 水煤浆气化技术烧嘴和国内自行开发的烧嘴以三通道为主。中心管和外环隙走氧气，内环隙走煤浆。中心管：15％氧气；外环系：85％氧气；内环系：水煤浆。三套管式烧嘴截面如图 3-13 所示。

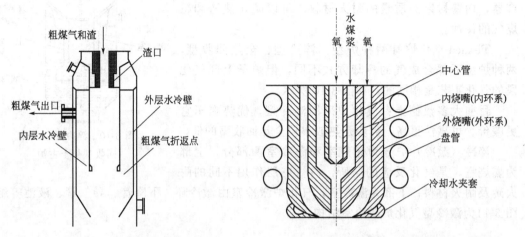

图 3-12　德士古废锅型气化炉下部辐射式废锅　　　　图 3-13　三套管式烧嘴截面

由于德士古烧嘴插入气化炉燃烧室中，承受 1400℃ 左右的高温，为了防止烧嘴损坏，在烧嘴外侧设置了冷却盘管，在烧嘴头部设置了水夹套，并有一套单独的系统向烧嘴供应冷却水，该系统设置了复杂的安全联锁，如图 3-14 所示。烧嘴头部采用耐磨蚀材质，并喷涂有耐磨陶瓷。负荷和气液比不同，中心氧最佳值不一样，这样可使烧嘴在最佳状态下工作。

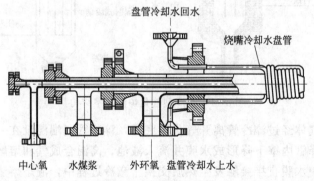

图 3-14　三套管式烧嘴

德士古烧嘴是德士古煤气化工艺的核心设备，一般情况下，运行初期雾化效果好、气体成分稳定、系统工况稳定，运行到后期，喷嘴头部变形，雾化效果不好，这时气体成分变化较大，有效气成分下降，特别是发生偏喷时，使局部温度过高，烧坏热偶，严重时，发生窜气导致炉壁超温。

（3）Texaco 水煤浆气化工艺

① Texaco 激冷式流程　Texaco 激冷式流程如图 3-15 所示。加压的水煤浆和氧气经过特制的工艺烧嘴喷入气化炉以后，水煤浆被高效雾化成细小的煤粒，与氧气在气化炉内 1300～1400℃ 的高温下发生复杂的氧化还原反应，产生煤气，同时生成少量的熔渣。

合成气与熔渣出气化炉燃烧室以后，在下降管的引导下进入到激冷室的液面以下，为了保护下降管，在下降管的上端设置了一个激冷环，用来分布供应到气化炉激冷室的激冷水，

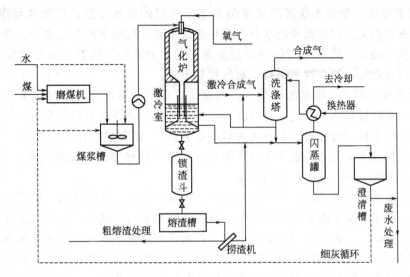

图 3-15　Texaco 激冷式流程

使激冷水以液膜的形式分布在激冷环的内表面，合成气和熔渣在沿下降管下降的过程中，合成气和熔渣与激冷环内壁上的水膜发生传热传质过程，熔渣被冷却固化后沉降到气化炉激冷室的底部，经锁斗收集后排出。合成气被冷却降低温度，部分激冷水被蒸发并以饱和水蒸气的形式进入到合成气气相主体中。吸收了饱和水蒸气以后的合成气出下降管以后，在浮力和气流的推动力作用下沿下降管与上升管之间的环隙鼓泡上升，离开上升管后被激冷室上部的折流板折流后从气化炉激冷室的合成气出口排出，经文丘里洗涤器进一步增湿后进入洗涤塔洗涤掉合成气中包含的少量灰分后送变换工序。

② 德士古废锅式流程　Texaco 废锅式流程如图 3-16 所示。气化炉产生的高温粗煤气和液态熔渣进入到气化炉下部的辐射式废锅，由水冷壁管冷却至 700℃（水冷管内副产高压蒸汽），而熔渣粒固化分离落入到下面的淬冷水池，经灰锁斗排出。粗煤气由辐射废锅导入对流废锅进一步冷却至 300℃（废锅回收显热并副产蒸汽）。

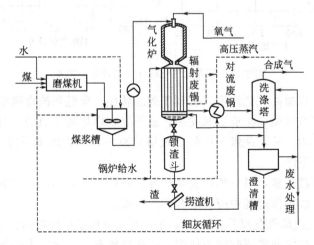

图 3-16　Texaco 废锅式流程

（4）Texaco 气化工艺条件　影响德士古炉操作和气化的主要工艺指标有水煤浆浓度、粉煤粒度、氧煤比及气化炉操作压力等。

① 水煤浆浓度　　所谓水煤浆的浓度是指煤浆中煤的质量分数，该浓度与煤炭的质量、制浆的技术密切相关。水煤浆中的水分含量是指全水分，包括煤的内在水分。通常使用的煤也并不是完全干的，一般含有 5%～8% 甚至更多的水分在内。随着水煤浆浓度的提高，煤气中的有效成分增加，气化效率提高，氧气耗量下降。

② 水煤浆制备技术　　煤浆的可泵送性和稳定性等对于维持正常的气化生产很重要。研究水煤浆的成浆特性和制备工艺，寻求提高水煤浆质量的途径是十分必要的。

选择合适的煤种（活性好、灰分和灰熔点都较低），调配最佳粒度和粒度分布是制备具有良好流动性和较为稳定的高浓度水煤浆的关键。适宜的添加剂也能改变煤浆的流变特性，且煤粉的粒度越细，添加剂的影响越明显。

褐煤的内在水分含量较高，其内孔表面大，吸水能力强，在成浆时，煤粒上能吸附的水量多。因而，在水煤浆浓度相同的条件下，自由流动的水相对减少，以致流动性较差；若使其具有相同的流动性，则煤浆浓度必然下降。故褐煤在目前尚不宜作为水煤浆的原料。

③ 粉煤粒度　　煤粒在炉内的停留时间及气固反应的接触面积与颗粒大小的关系非常密切：较大的颗粒离开喷嘴后，在反应区中的停留时间比小颗粒短；比表面积又与颗粒大小成反比。这双重影响的结果必然使小颗粒的转化率高于大颗粒。

就单纯的气化过程而言，似乎水煤浆的浓度越高、煤粉的粒度越小，越有利于气化转化率提高。考虑实际生产过程，当煤粉中细粉含量过高时，水煤浆表现为黏度上升，不利于泵送和雾化。为了便于使用，水煤浆应具有较好的流动性，黏度不能太大，故对反应性较好的煤种，可适当放宽煤粉的细度。

④ 氧煤比　　氧煤比是气流床气化的重要指标。如图 3-17 所示，当其他条件不变时，气化炉温度主要取决于氧煤比。提高氧煤比可使碳的转化率明显上升。

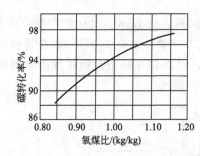 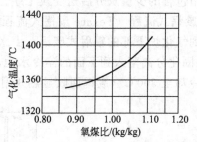

图 3-17　氧煤比气化温度和碳转化率关系

氧气比例增大可以提高气化温度，有利于碳的转化，降低灰渣含碳量。但是当氧气用量过大时，部分碳将完全燃烧，生成二氧化碳；或不完全燃烧而生成的一氧化碳。一氧化碳又进一步氧化成二氧化碳，从而使煤气中的有效组分减少，气化效率下降。随氧煤比的增加，氧耗明显上升，煤耗下降。

适当提高氧气的消耗量，可以相应提高炉温，降低生产成本，但提高炉温还要考虑耐火砖和喷嘴等的寿命。故操作过程中应确定合适的氧煤比。

⑤ 气化压力　　气流床气化操作压力的增加，不仅增加了反应物浓度，加快了反应速率；同时延长了反应物在炉内的停留时间，使碳的转化率提高。气化压力的提高，既可提高气化炉单位容积的生产能力，又可节省压缩煤气的动力。

故德士古工艺的最高气化压力可达 8.0MPa，一般根据煤气的最终用途，经过经济核算，选择适宜的气化压力。

（5）Texaco 气化技术特点

① 气化炉结构简单 该技术关键设备气化炉属于加压气流床湿法加料液态排渣设备，结构简单，无机械传动装置；开停车方便，加减负荷较快。

② 煤种适应较广 可以利用粉煤、烟煤、次烟煤、石油焦、煤加氢液化残渣等。

③ 合成气质量好 $CO+H_2 \geqslant 80\%$ 且 H_2 与 CO 量之比约为 0.77，可以对 CO 全部或部分进行变换以调整其比例用来作合成氨、甲醇等，且后系统气体的净化处理方便。

④ 合成气价格低 在相同条件下，天然气、渣油、煤制合成气，合成气的综合价格以煤制气最低。

⑤ 碳转化率高 该工艺的碳转化率在 97%~98%；单炉产气能力大，由于德士古水煤浆气化炉操作压力较高（一般为 4.0~6.7MPa），又无机械传动装置，在运输条件许可下设备大型化较为容易，目前气化煤量为 2000t/（d·台）气化炉已在运行。

德士古煤浆气化有很多先进的方面，但在工业化生产实践中仍暴露出一些亟待解决的问题：水煤浆气化氧耗高，比氧耗一般都在 $400m^3/1000m^3$（$CO+H_2$）（标准状况）以上，而壳牌（Shell）公司粉煤气化一般在 $330m^3/1000m^3$（$CO+H_2$）（标准状况）左右；气化炉一般开 2 个月左右就要单炉停车检修，或出现故障，须有计划地停车，而备用炉必须在 1000℃ 以上才可投料；气化炉耐火材料寿命短，耐火材料中的向火面砖是气化炉能否长期运转、降低生产成本的关键材料之一，而且换一炉砖周期长，影响生产 2 个月；气化炉炉膛热电偶寿命短，由于气化炉外壳与耐火砖受热后膨胀系数不同，而发生相互剪切，进而损坏热电偶；工艺烧嘴寿命短，烧嘴的稳定运行是操作好气化炉的另一个重要因素。烧嘴的寿命短（1.5 个月左右），而且昂贵。实际上对水煤浆气化而言，烧嘴的寿命确实较短，目前一般运行周期在 2 个月左右，主要是由于煤浆的磨蚀和高温环境的烧蚀，气化压力越高，磨蚀越厉害；气化温度越高，烧蚀越厉害。而高压高温又是气化所必需的，因此要延长烧嘴寿命，首先应该在材料上想办法，找出耐磨耐高温、易于制作的材料，还有就是烧嘴的夹角合理，既能雾化好又可以减少磨蚀；激冷环寿命短，激冷环使用寿命 1 年左右。

德士古气化法虽然也存在一些缺点，但其优点是显著的，而且与其他许多有希望且优点突出的气化方法相比较，它最先实现工业化规模生产，已为许多国家所采用。在中国，山东鲁南化肥厂、上海焦化厂、渭河煤化工集团和安徽淮南化工厂都已引进该煤气化工艺，并都已投入生产，所以德士古气化法是煤气化领域中的一个成功的范例。

2. 国内多喷嘴对置式水煤浆加压气化技术

由华东理工大学和兖矿集团、中国天辰化工共同研发的具有自主知识产权的"多喷嘴对置式水煤浆气化技术"为环境友好型绿色技术，是科研工作者长期跟踪国外渣油气化和煤气化技术的发展，经过对国外技术的分析总结，在充分研究剖析国外水煤浆气化的不足之处的基础上，全过程完全的自主创新。该技术在兖矿国泰化工有限公司建设多喷嘴对置式水煤浆气化炉及配套工程，进行多喷嘴对置式水煤浆气化技术的工业示范，示范装置正常工业运行，情况良好。

（1）多喷嘴对置式水煤浆气化过程特点 四个烧嘴对称布置在气化炉气化室中上部同一水平面上，对置气化炉的流场结构由射流区、撞击区、撞击流股、回流区、折返流区和管流区组成。图 3-18 为四喷嘴对置式水煤浆炉被流场情况。多喷嘴对置气化炉中射流区与撞击区、撞击流股、回流区、折返流区共存，不时进行质量交换，再加上湍流的随机性，射流区的反应组分及产物都有可能进入撞击区、撞击流股、回流区、折返流区，导致这些区域既进行一次反应，又进行二次反应。

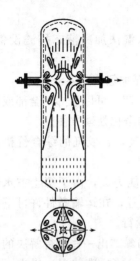

图 3-18 四喷嘴对置式水
煤浆炉被流场情况

气化炉及煤气初步净化系统来的含渣水分别减压后导入含渣水处理系统，含渣水首先进入蒸发热水塔蒸发室。蒸发室内含渣水大量汽化，溶解在水中的酸性气体一起解吸。蒸发室产生的蒸汽进入热水室与循环灰水直接接触换热，使灰水得到最大程度的升温。蒸发室底部含固量得到增浓的液相产物再进行真空闪蒸，进一步降低含渣水温度和浓缩含渣水的含固量，将酸性气体完全解吸。

（2）与引进水煤浆气化技术的区别　引进水煤浆气化技术为单喷嘴，流场为受限射流，物料停留时间分布宽，碳转化率低，射流以较大速度冲刷耐火砖。多喷嘴对置式水煤浆气化技术采用撞击流，旨在加强混合、强化热质传递。实践证明气化效果优于引进水煤浆气化技术。

引进水煤浆气化技术洗涤冷却室结构为上升管、下降管套筒式，粗合成气易带水带灰。多喷嘴对置式水煤浆气化技术采用复合床洗涤冷却室，消除带水带灰问题，洗涤冷却室液位可控。引进水煤浆气化技术采用文氏管与筛板塔组合初步净化煤气方案，多喷嘴对置式水煤浆气化技术采用混合器、分离器、水洗塔组合方案，采用"分级"净化，属高效、节能型净化工艺。

引进水煤浆气化技术采用间接换热方案回收黑水余热，多喷嘴对置式水煤浆气化技术采用直接换热方案回收黑水热量，有利于解决换热器结垢堵塞问题，提高热传递效率。

具有自主知识产权的多喷嘴对置式水煤浆气化技术专利费将比引进技术大大降低，仅为引进技术的 1/2～1/3。

（3）国内多喷嘴对置式水煤浆加压气化技术工艺流程　多喷嘴对置式水煤浆加压气化工艺流程如图 3-19 所示。来自煤浆槽浓度为 60%～65% 的煤浆，经隔膜泵加压，通过气化炉中上部同一水平面四个对称布置的工艺喷嘴，与空分装置来的氧气一起对喷进入烧嘴。

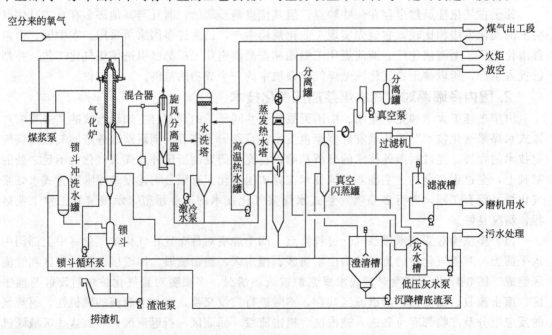

图 3-19　多喷嘴对置式水煤浆加压气化工艺流程

水煤浆和氧气在烧嘴中充分混合雾化后进入气化炉的燃烧室中，在约 4.0MPa、1350℃条件下进行气化反应。生成以 CO 和 H_2 为有效成分的粗合成气。粗合成气和熔融态灰渣一起向下，经过均匀分布激冷水的激冷环沿下降管进入激冷室的水浴中。大部分的熔渣经冷却固化后，落入激冷室底部。粗合成气从下降管和导气管的环隙上升，出激冷室。

从激冷室出来饱和了水汽的合成气进入混合器，在这里与激冷水泵送出的灰水混合，使合成气夹带的固体颗粒完全湿润，以便在水洗塔内能快速除去。

从混合器出来的气液混合物进入洗涤塔，沿下降管进入塔底的水浴中，合成气向上穿过水层，大部分固体颗粒沉降到塔底部与合成气分离。上升的合成气沿下降管和导气管的环隙向上穿过塔板，与冷凝液逆向接触，洗涤掉剩余的固体颗粒。合成气在洗涤塔顶部经过丝网除沫器，除去夹带气体中的雾沫，然后离开洗涤塔进入下游工序。

来自气化和水洗塔的黑水经过减压后依次送入蒸发热水塔和真空闪蒸罐等闪蒸、浓缩，真空闪蒸汽进入真空闪蒸冷却器，再送入真空闪蒸分离罐分离后，底部冷凝液依靠重力送往灰水槽利用。真空闪蒸罐底部黑水流入澄清槽，上部澄清水溢流进入灰水槽。灰水经低压灰水泵送至气化系统循环利用。澄清槽底部的细渣和水经澄清槽底流泵送往真空过滤机。滤饼通过卡车送界区外。滤液进入滤液受槽，经滤液泵送至水煤浆制备工序的磨煤机。锁斗将气化反应产生的炉渣收集并定期排出系统外。

3. Shell 煤气化技术

Shell 煤气化工艺（Shell coal gasfication process，SCGP），是由荷兰壳牌国际石油公司开发的一种加压气流床粉煤气化技术。

1993 年采用 Shell 煤气化工艺的第一套大型工业化生产装置在荷兰布根伦市建成，用于整体煤气化燃气-蒸汽联合蒸汽发电，发电量为 250MW。设计采用单台气化炉和单台废热锅炉，气化规模为 2000t/d 煤。煤电转化总（净）效率＞43%（低位发热量）。1998 年该装置正式投入商业化运行。

目前 Shell 气化技术的最大用户在中国。Shell 煤气化技术自 1996 年开始引进到中国，在不到 10 年时间内取得了很大进展，尤其是近几年，随着石油资源的供应紧张和环保要求的日益提高，先进的 Shell 煤气化技术在各个领域和行业受到越来越多的关注。

（1）Shell 加压气化炉　壳牌煤气化工艺装置 SCGP 气化部分的关键设备是气化炉。如图 3-20 所示。气化炉内件本身是一台膜式水冷壁及水管型冷却器，安装在整个气化炉外壳中。在这种内件中，保持一种强制的冷却水循环而吸收热量，产生中压蒸汽。

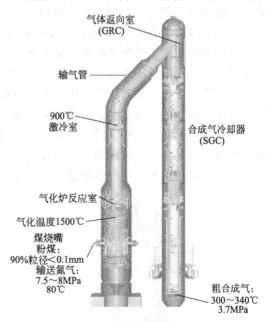

图 3-20　Shell 气化炉和合成气冷却器连接

气化炉采用侧壁烧嘴，在气化高温区对称布置，并且可根据气化炉能力由 4～8 个烧嘴中心对称分布，由于采用多烧嘴结构，气化炉操作负荷具有很强的可调幅能力。由于煤烧嘴采用径向小角度（约 4.5°）安装方式，从而在反应器中，能够使得气流的分布产生一种涡流运动，这种运动使得渣、灰与合成气的分离效果更好，避免大量的飞灰夹带。

　　输气管段主要由输气管外壳和输气管组成，其作用是把气化炉和合成气冷却器有机连接起来，从而使设备布置紧凑，煤气粉尘不堵塞。

　　输气管通过现场焊接的方法与气化炉和合成气冷却器的气体返回室相连，内件的主体结构则由圆筒形水冷膜式壁传热面构成。

　　气体返向室由气体返回段外壳和内件组成，内件是由膜式壁结构组成。

　　壳牌气化反应热的回收是通过合成气冷却器（废热锅炉）来完成的。气体冷却段主要由外壳、中压蒸汽过热器、二段蒸发器、一段蒸发器组成。其中一段蒸发器又分成2个管束。该回收器的所有传热器回路，都是用水进行强制循环，蒸发器副产高（中）压蒸汽。废热锅炉采用水管式结构。

　　为消除水冷壁上的积灰，废锅可根据需要设置若干数量的气动敲击除灰装置，定期或不定期进行振动除灰。由于内件各换热面附有煤灰，当水冷壁经过敲击装置的突然加速撞击，受传热器和灰尘具有不同惯量的影响，从而除去煤灰。

　　气化炉内筒上部为燃烧室（气化区），下部为熔渣激冷室。煤粉及氧气在燃烧室反应，温度为1700℃左右。Shell气化炉由于采用了膜式水冷壁结构，内壁衬里设有水冷管，副产部分蒸汽，正常操作时壁内形成渣保护层，用以渣抗渣的方式保护气化炉衬里不受侵蚀，避免了由于高温、熔渣腐蚀及开停车产生应力对耐火材料的破坏而导致气化炉无法长周期运行。由于不需要耐火砖绝热层，运行周期长，可单炉运行，不需备用炉，可靠性高。

　　气化段主要由内桶和外桶两部分组成，包括膜式水冷壁、环形空间和高压容器外壳，如图3-21所示。环形空间位于压力容器外壳和膜式水冷壁之间。设计环形空间的目的是容纳水、蒸汽的输入输出和集气管，另外，环形空间还有利于检查和维修，气化炉外壳为压力容器，一般小直径的气化炉用钨合金钢制造。

　　膜式水冷壁如图3-22所示，向火侧敷有一层比较薄的耐火材料，一方面为了减少热损失；另一方面更主要是为了挂渣，充分利用渣层的隔热功能，以渣抗渣，以渣护炉壁，可以使气化炉热损失减少到最低，以提高气化炉的可操作性和气化效率。

　　膜式壁以渣抗渣原理。生产中，高温熔融下的流态熔渣，顺水冷壁重力方向下流，当渣层较薄时，由于耐火衬里和金属销钉具有很好的热传导作用，渣外表层冷却至灰熔点固化附着；当渣层增厚到一定程度时，热阻增大，传热减慢，外表渣层温度升高到灰熔点以上时，熔渣流淌减薄；当渣层减薄到一定厚度时，热阻减小，传热量增大，渣层温度降低到灰熔点以下时熔渣聚积增厚，这样不断地进行动态平衡。

图 3-21　Shell 膜式壁和外壳

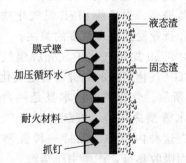

图 3-22　Shell 炉膜式水冷壁结构

　　急冷段主要由急冷段外壳体、急冷区和急冷管组成。急冷区由两个功能区组成，一个是由湿洗单元经过冷却过滤后的合成气（约200℃）被送入反应段顶部流出的高温合成气中（约1500℃），比例大约为1∶1，混合后的合成气温度骤降到900℃左右；第二个是"急冷底部清洁区"，将高压氮气送入该区，由 192 根喷管进行喷吹，以便减少或清除气化段出口区域积聚的灰渣。急冷管则是膜式壁结构，合成气通过急冷管进一步冷却。

(2) Shell 气化工艺流程　Shell 气化工艺流程如图 3-23 所示。

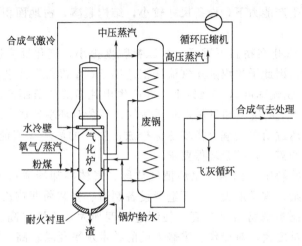

图 3-23　Shell 气化工艺流程

① 煤粉制备及气化剂的输送　经预破碎后进入煤的干燥系统，使煤中的水分小于 2%，然后进入磨煤机中被制成煤粉，磨煤机是在常压下运行，制成粉后用 N_2 送入煤粉仓中。然后进入加压锁斗系统。

再经由加压氮气或二氧化碳加压将细煤粒由锁斗送入相对布置的气化烧嘴。气化所需氧气和水蒸气也送入烧嘴，煤粉在喷嘴里与氧气（95% 纯度）混合并与蒸汽一起进入气化炉反应。

② 气化及排渣　通过控制加煤量，调节氧量和蒸汽量，使气化炉在 1400~1700℃范围内发生反应，从而分别生成合成气和灰渣、飞灰。气化炉操作压力为 2~4MPa。在气化炉内煤中的灰分以熔渣的形式排出，绝大多数熔渣从炉底离开气化炉，用水激冷，并分散成玻璃状的小颗粒，平均粒度大约为 1mm，再经破渣机进入渣锁系统，最终泄压排出系统。少量熔渣以飞灰形式存在，通过急冷段、输送段、合成气冷却段后，随合成气一并排出气化炉，并且被收集在下游的飞灰脱除系统中。

③ 粗煤气激冷、废热回收、除尘　粗气夹带飞散的熔渣粒子被激冷气冷却，使熔渣固化而不致粘在冷却器壁上，然后再从煤气中脱除。合成气从气化段顶部流出，利用来自湿洗段的"冷态"合成气进行激冷，将温度降低到 900℃左右，随后在合成气输送段、气体返回段、合成气冷却段中，进一步将温度降低到 350℃左右，从合成冷却器底部流出。煤气冷却器采用废热锅炉，用来生产中压饱和蒸汽或过热蒸汽。粗煤气经陶瓷过滤器除去细粉尘（<20mg/m³）。部分煤气加压循环作为循环冷却煤气用于出炉煤气的激冷。

(3) 工艺技术特点

① 煤种适应广　采用干法粉煤进料及气流床气化，可使任何煤种完全转化，对煤种适应广。它能气化无烟煤、烟煤及褐煤等各种煤，能成功地处理高灰分和高硫煤种。对煤的性质诸如活性、结焦性、水、硫、氧及灰分不敏感。

② 能源利用率高　由于采用高温加压气化，因此其热效率很高。能实现高温（大约 1500℃）下的"结渣"气化，碳转化率较高。在典型的操作条件下，Shell 气化工艺的碳转化率高达 99%。

采用了加压制气，大大降低了后续工序的压缩能耗。还由于采用干法供料，也避免了湿法进料消耗在水汽化加热方面的能量损失。因此，Shell 炉能源利用率也相对提高。

③ 设备单位产气能力高　在加压下（3MPa 以上），气化装置单位容积处理煤量大，产气能力高。在同样的生产能力下，设备尺寸较小，结构紧凑，占地面积小，相对的建设投资也比较低。

④ 环境效益好　气化在高温下进行，且原料粒度很小，气化反应进行的极为充分，影响环境的副产物很少，因此干粉煤加压气流床工艺属于"洁净煤"工艺。

Shell 煤气化工艺脱硫率可达 95% 以上，并产生出纯净的硫黄副产品，产品气的含尘量低于 $2mg/m^3$；气化产生的熔渣和飞灰是非活性的，不会对环境造成危害；工艺废水易于净化处理和循环使用，通过简单处理可实现达标排放；生产的洁净煤气能更好地满足合成气、工业锅炉和燃气透平的需求，符合环保要求。

该技术也存在一些缺陷，如因气化炉把气化段、气体冷却器通过输气管连接为一个整体，使得设备结构复杂、重量加大，从而造成设备制造、安装周期较长，难度增加。因提高气化温度，使得设备制造选材级别提高，使制造难度加大，投资提高。气化炉结构过于复杂，控制点多，操作难度大，对操作、维修人员的技术水平要求较高，需多消化吸收引进技术。还没有用于合成气生产的工业应用业绩，即没有与生产甲醇或合成氨装置串联的运行经验可以借鉴。投资远远高于水煤浆气化，大约是德士古水煤浆气化的 2 倍左右。入炉煤采用气流输送，限制了气化压力的进一步提高，压力限制在 2～4MPa。

目前国内已引进十余套 Shell 煤气化的关键设备——气化炉，投煤量 1000～2000t/d。投产的有 5 套，已投产气化炉最长运行周期为 56d，国外同类型装置最长运行周期为 1 年，目前几套装置的运行都不太稳定。

4. GSP 煤气化技术

GSP 气化炉是由德国燃料研究所开发的，始于 20 世纪 70 年代末。1991 年 Preussag-Noell 公司取得技术专利权，其后为瑞士未来能源公司继承，现为德国西门子（Siemens）所有。西门子拥有完整的 GSP 技术知识产权、气化技术研发团队和中试基地。GSP 气化炉是一种干煤粉下喷式加压气流床液态排渣气化炉，其煤炭加入方式类似于 Shell，炉子结构类似于德士古气化炉。

GSP 气化炉目前应用很少，我国宁煤集团引进此技术用于煤化工项目。神华宁夏煤业集团煤化工公司烯烃项目 GSP 干粉气化炉于 2010 年 10 月 4 日投料成功，神华宁夏煤业集团公司的甲醇制丙烯（MTP）装置投料试车，并成功产出纯度为 99.69% 丙烯产品。2010年 12 月 31 日产出合格的优等精甲醇，标志着 GSP 气化技术在我国成功实现工业运用。

（1）GSP 气化技术主要设备

① GSP 气化炉　GSP 气化炉采用单喷嘴顶喷式进料，粗煤气激冷流程，底部液态排渣。由气化喷嘴、水冷壁气化室和激冷室组成，整个气化炉主体为圆筒形结构，气化炉外壁带水夹套。

反应室为由水冷壁围成的圆柱形空间，其上部为喷嘴，下部为排渣口，气化反应就在此进行。

激冷室是一个上部为圆形筒体和下部缩小的空腔。热粗煤气和液体熔渣、固体熔渣从气化室出来，经过一个喇叭口的排渣口进入激冷室，喇叭口的下端是一个环行水管，激冷水由此喷出。洗涤后的粗煤气被冷却至接近饱和 3MPa，211℃，热粗煤气与液态熔渣从反应室经排渣口向下流入激冷室，且两者在此直接与喷入的激冷水接触，粗煤气被冷却至接近饱和温度,熔渣被冷却后固化成玻璃状的渣粒。向激冷室内喷入的激冷水是过量的,以保证粗煤气的均匀冷却,并能在激冷室底部形成水浴。

气化炉主体及水冷壁结构如图 3-24 所示。水冷壁各层温度分布如图 3-25 所示。

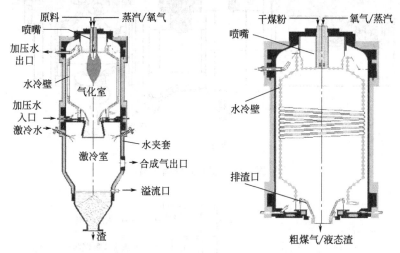

图 3-24 气化炉主体及水冷壁结构

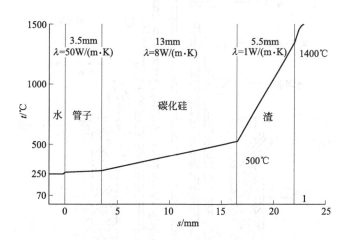

图 3-25 水冷壁各层温度分布

② 气化烧嘴 GSP 的烧嘴是一种内冷式多通道的多用途烧嘴,共有 6 层通道,是 GSP 气化技术的关键设备之一。该烧嘴独有的特点就是每个通道都设计有各自的水夹套来冷却,使烧嘴受热均匀,温度始终保持在一个较低水平,极大地延长了烧嘴使用寿命,烧嘴中心管既可以是干粉通道,又可以是氧化剂通道,是 GSP 气化喷嘴独有的特点,是所有干法和湿法气流床气化喷嘴所不具备的,组合式喷嘴外观及结构如图 3-26、图 3-27 所示。

进料气体和原料物料共分内、中、外三层:烧嘴外层是主燃料(3 个进口),如煤粉;中层是氧气和高压蒸汽;内层进料为燃料气,作为持续点火用。

该烧嘴还配有闭路循环水冷却系统,为安全起见,该冷却系统的循环水压高于气化炉的操作压力。冷却水也有三层:分别在物料的内中、中外层之间和外层之外,这种冷却方式传热比较均匀,可以使烧嘴的温度保持在较低的水平,特别是烧嘴头部的温度不至于太高,以免将烧嘴的头部烧坏。

烧嘴头部的材料较好,其使用寿命预计可以在 10 年以上,但是,烧嘴头部金属材料的要求

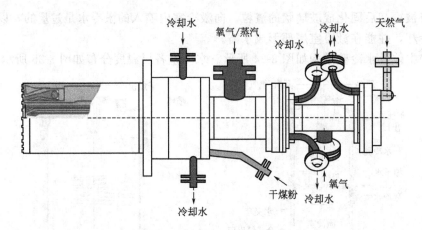

图 3-26　组合式喷嘴外观

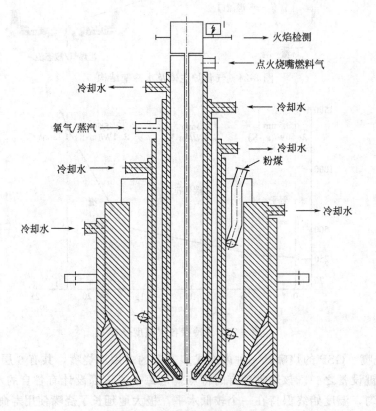

图 3-27　组合式喷嘴截面结构

比较高，且每年都要维修。喷嘴的材质为奥氏体不锈钢，高热应力的喷嘴顶端材质为镍合金。

喷嘴由配有火焰检测器的点火喷嘴和生产喷嘴所组成，故称为组合式气化喷嘴。

（2）GSP 气化工艺流程　GSP 气化工艺流程如图 3-28 所示。

① 干煤粉的加压计量输送系统　经研磨的干燥煤粉由低压氮气送到煤的加压和投料系统。此系统包括储仓、锁斗和密相流化床加料斗。依据下游产品的不同，系统用的加压气与载气可以选用氮气或二氧化碳。粉煤流量通过入炉煤粉管线上的流量计测量。

② 气化与激冷系统　载气输送过来的加压干煤粉，氧气及少量蒸汽（对不同的煤种有不同的要求）通过组合喷嘴进入到气化炉中。气化炉包括耐热低合金钢制成的水冷壁的气化

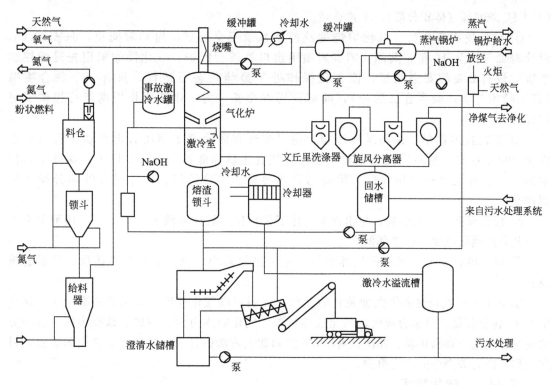

图 3-28 GSP 气化工艺流程

室和激冷室。西门子（GSP）气化炉的操作压力为 2.5～4.0MPa（g）。

根据煤粉的灰熔特性，气化操作温度控制在 1350～1750℃。高温气体与液态渣一起离开气化室向下流动直接进入激冷室，被喷射的高压激冷水冷却，液态渣在激冷室底部水浴中成为颗粒状，定期地从排渣锁斗中排入渣池，并通过捞渣机装车运出。从激冷室出来的达到饱和的粗合成气输送到下游的合成气净化单元。

③ 气体除尘冷却系统　气体除尘冷却系统包括两级文丘里洗涤器，洗去携带的颗粒物、一级部分冷凝器和洗涤塔。净化后的合成气含尘量设计值小于 $1mg/m^3$（标准状况），输送到下游。

④ 黑水处理系统　系统产生的黑水经减压后送入二级闪蒸罐去除黑水中的气体成分，闪蒸罐内的黑水则送入沉降槽，加入少量絮凝剂以加速灰水中细渣的絮凝沉降。沉降槽下部沉降物经压滤机滤出并压制成渣饼装车外送。沉降槽上部的灰水与滤液一起送回激冷室作激冷水使用。为控制水中总盐的含量，需将少量污水送界区外的全厂污水处理系统，并在系统中补充新鲜的软化水。

（3）GSP 煤气化技术的优越性

① 原料煤适应范围宽　GSP 气化对煤质要求不苛刻，固体原料中的褐煤、烟煤、无烟煤和石油焦均可气化，对煤的活性没有要求，对煤的灰熔点适应范围比其他气化工艺可以更宽。对于高灰分、高水分、含硫量高的煤种也同样适应。

② 设备寿命长　GSP 气化炉采用水冷壁结构，避免了因高温、溶渣腐蚀及开停车产生应力对耐火材料的破坏而导致气化炉无法长周期运行。由于不需要耐火砖绝热层，而且炉内没有转动设备，所以运转周期长，可单炉运行，不需要备用炉，可靠性高。

③ 技术指标优越　温度 1350～1750℃，碳转化率 99%，$CH_4<0.1\%$（体积分数），

$CO+H_2 > 90\%$（体积分数），不含重烃。

④ 喷嘴使用寿命长　气化炉烧嘴及控制系统安全可靠，启动时间短，只需约 1h，设计寿命至少为 10 年，其间仅需要对喷嘴出口处进行维护，气化操作采用先进的控制系统，设有必要的安全联锁，使气化操作处于最佳状态下运行。只有一个联合喷嘴（开工喷嘴与生产喷嘴合二为一），喷嘴使用寿命长，为气化装置长周期运行提供了可靠保障。

⑤ 工艺技术简单　采用激冷流程，高温煤气在激冷室上部用若干水喷头将煤气激冷至 200℃左右，然后用文丘里除尘器将煤气含尘量降低到 $1mg/m^3$ 以下。这种工艺技术简单，设备及运行费用较低。除喷嘴和水冷壁、部分阀门、特殊仪表外部分设备可国产化。

⑥ 投资降低　干法进料，与水煤浆气化工艺相比，氧耗降低 15%～25%，因而配套之空分装置规模可减少，投资降低。

⑦ 对环境影响小　无有害气体排放，污水排放量小，炉渣不含有害物质，可做建筑原料。

GSP 工艺已经经过多年大型装置的运行，证明可以气化高硫、高灰分和高盐煤。煤气中 CH_4 含量很低，可做合成气，气化过程简单，气化炉能力大。中试的试验表明，这一方法也可以气化硬煤和焦粉。此法具有 Shell 法和德士古法的优点，又避开了它们的缺点，目前受到国内有关企业的广泛重视。

5. HT-L 气化技术

航天炉（HT-L）粉煤加压气化技术属于加压气流床工艺，是在借鉴壳牌、德士古及 GSP 加压气化工艺设计理念的基础上，由北京航天万源煤化工工程技术有限公司自主开发、具有独创性的新型粉煤加压气化技术。

此项技术未经小试和中试，直接按照工艺设计建设工业化示范项目，2008 年先后在安徽临泉、河南龙宇建成 2 套单炉日投煤量 720t 的示范装置。从目前运行情况看，基本达到设计要求，最长连续运行时间已达到 128 天。

航天炉（HT-L）以干煤粉作原料采用激冷流程。主要特点：技术先进，具有热效率高（可达 95%），碳转化率高（可达 99%）的特点；气化炉为水冷壁结构，气化温度能到 1500～1700℃；对煤种要求低，可实现原料本地化，具有自主知识产权，专利费用低，关键设备全部国产化，投资少。

(1) 航天炉的结构　航天炉由烧嘴、气化炉燃烧室、激冷室及承压外壳组成，其中烧嘴为点火烧嘴、开工烧嘴和粉煤烧嘴组成的组合式烧嘴。气化炉燃烧室内部设有水冷壁，其主要作用是抗 1450～1700℃高温及熔渣的侵蚀。为了保护气化炉压力容器及水冷壁盘管，水冷壁盘管内通过中压锅炉循环泵维持强制水循环。盘管内流动的水吸收气化炉内反应产生的热量并发生部分汽化，然后在中压汽包内进行汽液分离，产出 5.0MPa（表压）的中压饱和蒸汽送入蒸汽管网。水冷壁盘管与承压外壳之间有一个环腔，环腔内充入流动的 CO_2（N_2）作为保护气。

激冷室为一承压空壳，外径与气化炉燃烧室的直径相同，上部设有激冷环，激冷水由此喷入气化炉内。下降管将合成气导入激冷水中进行水浴，并设有破泡条及旋风分离装置，这种结构可有效解决气化炉带水问题。

航天炉除烧嘴及盘管采用不锈钢材质外，其余全为碳钢材料。气化炉及水冷壁设计使用寿命 10～20 年，烧嘴设计使用寿命 10 年（头部一般每 6 个月维护 1 次）。

　　烧嘴是航天炉气化装置的核心设备，气化烧嘴都有一个共同点，即工艺适应性单一，每一种煤气化技术必须自行研发设计只适合自身的燃烧器，气化烧嘴的设计和生产质量决定了气化装置的性能高低和寿命长短，最终影响到装置的运行经济性。

　　烧嘴的作用是将工作介质通过介质通道和喷口引入炉膛，利用合理的喷口结构组织介质在炉内的流场、温度场分布，完成气化反应。

　　航天炉气化烧嘴从功能上可以分为点火烧嘴、开工烧嘴、工艺烧嘴，三种烧嘴的作用各不相同。

　　① 点火烧嘴主要以点火引燃开工烧嘴为目的，其特点是能量小、工作时间短，作为发火源对其可靠性、稳定性和长效性要求较高。

　　② 开工烧嘴以将炉内的环境升温升压至指定工况，并引燃工艺烧嘴为目的，工作特点为负荷调节范围大，温度范围控制严格，对其被点燃的可靠性和升负荷过程中的稳定性、长效性要求高。

　　③ 工艺烧嘴又名生产烧嘴，承担着主要的生产任务，在升负荷过程中和额定工况下，其流场和温度场的合理布置决定了气化炉及其内件的寿命和各项气化性能指标。主烧嘴的作用是在气化炉正常生产压力 4.1MPa 时，把煤粉和氧气输入气化炉燃烧室进行气化反应，以生成以氢气和一氧化碳为主的原料气。主烧嘴带有冷却水夹套，目的是防止气化炉燃烧室内的高温，对主烧嘴外表面的高温辐射。

　　烧嘴的工作过程：常压下控制系统给出发火指令，点燃点火烧嘴，再由点火烧嘴火焰点燃开工烧嘴，开工烧嘴点燃后逐渐提升负荷，炉温升至 800℃ 以上，压力在 6～10bar 后由工艺烧嘴投入煤粉和氧气，煤粉被开工烧嘴点燃后逐渐调整负荷。

　　为保护烧嘴头部不受损坏，必须注意冷却水和保护气是否正常：整个工作过程冷却水充满燃烧器，尤其以头部的保护为重点，因此必须保证冷却水连续供应，流量和压力要达到设计值，水质要洁净，采用软化水。为了保证运行安全，一般冷却水的压力大于气化炉炉内压力 0.3MPa 左右；正常工作时，开工烧嘴和点火烧嘴介质通道通入惰性保护气体，以保证高温气体不回流至烧嘴通道内。点火烧嘴保护气用量较小，开工烧嘴保护气用量较大，主烧嘴保护气除了防止回流外还有降低烧嘴头部温度的作用。在氧气流的核心区通入惰性保护气体，可以降低氧气和可燃物的浓度，阻止燃烧的发生，达到使火焰远离烧嘴的效果。

　　(2) 航天炉技术与壳牌煤制合成气的比较

　　① 航天炉技术流程简单、投资少　　航天炉技术开发时的目标定位在煤制合成气用于生产甲醇或合成氨，采用简单特殊的水冷壁和激冷、洗涤除尘流程。该工艺是简单地将高温合成气在激冷水的作用下将其温度激冷至 210℃ 左右，合成气出界区温度控制在 190～200℃，湿煤气中的饱和水蒸气量完全能够满足 CO 变换所需。

　　壳牌粉煤气化技术开发目标定位在联合循环发电，采用废热锅炉回收合成气中的废热和干法陶瓷过滤器除尘，以获取最高的热效率。将其用于生产甲醇等产品时，壳牌气化工艺花近 3 亿元的投资产出的蒸汽约 70% 用于一氧化碳变换；若用于制纯 H_2，这个比例更大。

　　② 航天炉技术电耗低　　壳牌粉煤气化技术采用废热锅炉和干法除尘流程，用于吹扫的 CO_2 或 N_2 量很大。除制氨外，其他合成气均不能用 N_2，只能用 CO_2，其用于粉煤输送和吹扫的 CO_2 量比航天炉大 1.5 倍。合成气进入废锅前必须将合成气温度由 1500℃ 降至 900℃ 左右，目的是将合成气中的熔融物固化，防止其黏结在废锅换热管上，因此要增设 1

台气量约为190000m³/h的激冷气压缩机，将除尘后温度为40℃的合成气返回气化炉出口的冷激管，电耗较大。

采用航天炉技术生产粗甲醇（质量分数94%）时，吨产品的电耗只有330kW/h。

③ 航天炉水冷壁结构简单、易制造 壳牌粉煤气化技术的水冷壁呈多段竖管排列，水路复杂，需采用合金钢材质，制造难度大。废热锅炉处在高温、高压、高含固体颗粒冲刷、强腐蚀介质的工作环境中，需定期吹扫和敲打除灰。若干组干式陶瓷过滤器要周期性地交替进行反吹扫除灰，设备需进口，不仅大大增加了投资，而且还增加了操作控制难度及设备维修量，降低了装置运行的可靠性。

航天炉的水冷壁为圆筒形盘管，水强制循环，水路简单，制造容易。

此外，航天炉气化装置内绝大部分设备，例如气化炉、粉煤烧嘴、破渣机、中压锅炉循环泵、烧嘴冷却水泵、激冷水泵、密封冲洗水泵、洗涤塔给料泵、粉煤系统切断阀、渣水系统切断阀、氧气系统切断阀、闪蒸系统用角阀以及部分调节阀等，均由北京航天万源工程技术有限公司自行设计制造，完全国产化。而壳牌粉煤气化技术的烧嘴、气化炉内件、合成气冷却器内件及陶瓷过滤器等均需进口，且加工周期较长。

(3) 航天炉技术与德士古煤制合成气的比较 虽然航天炉技术与德士古煤气化技术都属于气流床加压、液态排渣技术，采用粗煤气激冷、洗涤除尘流程，但航天炉技术采用干粉煤进料，德士古煤气化技术采用水煤浆进料，两者之间存在较大差异。

① 航天炉技术原材料消耗低，气化指标先进 航天炉技术生产单位产品（$CO+H_2$）的原料煤消耗比德士古煤气化技术低12%~13%（包括煤干燥在内），氧耗低15%，电耗则是航天炉技术高，但与前两项相比，其影响非常小。与德士古煤气化技术相比，航天炉技术冷煤气效率高10%，碳转化率高1.5%，煤气化热效率（包括变换用蒸汽）高4%。煤气中有效气成分（$CO+H_2$）含量：航天炉技术为86%~92%（体积分数，下同），德士古煤气化技术为78%~81%。

② 航天炉技术原料适应性强 目前2套航天炉技术示范装置试烧过的原料从褐煤到无烟煤等多种煤种，对原料灰分、灰熔融性温度的限制比德士古煤气化技术宽松得多。航天炉的水冷壁的功能是根据灰熔融性温度的变化自动调整挂渣膜壁厚度，灰熔融性温度高的煤，水冷壁也完全能适应。而德士古煤气化技术要选用年青褐煤、含水高的煤，制备的水煤浆质量分数达不到60%以上的煤不宜选作原料，灰熔点温度＞1400℃、含灰分质量分数＞20%的煤也不宜选用，而这些煤完全能用于航天炉气化。

该技术的优越性明显，但是在生产中也显现出一些缺点，比如航天炉系统联锁多，特别试车时，数据变动有可能造成跳车；多种因素会导致炉温超温，烧坏耐火材料甚至盘管；由于操作不稳定等因素，会造成粗渣、滤饼中残炭含量较高；粗渣和滤饼中含水量较高，后续处理较为困难，一般无法回收；水处理系统不太完美，水温较高，易造成滤布变形跑偏或打折损坏滤布，两级闪蒸不如三级闪蒸；副产蒸汽为饱和蒸汽，如需用过热蒸汽只能降压使用，给全厂的蒸汽平衡带来一定的困难。

第三节 其他煤气化技术

一、地下煤气化技术

煤炭地下气化（简称UCG）是开采煤炭的一种新工艺。其特点是将埋藏在地下的煤炭直接变为煤气，通过管道把煤气供给工厂、电厂等各类用户，使现有矿井的地下作业改为采气作业。其实质是将传统的物理开采方法变为化学开采方法。

煤炭地下气化技术（UCG）作为一种开采地下煤炭资源的新技术，较传统物理井工开采有明显的优点。不仅可以回收矿井遗弃煤炭资源，而且还可以用于开采井工难以开采或开采经济性、安全性较差的薄煤层、深部煤层、"三下"压煤和高硫、高灰、高瓦斯煤层；地下气化燃烧后的灰渣留在地下，减少了地表下沉，无固体物质排放，煤气可以集中净化，大大减少了煤炭开采和使用过程中对环境的破坏。地下气化煤气不仅可作为燃气直接民用和发电，而且还可用于提取纯氢作为合成液体燃料和化工原料的原料气。因此，煤炭地下气化技术具有较好的经济效益和环境效益，可大大提高煤炭资源的利用率和利用水平，是我国煤炭绿色开采技术的重要研究和发展方向。

1. 煤炭地下气化原理

煤炭地下气化工艺可用图 3-29 简单描述：

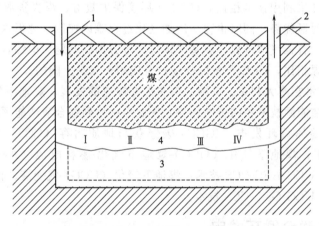

图 3-29　煤炭地下气化原理（俯视图）

1—鼓风巷道；2—排气巷道；3—灰渣；4—燃烧工作面；
Ⅰ—氧化带；Ⅱ—还原带；Ⅲ，Ⅳ—干馏干燥带

首先从地表沿煤层开掘两条倾斜的巷道 1 和 2，然后在煤层中靠下部用一条水平巷道将两条倾斜巷道连接起来，被巷道所包围的整个煤体，就是将要气化的区域，称为气化盘区，亦称地下发生炉。

最初，在水平巷道中用可燃物将煤引燃，并在该巷形成燃烧工作面。这时从鼓风巷道 1 吹入空气，在燃烧工作面与煤产生一系列的化学反应后，生成的煤气从另一条倾斜的巷道即排气巷道 2 输出地面。这种有气流通过的气化工作面被称为气化通道，整个气化通道因反应温度不同，一般分为气化带、还原带和干馏干燥带。

（1）气化带　亦称氧化区，在气化通道的起始段长度内，煤中的碳与气化剂中的氧发生多相化学反应，同时产生大量热能，温度迅速升高至 $1200 \sim 1400 ℃$，致使附近煤层炽热和蓄热。

$$C + O_2 \longrightarrow CO_2 + 393 kJ/mol$$
$$2C + O_2 \longrightarrow 2CO + 231.4 kJ/mol$$

（2）还原带　高温气流沿气化通道向前流动到达还原区，这里温度为 $800 \sim 1000 ℃$，二氧化碳与炽热的煤相遇，还原为一氧化碳。同时空气中的水蒸气与煤里的碳起反应，生成一

氧化碳和氢气以及少量的烃类气体。

$$CO_2 + C \longrightarrow 2CO - 126.4kJ/mol$$

$$C + H_2O \longrightarrow CO + H_2 - 131.5kJ/mol$$

(3) 干馏干燥带 经过还原区的气流温度逐渐降低，以致还原作用停止。此时燃烧中的碳就不再进行氧化，无氧的高温气流进入干馏干燥区时，热作用使煤中的挥发分和水蒸气析出。混合煤气一起向巷道 2 移动，并可进一步热解生成一氧化碳、氢气和轻质烃类。

经过这三个反应区后，就形成了含有可燃气体组分主要是 CO、H_2、CH_4 的煤气。随着煤层的不断燃烧，火焰工作面会连续地向前向上推进，下方的析空区不断被烧剩的灰渣和顶板垮落的岩石所充填，而干燥、干馏、还原和氧化过程是连续进行的，直至该区域内煤炭全部耗尽。

2. 煤炭地下气化技术发展方向

与传统的煤炭开采利用技术相比，UCG 在环境保护效益、煤炭资源利用率、经济性及安全性等方面具有明显优势，同时也存在诸如气化过程难以控制、地下水资源污染、产品气组分和热值不稳定、有毒气体排放、温室气体排放等方面的问题。但综合来看，与核能、水能和其他可再生能源相比，UCG 技术的优越性及应用前景是广阔的。

目前，UCG 技术在澳大利亚、英国、南非都有快速的发展，煤地下气化技术的发展已经呈现出与其他清洁能源技术相结合的趋势，发展出一系列综合清洁能源技术，主要包括煤地下气化（UCG）-整体循环发电（IGCC）-碳俘获与地质封存（CCS）相结合，即 UCG-IGCC-CCS 联合技术；煤地下气化（UCG）-氢地下气化-燃料电池（AFC）-碳俘获与封存（CCS）相结合，即 UCG-AFC-CCS 技术；煤地下气化（UCG）-气变液、化工-碳俘获与封存（CCS）相结合，即 UCG-GTL-CCS 技术。

二、煤气化联合循环发电

整体煤气化联合循环（integrated gasification combined cycle，IGCC）发电系统，是将煤气化技术和高效的联合循环相结合的先进动力系统。整体煤气化联合循环中的"整体"有两个含义：一是在这个系统中，气化炉所用的蒸汽和空气多数情况下都直接来自于系统内的蒸汽轮机和燃气轮机。同时，气化过程中产生的各种显热，都在系统适当的工艺环节中充分地利用，这样的系统是一个有机的整体；二是系统流程及系统内各处的参数都要从机组整体性能最优的角度仔细考虑和设计。

IGCC 的工艺由两大部分组成，即煤的气化与净化部分和燃气-蒸汽联合循环发电部分。第一部分的主要设备有气化炉、空分装置、煤气净化设备（包括硫的回收装置），第二部分的主要设备有燃气轮机发电系统、余热锅炉、蒸汽轮机发电系统。在整个 IGCC 的设备和系统中，燃气轮机、蒸汽轮机和余热锅炉的设备和系统均是已经商业化多年且十分成熟的产品，因此 IGCC 发电系统能够最终商业化的关键是煤的气化炉及煤气的净化系统。

IGCC 的工艺过程如下：煤经气化成为中低热值煤气，经过净化，除去煤气中的硫化物、氮化物、粉尘等污染物，变为清洁的气体燃料，然后送入燃气轮机的燃烧室燃烧，加热气体工质以驱动燃气透平做功，燃气轮机排气进入余热锅炉加热给水，产生过热蒸汽驱动蒸汽轮机做功。

图 3-30 为煤气化联合循环发电装置。

IGCC 技术把高效的燃气-蒸汽联合循环发电系统与洁净的煤气化技术结合起来，既有高发电效率，又有极好的环保性能，是一种有发展前景的洁净煤发电技术。在目前技术水平下，IGCC 发电的净效率可达 $43\%\sim45\%$，今后可望达到更高。而污染物的排放量仅为常规燃煤电站的 $1/10$，脱硫效率可达 99%，二氧化硫排放在 $25mg/m^3$（标准状况）左右。目前二氧化硫国家排放标准为 $1200mg/m^3$（标准状况），氮氧化物排放只有常规电站的 $15\%\sim20\%$，耗水只有常规电站的 $1/2\sim1/3$，利于环境保护。

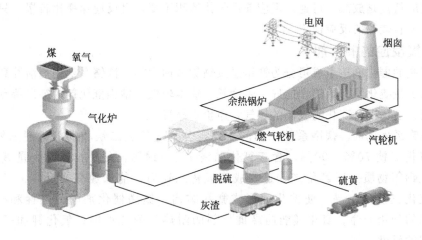

图 3-30　煤气化联合循环发电装置

第四节　煤气的净化

一、一氧化碳变换

1. 一氧化碳变换的意义

一氧化碳变换的发展史较长，自从 1912 年将铁系催化剂应用于变换反应实现工业化以来，它在工业上的作用就显得极为重要。开始人们只不过把变换得来的氢气用于点灯、焊接、冶炼等方面。随着合成氨、合成甲醇、合成汽油等工业的开发和发展，变换反应就成为制备廉价氢气和调节工艺气中 CO 和 H_2 的比例的主要手段和方法。

例如煤气化制甲醇装置所用的原料为气化装置所产生的合成气，该合成气中 CO 与 H_2 的比例不能满足甲醇合成的要求，因此必须采用变换工艺，将气化装置送来的合成气在一定的压力和温度并有催化剂的条件下进行部分变换反应，使部分 CO 转化为 H_2，以降低合成气中的 CO 含量，增加 H_2 含量，同时控制合适的变换率，将新鲜气中的碳氢比调节至 $2.05\sim2.15$ ［合成新鲜气 $(H_2-CO_2)/(CO+CO_2)$］，以达到甲醇合成所需的原料气比例。一氧化碳和水蒸气作用生成氢气和二氧化碳的反应称作一氧化碳变换反应。

2. 变换原理

CO 变换的原理是气体中的 CO 和水蒸气在一定的压力和温度条件下，在催化剂的作用下使工艺气体中的 CO 和 H_2O（g）发生变换反应生成 H_2 和 CO_2。

其反应式如下：

$$CO + H_2O \Longrightarrow H_2 + CO_2 \qquad \Delta H = -41.19kJ/mol$$

通过上述反应，既能把 CO 转化为易于脱除的 CO_2，又可以制得与反应 CO 等物质的量的 H_2，而消耗的仅是廉价的蒸汽，使工艺气体变换到希望的气体组成。变换反应是等体积可逆放热反应，温度、压力、空速、反应物的组分浓度和催化剂的性能对反应都有着不同程度的影响。

变换反应特点是放热、可逆，反应前后气体体积不变，且反应速率比较慢，只有在催化剂的作用下才有较快的反应速率。

3. 变换反应的催化剂

变换反应的催化剂按组成可分为铁铬系及钴钼系两大类。铁铬系催化剂活性高、机械强度好、能耐少量硫化物、耐热性能好、寿命长、成本较低；钴钼催化剂的突出特点是有良好的抗硫性能，适用于含硫化物较高的煤气，但价格昂贵。

（1）铁铬系催化剂　铁铬系催化剂的主要组分为三氧化二铁和助催化剂三氧化二铬。一般含三氧化二铁 70%～90%，含三氧化二铬 7%～14%。此外，还有少量氧化镁、氧化钾、氧化钙等物质。三氧化二铁还原成四氧化三铁后，能加速变换反应；三氧化二铬能抑制四氧化三铁再结晶，使催化剂形成微孔结构，提高催化剂的耐热性和机械强度，延长催化剂的使用寿命；氧化镁能提高催化剂的耐热和耐硫性能；氧化钾和氧化钙均可提高催化剂的活性。

铁铬系催化剂是一种褐色的圆柱体或片状固体颗粒，活性温度为 350～550℃，在空气中易受潮，使活性下降。经还原后的铁铬系催化剂若暴露在空气中则迅速燃烧，立即失去活性。硫、氯、磷、砷的化合物及油类物质，均会使其中毒。

（2）钴钼系催化剂

① 特点　耐很高的硫化氢，而且强度好。故特别适用于重油部分氧化法和以煤为原料的流程。原料气中的硫化氢和变换气中的二氧化碳脱除过程可以一并考虑，以节约蒸汽和简化流程；活性高，且起始活性温度比铁铬系催化剂低得多。为获得相同变换率，所需钼钴催化剂的体积只是常用铁铬系催化剂的一半。

② 组成　目前发表的耐硫变换催化剂的组成有多种配方，一般含有氧化钴和氧化钼，载体以 Al_2O_3 和 MgO 为最好，MgO 载体的优点还在于 H_2S 浓度波动对催化剂的活性影响较小。有的催化剂还加入碱金属氧化物来降低变换反应温度。

钴钼催化剂中真正的活性组分是 CoS 和 MoS_2，因此必须经过硫化才具有变换活性。硫化的目的还在于防止钴钼氧化物被还原成金属态，而金属态的钴钼又可促进 CO 和 H_2 发生甲烷化反应，这一强放热反应有可能造成巨大温升而将催化剂烧坏。

可以用含 H_2S 的气体来硫化，也可以在氢气存在下用 CS_2 硫化。用硫化氢硫化的温度可以低一些，150～250℃就可开始，其反应式为：

$$CoO + H_2S \Longrightarrow CoS + H_2O + 3.2kcal$$

$$MoO_3 + 2H_2S + H_2 \Longrightarrow MoS_2 + 3H_2O + 11.5kcal$$

这是可逆放热反应。因此通入气体中 H_2S 浓度不要太高。硫化结束的标志是出口气体中硫化物浓度升高，一般硫化所需的硫化物总量要超过按化学方程式计量的 50%～100%。硫化反应是可逆反应。因此原料气中硫量的波动就有可能导致催化剂失硫而降低活性。

4. 一氧化碳变换的影响因素

(1) 温度的影响 变换反应是可逆放热反应,温度对变换反应的化学平衡和反应速率的影响是相互矛盾的,温度降低,平衡常数增大,CO 的平衡变换率提高,有利于反应的进行,同时温度降低,分子热运动速度减慢,分子间有效碰撞概率减少,降低了反应速率,又可能降低 CO 的变换率。所以温度提高反应速率加快,但温度过高又反过来会抑制正反应进行,因此,变换反应存在着最佳反应温度。

(2) 压力的影响 CO 变换反应为等体积反应,压力对化学平衡的影响很小,但提高压力即增加了物系浓度,反应速率加快,此外,加压变换提高了设备的生产能力。

(3) 物系浓度的影响 增加反应物浓度有利于反应的进行,在生产操作中增加反应物浓度的有效途径即为增大水汽比。在一定范围内增大水汽比,有利于变换反应。但水汽比过大又存在下述不利影响:①水汽比增大,入炉总气量增大,CO 反应不完全就可能出炉;②增大了热量回收系统的负荷;③水蒸气分压增大,露点温度升高,从而限制了低温变换的入口温度。

(4) 空速的影响 空速大则气体在炉内停留时间短,CO 来不及反应即出炉;空速过小则生产能力小,形成浪费,空速的选择要考虑催化剂的活性及设备的生产能力。

(5) 副反应的影响 副反应:

$$2CO \longrightarrow C + CO_2 + Q$$
$$2CO + 2H_2 \longrightarrow CH_4 + CO_2 + Q$$
$$CO_2 + 4H_2 \longrightarrow CH_4 + 2H_2O + Q$$
$$CO + H_2 \longrightarrow C + H_2O$$

副反应不仅消耗了原料气中的有效成分 H_2 和 CO,增加了无用成分 CH_4 的含量,且 CO 分解后析出的游离碳容易附着在催化剂表面,使催化剂活性降低,因此在生产过程中,要采用选择性强的催化剂来促进变换反应的发生,同时抑制副反应的进行。

二、煤气脱硫

采用以煤为原料生产合成气中除了 CO 和 H_2,还有多种气体,如 CO_2、H_2S、COS、HCN、NH_3 等,这些气体会对后续的产品合成加工不利,尤其是硫化物是制气过程中最常见、最重要的催化剂毒物,极少量硫化物就会使催化剂中毒,使催化剂活性降低直至完全失活。硫化物主要有硫化氢和有机硫化物,后者在高温和水蒸气、氢气作用下也转变成硫化氢。用天然气或轻油制气时,为避免蒸汽转化催化剂中毒,已预选将原料彻底脱硫,转化生成的气体中无硫化物。煤或重质油制气时,氧化过程不用催化剂,不用对原料预脱硫,因此产生的气体中有硫,在下一步加工前必须进行脱硫。

粗煤气中根据所用原料的不同,二氧化碳含量一般在 18%～35%,在后续合成中二氧化碳含量超标,一般可在净化工段兼顾脱除二氧化碳。

1. 硫化物脱除方法

根据硫化物的含量、种类和要求的净化度、技术条件和经济性,可选用一种或多种脱硫方法来进行脱硫。按脱硫剂状态来分,有干法、湿法两大类。

(1) 干法脱硫 干法脱硫一般适用于含 S 量较少的情况,有吸附法和催化转化法。干法脱硫净化度高,并能脱除各种有机硫化物,但脱硫剂制备困难或不能再生,且系间歇操作,设备庞大,故不能用于对大量硫化物的脱除。

① 吸附法　采用对硫化物有强吸附能力的固体来脱硫。吸附剂有氧化锌、活性炭、氧化铁、分子筛等。

氧化锌：以氧化锌为主组分，添加少量 CuO、MnO_2、MgO 等作为促进剂，以矾土水泥作黏结剂制成条形或球形。在一定条件下，将 H_2S、RSH、ZnO 转化成稳定 ZnS 固体，在氢气条件下，COS、CS_2 转化为 H_2S，ZnO 吸收变为 ZnS。氧化锌脱硫效果好，一般只用于低含硫气体的精脱硫，不能脱除硫醚和噻吩。

活性炭：用于脱除天然气、油田气及以湿法脱硫后气体中微量的硫，属于常温精脱硫。活性炭吸附 H_2S 和 O_2，后两者在其表面反应，生成硫。活性炭也能吸附有机硫，吸附方法对噻吩最有效。

氧化铁：这是一种古老的吸附方法。有常温、中温、高温吸附。氧化铁吸收硫化氢后生成硫化铁，再生时用氧化法使硫化铁转化为氧化铁和硫或二氧化硫。

② 催化转化法　使用加氢脱硫催化剂，将烃类原料中含有的有机硫氢解，转化成易脱除的硫化氢，再用其他方法脱除。

催化剂常用钴钼的氧化物。即以 Al_2O_3 为载体，以 CoO 和 MoO_3 为负载的钴钼加氢脱硫剂。

一般在采用钴钼加氢转化后再用氧化锌脱除生成的硫化氢，因此，用氧化锌-钴钼加氢转化-氧化锌组合，可达到精脱硫的目的。

(2) 湿法脱硫　干法脱硫脱硫剂再生困难，易于产生废弃物，不符合清洁生产的目的，另外间歇操作不利于生产规模的扩大及脱硫量的增大。生产中为解决此问题，使用可以循环的脱硫方法和脱硫剂。采用溶液吸收硫化物的脱硫方法统称为湿法脱硫，适用于含大量 H_2S 气体的脱除，其优点之一是脱硫液可以再生循环使用并回收富有价值的硫黄。湿法脱硫剂为液体。一般用于含硫量高、处理量大的气体的脱硫。

湿法脱硫有化学吸收法、物理吸收法、物理-化学吸收法和湿式氧化法。

化学吸收法是常用的湿法脱硫工艺。有一乙醇胺法（MEA）、二乙醇胺法（DEA）、二甘醇胺法（DGA）、二异丙醇胺法（DIPA）以及甲基二乙醇胺法（MDEA）。统称为醇胺法。

物理吸收法是利用有机溶剂在一定压力下进行物理吸收脱硫，然后减压而释放出硫化物气体，溶剂得以再生。如低温甲醇洗，此法可以同时或分段脱出 H_2S 和各种有机硫，能达到很高的净化度。甲醇吸收硫化物的温度为 $-54\sim-40℃$，压力为 $5.3\sim5.4MPa$。

物理-化学吸收法是将具有物理吸收性能和化学吸收性能的两类溶液混合在一起，脱硫效率较高。常用的吸收剂是环丁砜-烷基醇胺（如甲基二乙醇胺）混合液，前者对硫化物是物理吸收，后者是化学吸附。

湿式氧化法脱硫基本原理是利用含催化剂的碱性溶液吸收硫化氢，以催化剂作为载氧体，使 H_2S 氧化为单质硫，催化剂本身被还原。再生时通入空气将还原态的催化剂氧化还原，如此循环使用。

此法一般只能脱除硫化氢，不能或只能少量脱除有机硫，如 ADA 法。其他还有萘醌法、配位铁盐法、费麦克斯·罗达克斯法等。砷碱法因砷有毒已被淘汰。

2. 低温甲醇洗净化技术

低温甲醇洗是鲁奇公司和林德公司于 20 世纪 50 年代联合开发的，并于 1954 年在南非某工厂的煤气净化工艺，我国于 20 世纪 80 年代引进，通过近 20 年的消化吸收，对其设计已逐步国产化，目前化二院、大连理工、环球化工设计院都可以设计。尤其是近年来的装置逐步大型化，低温甲醇洗的技术也得到了长足的发展，应用十分广泛。

（1）低温甲醇洗溶液吸收原理 低温甲醇洗是一种典型的物理吸收过程。低温下甲醇对 CO_2、H_2S 等酸性气体有较大的溶解能力，而对 H_2、CH_4、N_2 等气体的溶解能力很小。另外，低温甲醇还可以脱除煤气中的轻质油和 HCN 等。比较以上气体的溶解度，极性的甲醇溶剂对极性分子的气体有较大的溶解度，正是利用低温甲醇的这种性质，对变换气中的 CO_2、H_2S 等酸性气体进行脱除，而保留了 H_2、CO 等有用气体，从而达到气体净化的目的。

低温下，甲醇对酸性气体的吸收是很有利的。当温度从 20℃降到 -40℃时，CO_2 的溶解度约增加 6 倍，吸收剂的用量也大约可减少 6 倍。低温下，例如 -40～-50℃时，H_2S 的溶解度又差不多比 CO_2 大 6 倍，这样就有可能选择性地从原料气中脱除 H_2S，而在溶液再生时先解吸回收 CO_2。低温下，H_2S、COS 和 CO_2 在甲醇中的溶解度与 H_2、CO 相比，至少要大 100 倍；与 CH_4 相比，约大 50 倍。因此，如果低温甲醇洗装置是按脱除 CO_2 的要求设计的，则所有溶解度和 CO_2 相当或溶解度比 CO_2 大的气体，例如 COS、H_2S、NH_3 等以及其他硫化物都一起脱除，而 H_2、CO、CH_4 等有用气体则损失较少。

当气体中有 CO_2 时，H_2S 在甲醇中的溶解度比没有 CO_2 时降低 10%～15%。溶液中 CO_2 含量越高，H_2S 在甲醇中溶解度的减少也越显著。

当气体中有 H_2 存在时，CO_2 在甲醇中的溶解度就会降低。当甲醇含有水分时，CO_2 的溶解度也会降低，当甲醇中的水分含量为 5% 时，CO_2 在甲醇中的溶解度与无水甲醇相比约降低 12%。

一种物质溶解于另一种物质，一般要放热。二氧化碳在甲醇中的溶解热不大，但因气量大、溶解度大，塔内液体温度明显提高。溶解度随温度升高而下降，为保持一定的吸收效果，应该排出这部分热量。

物理吸收中，气-液平衡关系开始时符合亨利定律，溶液中被吸收组分的含量基本上与其在气相中的分压成正比，吸收剂的吸收容量随酸性组分分压的提高而增加。溶液循环量与原料气量及操作条件有关，操作压力提高，温度降低，溶液循环量减少。

（2）溶液的再生 高压低温有利于吸收，低压高温有利于解吸。低温甲醇洗法就是利用此原理，通过闪蒸、汽提、加热、蒸馏方法对溶液进行再生的。

（3）低温甲醇洗工艺特点 可以同时脱除原料气中的 H_2S、COS（硫氧化碳）、RSH（醇类化合物）、CO_2、HCN（氰氢酸）、NH_3、NO 以及石蜡烃、芳香烃、粗汽油等组分，所吸收的有用组分可以在甲醇再生过程中回收。

气体的净化程度很高，净化气中总的硫含量可脱至 $0.1\mu L/L$ 以下，CO_2 可脱至 $10\mu L/L$ 以下。

吸收的选择性比较高。H_2S 和 CO_2 可以在不同设备或在同一设备的不同部位分别吸收，而在不同的设备和不同的条件下分别回收。由于低温时 H_2S 和 CO_2 在甲醇中的溶解度都很大，所以吸收溶液的循环量较小，特别是当原料气压力比较高时尤为明显。另外，在低温下 H_2 和 CO 等在甲醇中的溶解度都较低，甲醇的蒸气压也很小，这就使有用气体和溶剂的损失保持在较低水平。

甲醇的热稳定性和化学稳定性都较好。甲醇不会被有机硫、氰化物等组分所降解，甲醇的黏度不大，在 -30℃时，甲醇的黏度与常温水的黏度相当，因此，在低温下对传递过程有利。此外，甲醇也比较便宜，容易获得。

思 考 题

1. 简述 Shell 炉结构，水冷壁以渣抗渣的原理。
2. 描述德士古激冷型气化炉与废锅型气化炉的区别和优缺点。
3. 煤炭气化的影响因素有哪些？
4. 简述气化炉的类型和特点。
5. 什么是固态排渣？什么是液态排渣？炉温与灰熔点有何关系？
6. 煤气化技术追求的目标和发展方向是什么？
7. 简述低温甲醇洗的原理。

第四章

煤的间接液化

第一节　煤间接液化概述

一、煤的间接液化

煤的间接液化是先将煤全部气化成合成气，然后以煤基合成气（一氧化碳和氢气）为原料，在一定温度和压力下，将其催化合成为烃类燃料油及化工原料和产品的工艺，包括煤炭气化制取合成气、气体净化与变换、催化合成烃类产品以及产品分离和改制加工等过程。

属于间接液化的 F-T（Fischer-Tropsch）合成和甲醇转化制汽油（MTG）的莫比尔（Mobil）工艺，已实现工业化生产。

煤间接液化典型流程如图 4-1 所示。

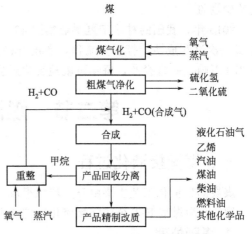

图 4-1　煤间接液化典型流程

二、煤间接液化发展简史

1923 年，Fischer 和 Tropsch 在 10 ～ 13.3MPa 和 447～567℃的条件下使用加碱的铁屑作催化剂成功得到直链烃类，接着进一步开发了一种 Co-ThO$_2$-MgO-硅藻土催化剂，降低了反应温度和压力，为工业化奠定了基础。1934 年鲁尔化学公司与 H. Tropsch 签订了合作协议，建成 250kg/d 的中试装置并顺利运转。1936 年该公司建成第一个间接液化厂，产量为 7×10^4 t/a，到 1944 年德国总共有 9 套生产装置，总生产能力 57.4×10^4 t/a。在同一时期，日本、法国和中国也有 6 套这样的装置，规模为 34×10^4 t/a。因此第二次世界大战前全世界煤间接液化厂的总规模为 91.4×10^4 t/a。

20 世纪 50 年代，南非由于当时特殊的国际政治环境和本国的资源条件，决定采用煤间接液化技术解决本国油品供应问题。于 1950 年成立南非煤油气公司，又称 SASOL 公司，由于地处 Sasolburg,而 Sasolburg 矿区的煤为高挥发分高灰分劣质煤,更适合于间接液化对煤种的要求。故该公司分别与鲁奇、鲁尔化学和凯洛克三家公司合作,用他们的煤气化(鲁奇炉)、煤气净化(鲁奇低温甲醇洗)和合成技术(鲁尔化学固定床和凯洛克气流床)于 1955 年建成 SASOL I 工厂,规模为 30×10^4 t/a。1973 年西方石油危机后,该公司于 1980 年和 1982 年又先后建成 SASOL II 和 SASOL III。目前是世界上规模最大的以煤为原料生产合成油和化工产品的化工厂。产品有汽油、柴油、石蜡、氨、乙烯、丙烯、醇、醛和酮等共 113 种,总产量 710×10^4 t/a,其中油品占 60%。

Mobil 公司于 20 世纪 80 年代开发甲醇转化为高辛烷值汽油的 MTG(methanol to gasoline)技术,1986 年在新西兰建成工业装置。

目前,煤间接液化技术在国外已实现商业化生产,全世界共有 3 家商业生产厂正在运行,它们分别是南非的萨索尔公司和新西兰、马来西亚的煤炭间接液化厂。

在新中国成立后,我国很快恢复和扩建锦州煤间接液化装置,1959 年产量最高达到 47×10^4 t/a,后由于发现大庆油田,1967 年该装置停产。1953 年中科院大连石油研究所(现化学物理所)曾建成 4500t/a 流化床铁剂合成油中试装置,由于催化剂磨损和黏结等问题未能顺利运行,又因情况变化这项工作没有继续下去。

2008 年山西潞安集团年产 16 万吨煤基合成油示范项目以中国科学院山西煤炭化学研究所自主研发的煤基液体燃料合成浆态床工业化技术为核心技术正式出油,标志着中国煤制油产业化试验取得了阶段性成果和重大突破。

2009 年,我国首套煤间接液化工业化示范装置在内蒙古伊泰集团正式投产。伊泰集团煤间接液化项目一期工程规模为 16 万～18 万吨/年,主要产品为柴油、石脑油、液化石油气及少量硫。

2016 年,我国的神华宁夏煤业集团 400 万吨/年煤炭间接液化项目油品 A 线,于 12 月 21 日一次试车成功,打通全流程,产出合格油品。该项目年产合成油品 405 万吨,其中柴油 273 万吨,一旦投产,每年可就地转化煤炭 2046 万吨。

第二节　煤间接液化原理

一、煤间接液化过程

煤炭间接液化工艺主要由三大步骤组成,气化、合成及精制。

图 4-2 为煤基 F-T 合成间接液化工艺流程。

1. 煤预处理

根据所选用煤气化炉对气化原料煤的要求进行预加工,以提供符合气化要求的原料。通常包括破碎、筛分、干燥等作业。各种气化炉对原料都有一定的粒度要求,如鲁奇加压气化炉要求原料粒度为 6～40mm,水煤气炉要求 25～75mm,气化前一般设有筛分作业;气流床 K-T 气化炉要求原煤的粒度小于 0.1mm,需要有制粉系统;德士古气化原料为浆料,需要设置制浆系统。

2. 煤炭气化

煤在高温下与气化剂(氧、水蒸气、CO_2 等)反应,生成煤气的过程,称为煤炭气化。为了生产合成原料气(CO-H_2),通常选用蒸气和氧气(或空气)作气化剂,在一定范围内通过控制水蒸气/氧气比来调节原料气中 H_2/CO 的比值。工业上生产合成原料的气化炉有鲁奇加压气化炉、水煤气炉、K-T 炉、德士古气化炉以及温克勒气化炉等。

目前煤炭间接液化 F-T 合成产品的成本在很大程度上取决于气化，据 SASOL I 厂资料介绍，制气工艺占总费用的 65%，合成工艺占 20%，产品回收加工占 10%，考虑 F-T 合成的经济性，应采用热效率高、成本低的气化炉，如德士古气化炉、鲁奇熔渣炉等。

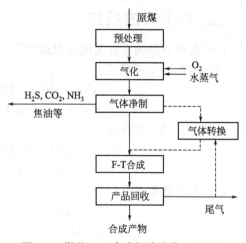

图 4-2　煤基 F-T 合成间接液化工艺流程

3. 气体净制

由气化炉出来的粗煤气，除有效成分 CO + H_2 外，还含有一定量的焦油、灰尘、H_2S、H_2O 及 CO_2 等杂质，这些杂质是 F-T 合成催化剂的毒物，CO_2 不是毒物，而是非有效成分，影响 F-T 合成效率。因此，原料气在进入 F-T 合成前，必须先将粗煤气洗涤冷却，除去焦油、灰尘；再进一步净制，脱除 H_2S、CO_2、有机硫等，净制方法有物理吸收法、化学吸收法和物理化学吸收法，脱除精煤气中的酸性气体，具体选用哪一种净化工艺，要考虑经济问题，需根据原料气的组成、要求脱除气体的程度及净化加工成本诸因素来决定。

4. 气体转换

由气化炉产出粗煤气经净制后，净煤气的有效成分 $V(H_2)/V(CO)$ 的比值，一般在 0.6～2 左右。一些热效率高、成本低的第二代气化炉，生产的原料气 $V(H_2)/V(CO)$ 比值很低，只有 0.5～0.7，往往不能满足 F-T 合成工艺的要求，如常压钴催化剂的合成，要求合成原料气的 $V(H_2)/V(CO) = 2$，波动范围为 ±0.5；南非 SASOL 合成油厂气流床 Synthol 合成，要求新鲜原料气 $V(H_2)/V(CO) = 2.7$ 左右，所以在合成工艺之前，需将部分净化气或尾气进行气体转换，调节合成原料气的 $V(H_2)/V(CO)$ 比值，以达到合成工艺要求。转换方法有 CO 变换法和甲烷重整法。

(1) CO 变换法　将部分净煤气中的 CO 与水蒸气作用生成 H_2 和 CO_2，提高 H_2 含量。CO 变换工艺，根据选用的催化剂不同，分中温变换和低温变换两种。前者选用铁铬系催化剂，操作温度 350～500℃，变换后气体的 CO 含量为 2%～4%，后者选用铜锌系催化剂，操作温度 350～500℃，变换后气体中的 CO 含量在 0.3% 左右。

(2) 甲烷重整法　某些加压气化炉生产的煤气含量 CH_4 较多或者 F-T 合成尾气中含 CH_4 较多时，可采用甲烷重整法，即将这些气体中的 CH_4 和水蒸气作用，转化为 CO 和 H_2，其反应式为：

$$CH_4 + H_2O \longrightarrow CO + 3H_2$$

该反应是吸热反应，为保证在高温下反应所需要的热量，可采用部分氧化重整，将部分原料气氧化燃烧，释放的热量供给甲烷重整。

气体转化工序设置，取决于 F-T 合成工艺对原料气组成 $[V(H_2)/V(CO)]$ 比的适应性。

5. F-T 合成与产物回收

经过气体净制和转换，得到符合 F-T 合成要求的原料气，再送 F-T 合成，合成后的产物冷凝回收并加工成各种产品。

二、F-T 合成反应

F-T 合成油品的主要反应方程式如下：

（1）烷烃的生成反应

$$nCO + (2n+1)H_2 \longrightarrow C_nH_{2n+2} + nH_2O$$
$$2nCO + (n+1)H_2 \longrightarrow C_nH_{2n+2} + nCO_2$$

（2）烯烃的生成反应

$$nCO + 2nH_2 \longrightarrow C_nH_{2n} + nH_2O$$
$$2nCO + nH_2 \longrightarrow C_nH_{2n} + nCO_2$$

（3）醇类的生成反应

$$nCO + 2nH_2 \longrightarrow C_nH_{2n+1}OH + (n-1)H_2O$$
$$(2n-1)CO + (n+1)H_2 \longrightarrow C_nH_{2n+1}OH + (n-1)CO_2$$

（4）醛类生成反应

$$(n+1)CO + (2n+1)H_2 \longrightarrow C_nH_{2n+1}COH + nH_2O$$
$$(2n+1)CO + (n+1)H_2 \longrightarrow C_nH_{2n+1}COH + nCO_2$$

（5）积炭反应

$$2CO \longrightarrow C + CO_2$$

此外，除了以上的副反应之外还有生成更高碳数的醇以及醛、酮、酸、酯等含氧化合物的副反应。控制反应条件和选择合适的催化剂，能使得到的反应产物主要为烷烃和烯烃。

第三节 F-T 合成催化剂

一、F-T 合成催化剂的组成

合成催化剂主要由 Co、Fe、Ni、Ru 等周期表第Ⅷ族金属为主催化剂制成，主催化剂，即催化剂的活性组分，具有加氢作用、使一氧化碳的碳氧键削弱或解离作用以及叠合作用。

为了提高催化剂的活性、稳定性和选择性，除主要成分外还要加入一些辅助成分，即助剂，如金属氧化物或盐类。助剂其本身没有催化作用或催化作用很小，但是加入少量之后，可以起到提高催化剂选择性的作用。

大部分催化剂都需要载体，如氧化铝、二氧化硅、高岭土或硅藻土等。载体不仅起到分散活性组分、提高表面积的作用，而且可以提高选择性。目前所用催化剂主要是铁、钴、镍和钌等。

1. 钴、镍催化剂

条件温和，合成产品主要是脂肪烃，但稍提高反应温度则甲烷含量大增。

2. ThO 和 ZnO 催化剂

条件苛刻，只能生成烃醇混合物，但氧化性催化剂对硫不敏感。

3. 铁系催化剂

活性好，价格便宜，应用广泛。目前 F-T 合成工业用的铁催化剂主要有沉淀铁催化剂和熔铁催化剂两大类。

（1）沉淀铁催化剂

① 制造工艺：水溶性铁盐溶液沉淀，沉淀的含铁化合物进行干燥和焙烧，再用氢气还

原制得催化剂。

② 特点 反应温度 220~240℃；活性比熔铁催化剂高；强度差，用于固定床和浆态床反应器（强度差，不适合用于流化床和气流床）。

(2) 熔铁催化剂

① 制造工艺 将磁铁矿与助熔剂熔化，然后用氢气还原制成。

② 特点 反应温度 320~340℃；活性小，但机械强度高，可以在较高空速下使用，因而生产率大为提高。

合成催化剂制备后只有经 CO 和 H_2 或 H_2 还原活化后才具有活性。

目前，世界上使用较成熟的间接液化催化剂主要有铁系和钴系两大类，SASOL 使用的主要是铁系催化剂。在 SASOL 固定床和浆态床反应器中使用的是沉淀铁催化剂，在流化床反应器中使用的是熔铁催化剂。

提高温度可以使低活性催化剂的活性增加，对合成烃类来讲，钴和镍催化剂的合适使用温度为 170~190℃，铁催化剂的适宜使用温度为 200~350℃。镍剂在常温下操作效率最高，钴剂在 0.1~0.2MPa 时活性最好。铁剂在 1~3MPa 时活性最佳，而钼剂则在 10MPa 时活性最高。F-T 合成催化剂的组成与功能列于表 4-1。

表 4-1 F-T 合成催化剂的组成与功能

组成名称	主要成分	功能
主催化剂	Co、Ni、Fe、Ru、Rh 和 Ir 等	F-T 合成的主要活性组分有加氢作用、吸附 CO 并使碳氧键削弱和聚合作用
助催化剂结构性	难还原的金属氧化物如 ThO_2、MgO 和 Al_2O_3 等	增加催化剂的结构稳定性
助催化剂调变性	K、Cu、Zn、Mn、Cr 等	调节催化剂的选择性和增加活性
载体（担体）	硅藻土、Al_2O_3、SiO_2、ThO_2 等	催化剂活性成分的骨架或支撑体，主要从物理方面提高催化剂的性能

二、F-T 合成催化剂的失活、中毒和再生

催化剂的活性和寿命是决定催化反应工艺先进性、可操作性和生产成本的关键因素之一，对 F-T 合成也不例外。催化剂的使用寿命直接与失活和中毒有关，主要有以下几方面。

① 硫中毒。因为合成气在经过净化后仍含有微量硫化氢和有机硫化合物，它们在反应条件下能与催化剂中的活性组分生成金属硫化物，使其活性下降，直到完全丧失活性。不同种类的催化剂对硫中毒的敏感性不同，镍剂最敏感，其次是钴剂，而铁剂最不敏感。不同硫化物的毒性不同，总的讲硫化氢的毒化作用不如有机硫化物强。

② 其他化学毒物中毒。Cl^- 和 Br^- 对这类催化剂也是有毒的，因为它们会与金属或金属氧化物反应生成相应的卤化盐类，而造成永久性中毒，其他还有 Pb、Sn 和 Bi 等，也是有毒元素。

③ 催化剂表面石蜡沉积覆盖导致催化剂活性降低。这种蜡大致可分为两类：一类是在 200℃ 左右用 H_2 处理容易除去的浅色蜡；另一类是难以除去的暗褐色蜡。蜡沉积问题钴催化剂更突出。

④ 由于析炭反应产生的炭沉积和合成气中带入的有机物缩聚沉积使催化剂失活。反应温度高和催化剂碱性强，容易积炭，严重时可使固定床堵塞。

⑤ 由于合成气中少量氧的氧化作用引起钴催化剂中毒。为此，一般规定合成气中氧的

含量不能超过 0.3%。

⑥ 钴催化剂和 Ni 催化剂在高压下可能生成挥发性的羰基钴和羰基镍而造成活性组分的损失，所以这类催化剂一般用于常压合成。

⑦ 催化剂层温度升高，表面发生熔结，再结晶和活性相转移造成活性下降等。

对 F-T 催化剂一般不像对其他贵重催化剂那样，进行反复再生。因为通常主要是硫中毒，可采用逐渐升高温度的操作方法在一定温度区间内维持铁催化剂的活性。硫中毒后的催化剂其再生是很不容易的，需要将全部硫彻底氧化除尽，然后再还原才有效。一般不采取这样的再生方法。钴催化剂表面除蜡相对比较容易，可以在 200℃下用 H_2 处理，也可以用合成油馏分（170～274℃）在 170℃下抽提。

第四节　F-T 合成的影响因素

影响 F-T 合成反应速率、转化率和产品分布的因素很多，其中有催化剂、反应器类型、原料气 H_2/CO 比、反应温度、压力、空速和操作时间等。催化剂的影响已经进行了讨论，下面主要讨论其他几个影响因素。

一、不同反应器的影响

用于 F-T 合成的反应器有气固相类型的固定床、流化床和气流床以及气-液-固三相的浆态床等。由于不同反应器所用的催化剂和反应条件互有区别，反应内传热、传质和停留时间等工艺条件不同，故所得结果显然有很大差别，具体情况见表 4-2 和表 4-3。

表 4-2　三种反应器的反应条件和产物（Ⅰ）

项目	固定床 SASOL Arge	气流床 SASOL Synthol	浆态床（中试）
反应温度/℃	232	330	261
压力/MPa	2.6	2.25	1.0
H_2/CO 比	1.7	2.8	1.7
H_2+CO 转化率/%	65	85	89
反应产物/%（质量分数）			
CH_4	5.0	10.0	2.9
C_2H_6	0.2	4.0	4.3(C_2)
C_2H_6	2.4	6.0	
C_2H_6	2.0	12.0	
C_3H_8	2.8	2.0	7.0(C_3+C_4)
C_4H_8	3.0	8.0	
C_4H_{10}	2.2	1.0	4.7($C_5\sim C_9$)
汽油($C_5\sim C_{12}$)	22.5	39.0	16.0($C_{10}\sim C_{18}$)
柴油($C_{13}\sim C_{18}$)	15.0	5.1	
重油($C_9\sim C_{21}$)	6.0	1.0	50.0($C_{19}\sim C_{27}$)
重油($C_{22}\sim C_{30}$)	17.0		
蜡	18.0	1.0	12.7(C_{28}及以上)
羧酸	0.4	1.0	0.2
非酸氧化物	3.5	6.0	1.4

表 4-3 三种反应器都使用熔铁催化剂时的反应条件和产物（Ⅱ）

项目	固定床	气流床	浆态床
反应温度/℃	265	305	265
反应压力/MPa	2.0	2.0	2.0
H_2/CO 比	2.05	2.11	2.10
CO 转化率/%	93	90	97
产物分布/%（质量分数）			
C_1	22	27	8
$C_2 \sim C_4$	34	34	35
$C_5 \sim 200℃$	32	32	22
$200 \sim 300℃$	6	3	11
$>300℃$	4	1	17
含氧化物	2	3	7
烯烃/总烃比/%	49	82	59

表格中的数据虽然无严格的可比性，但可看出不同反应器的特点。总地来讲，与气流床相比，固定床由于反应温度较低及其他原因，重质油和石蜡产率高，甲烷和烯烃产率低，气流床正好相反。浆态床的明显特点是中间馏分的产率最高。

二、原料气的组成

原料气中有效成分 $CO + H_2$ 含量高低影响合成反应速率的快慢。一般是 $CO + H_2$ 含量高，反应速率快，转化率增加，但是反应放出热量多，易造成床层超温。另外制取高纯度的 $CO + H_2$ 合成原料气体成本高，所以一般要求其含量在 $80\% \sim 85\%$ 左右。

原料气中的 $V(H_2)/V(CO)$ 之比高低，影响反应进行的方向。$V(H_2)/V(CO)$ 比值高，有利于饱和烃、轻产物及甲烷的生成；比值低，有利于链烯烃、重产物及含氧物的生成。

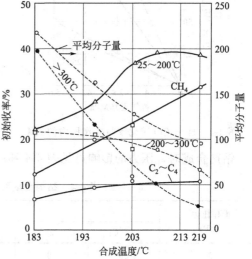

图 4-3 反应温度对产品组成的影响
（钴剂，$H_2 : CO = 2$，11 大气压下转化率 80%）

提高合成气中 $V(H_2)/V(CO)$ 比值和反应压力，可以提高 $V(H_2)/V(CO)$ 的利用比。排除反应中的水汽，也能增加 $V(H_2)/V(CO)$ 利用比和产物产率，因为水汽的存在增加一氧化碳的变换反应（$CO + H_2O \longrightarrow H_2 + CO_2$），使一氧化碳的有效利用降低，同时也降低了合成反应速率。

三、反应温度的影响

反应温度不但影响反应速率，而且影响产物分布。所以，反应温度是关键工艺操作参数之一，必须严格控制。由图 4-3 可见反应温度对钴剂合成烃类产物产率和产物分布的影响：①在 $183 \sim 219℃$ 范围内 CH_4 产率随温度升高而增加；②温度 $>200℃$ 后 $C_2 \sim C_4$ 的产率大致稳定；③200℃前馏出的液态产率在 211℃ 处达到最高，以后略有下降；④$200 \sim 300℃$ 馏分产率随温度升高，逐渐降低，不过在 203℃ 前下降很少，203℃ 以后下降速度加快；⑤$>300℃$ 馏分随温度升高呈直线下降趋势。

四、操作压力的影响

由化学平衡分析可知，F-T 合成反应是体积缩小的反应，故增加压力有利于合成气向烃类的转化。

沉淀铁和熔铁催化剂在常压下几乎没有活性，表压达到 0.1MPa 后开始显示出活性，然后随压力增加，H_2+CO 转化率成直线增加（图 4-4）。

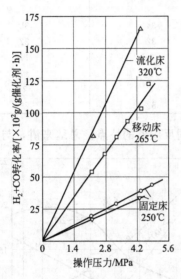

图 4-4　H_2+CO 转化率与操作压力的关系

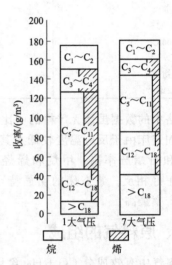

图 4-5　操作压力对产品产率和组成的影响

钴剂合成时，压力的影响可见表 4-4 和图 4-5。钴催化剂在常压时就有足够活性。

表 4-4　钴剂合成时压力对产品产率的影响

操作压力 /MPa	产品产率/(g/m³)					
	$C_3 \sim C_4$	$C_5 \sim 200℃$	柴油	石蜡	C_5 及以上小计	总烃合计
0	38	69	38	10	117	155
0.15	50	43	43	15	131	181
0.5	33	39	4	60	140	173
1.5	33	39	36	70	145	178
5.0	21	47	37	54	138	159
75.0	31	43	34	27	104	135

表压在 0.1~0.5MPa，其活性和寿命都比常压时高，当压力超过 1.5MPa 后，由于产物脱附严重受阻，故烃类产物的产率反而下降。压力增加，气态产率下降，C_{18} 及以上重质烃类明显增加，烯烃对烷烃的比例下降。

五、空间速度的影响

对不同催化剂和不同的合成方法，都有最适宜的空间速度范围。如钴催化剂合成时适宜的空间速度为 80~120h⁻¹，沉淀铁剂 Arge 合成空间速度为 500~700h⁻¹，熔铁剂气流床合成空间速度为 700~1200h⁻¹。在适宜的空间速度下合成，油收率最高。但是空间速度增加，一般转化率降低，产物变轻，并且有利于烯烃的生成。

概括来说，增加反应温度、增加 H_2/CO 比、降低铁催化剂的碱性、增加空速和降低压力均有利于降低产品中的碳原子数，即缩短碳链长度，反之则有利于增加碳链长度。在铁催化剂上生成 CH_4 的选择性是最低的，而采用钌催化剂在 100℃ 左右低温和 100MPa 左右的高压下长碳链烃类的选择性最高。增加反应温度和提高 H_2/CO 比例有利于增加支链烃或异构烃。反之，则有利于减少支链烃或异构烃。

提高空速、降低合成转化率和提高催化剂的碱性均有利于增加烯烃含量，反之不利于烯烃生成。采用中压加碱的铁催化剂时，不管固定床还是气流床，在通常的反应条件下，都有利于烯烃生成，而常压钴剂合成主要得到石蜡烃。

降低反应温度、降低 H_2/CO 比例、增加反应压力、提高空速、降低转化率和铁催化剂加碱，用 NH_3 处理铁催化剂有利于生成羟基和羰基化合物，反之其产率下降。用钌催化剂在高压（CO 分压高）和低温下由于催化剂的加氢功能受到很强的抑制，故可生成醛类。铁催化剂有利于含氧化合物特别是伯醇的生成，主要产物是乙醇。

第五节　F-T 合成工艺

煤间接液化可分为高温合成与低温合成两类工艺。高温合成得到的主要产品有石脑油、丙烯、α-烯烃和 $C_{14} \sim C_{18}$ 烷烃等，这些产品可以用作生产石化替代产品的原料，如石脑油馏分制取乙烯、α-烯烃制取高级洗涤剂等，也可以加工成汽油、柴油等优质发动机燃料。低温合成的主要产品是柴油、航空煤油、蜡和 LPG 等。煤间接液化制得的柴油十六烷值可高达 70，是优质的柴油调兑产品。

F-T 合成工艺有许多种，按反应器分有固定床、流化床和浆态床等；按催化剂分有铁剂、钴剂、钌剂、复合铁剂等；按主要产品分有普通 F-T 工艺、中间馏分工艺、高辛烷值汽油工艺等；按操作温度和压力，可分为高温、低温与常压、中压等。

煤间接液化制油工艺主要有南非的 SASOL 的浆态床、流化床、固定床工艺和壳牌公司的固定床工艺。国际上南非 SASOL 和壳牌公司马来西亚合成油工厂已有长期运行经验。

一、SASOL 合成工艺

1. SASOL 合成工艺概况

南非 SASOL 公司（South of Africa Synthetic Oil Co，SASOL）是目前世界上唯一进行大规模煤液化生产合成燃料的国际公司。萨索尔早在 1955 年在南非最大城市约翰内斯堡以南 80km 的萨索尔堡兴建了第一座煤变油工厂。20 世纪 70 年代石油危机后，又在约翰内斯堡东南 120km 的塞康达相继建起了第二座和第三座工厂。

萨索尔使用间接转化技术，先将煤气化，然后合成燃料油和化工产品。目前生产汽油、柴油、蜡、乙烯、丙烯、氨、醇、醛、酮等 113 种化工产品。

它下辖采煤、煤制合成燃料、煤制化学品、炼油与石油化工及技术开发中心等子公司。主要工厂有 3 家，即 SASOL Ⅰ、SASOL Ⅱ 和 SASOL Ⅲ。

SASOL Ⅰ 合成厂采用 Arge 合成和 Synthol 合成联合流程，见图 4-6。该厂主要产品是汽油、柴油和石蜡。

SASOL Ⅱ 厂和 SASOL Ⅲ 厂合成均采用 Synthol 合成工艺，见图 4-7。主要产品为汽油、柴油和烯烃等化学品。

2. SASOL 气相固定床合成工艺

SASOL 公司低温煤间接液化采用沉淀铁催化剂和列管式 Arge 固定床反应器，工艺流

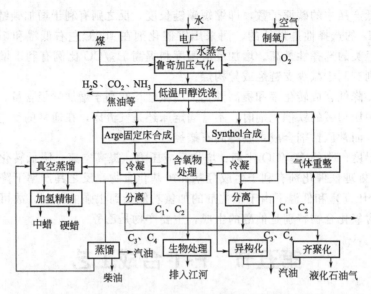

图 4-6　SASOL I 合成厂合成工艺流程

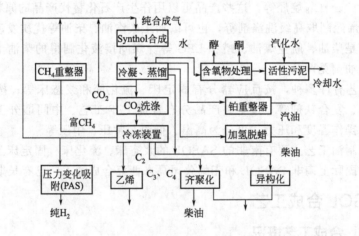

图 4-7　Synthol 合成工艺流程

程如图 4-8 所示。新鲜气和循环尾气升压至 2.5MPa 进入换热器，与反应器出来的产品气换热后从顶部进入反应器，反应温度保持在 220～235℃，反应器底部采出石蜡。气体产物先经换热器冷凝后采出高温冷凝液（重质油），再经两级冷却，所得冷凝液经油水分离器分出低温冷凝物（轻油）和反应水。石蜡、重质油、轻油以及反应水进行进一步加工处理，尾气一部分循环返回反应器，另一部分送去低碳烃回收装置，产品主要以煤油、柴油和石蜡为主。

二、壳牌公司的 SMDS 合成工艺

多年来，荷兰皇家壳牌石油公司一直在进行从煤或天然气基合成气制取发动机燃料的研究开发工作。尤其对一氧化碳加氢反应的 Schulz-Flory 聚合动力学的规律性进行了深入的研究，认为在链增长值高的条件下，可以高选择性和高收率地合成高分子长链烷烃，同时也大大降低了低碳气态烃的生成。在 1985 年第五次合成燃料研讨会上，该公司宣布已开发成功 F-T 合成两段法的新技术——SMDS 工艺，并通过中试装置的长期运转。

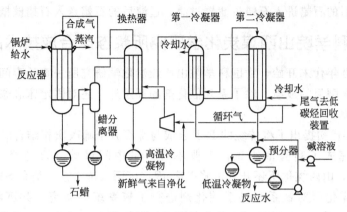

图 4-8 气相固定床合成工艺

SMDS 合成工艺由一氧化碳加氢合成高分子石蜡烃——HPS（heavy paraffin synthesis）过程和石蜡烃加氢裂解或加氢异构化——HPC（heavy paraffin coversion）制取发动机燃料两段构成。壳牌公司的报告指出，若利用廉价的天然气制取的合成气（$H_2/CO=2.0$）为原料，采用 SMDS 工艺制取汽油、煤油和柴油产品，其热效率可达 60%，而且经济上优于其他 F-T 合成技术。

三、上海兖矿能源科技公司低温煤间接液化工艺

上海兖矿能源科技研发有限公司自主研发的低温煤间接液化工艺采用三相浆态床反应器、铁基催化剂，由催化剂前处理、F-T 合成及产品分离三部分构成，主要工艺流程如图 4-9所示。

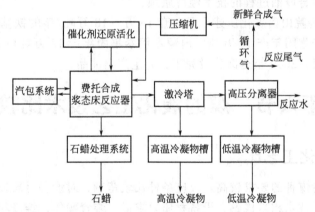

图 4-9 上海兖矿能源科技研发有限公司低温浆态床 F-T 合成工艺流程框图

来自净化工段的新鲜合成气和循环尾气混合，经循环压缩机加压后，预热到 160℃进入 F-T 合成反应器，在催化剂的作用下部分转化为烃类物质，反应器出口气体进入激冷塔进行冷却、洗涤，冷凝后液体经高温冷凝物冷却器冷却后进入过滤器过滤，过滤后的液体作为高温冷凝物送入产品储槽。在激冷塔中未冷凝的气体，经激冷塔冷却器进一步冷却至 40℃，进入高压分离器，液体和气体在高压分离器得到分离，液相中的油相作为低温冷凝物，送入低温冷凝物储槽。水相作为反应水，送至废水处理系统。高压分离器顶部排出的气体，经过高压分离器闪蒸槽闪蒸后，一小部分放空进入燃料气系统，其余与新鲜合成气混合后，经循环压缩机加压，并经原料气预热器预热后，返回反应器。反应产生的石蜡经反应器内置液固分离器与催化剂分离后排放至石蜡收集槽，然后经粗石蜡冷却器冷却至 130℃，进入石蜡缓

冲槽闪蒸，闪蒸后的石蜡进入石蜡过滤器过滤，过滤后的石蜡送入石蜡储槽。

四、中国科学院山西煤炭化学研究所浆态床合成技术的开发

自 20 世纪 70 年代末开始，中国科学院山西煤炭化学研究所一直从事间接液化技术的开发，并取得了令人瞩目的成绩。除了系列催化剂的开发外，还对固定床和浆态床合成技术进行了较系统的研究。

20 世纪 80 年代初提出了将传统的 F-T 合成与沸石分子筛改质相结合的两段法合成（简称 MFT），先后完成了实验室小试，工业单管模式中间试验（百吨级）和工业性试验（2000t/a）。其后，山西煤化所还开发了浆态床-固定床两段法工艺，简称 SMFT 合成。

多年来山西煤化所对铁系和钴系催化剂进行了较系统的研究。共沉淀 Fe-Cu 催化剂（编号为 ICC-ⅠA）自 1990 年以来一直在实验室中进行固定床试验，主要目的是获得动力学参数。Fe-Mn 催化剂（ICC-ⅡA、ICC-ⅡB）和钴催化剂（ICC-ⅢA、ICC-ⅢB、ICC-ⅢC）的研究集中在催化剂的优化和动力学研究以及过程模拟。其中 ICC-Ⅰ型催化剂用于重质馏分工艺，ICC-Ⅱ型催化剂用于轻质馏分工艺。ICC-ⅠA 催化剂已经定型，实现了中试放大生产，并进行了充分的中试验证，完成了累计 4000h 的中试工艺试验，稳定运转 1500h，满负荷运转达 800h。ICC-ⅡA 型催化剂也已经实现中试放大生产，在实验室进行了长期运转试验，最长连续运转达 4800h，近期将进行首次中试运转试验。此外，中科院山西煤化所还对 ICC-ⅢA 钴催化剂进行了研究和开发。目前，用于浆态床的 ICC-ⅠA 和 ICC-ⅡA 催化剂成本大幅度下降，成品率明显提高，催化剂性能尤其是产品选择性得到明显提高，在实验室模拟验证浆态床装置上，催化剂与液体产物的分离和催化剂磨损问题得到根本性的解决，从而从技术上突破了煤基合成油过程的技术经济瓶颈。

2005 年底，中科院山西煤化所建设了 3 套 16 万～18 万吨/年的铁基浆态床工业示范装置，分别为山西潞安集团年产 16 万吨、内蒙古伊泰集团年产 18 万吨以及神华集团年产 18 万吨煤基合成油项目，2009 年全部建设完工，并生产出油品。

第六节　煤的液化工艺技术比较

一、煤的液化工艺比较

煤炭直接液化对煤种的要求较高，反应条件比较苛刻，对设备材质较高，煤炭间接液化对原料的适应性强，技术相当成熟。设备材质要求低，装置操作、维修相对简单。国外已有大规模商业化应用实例。煤的液化工艺对比见表 4-5。

表 4-5　煤的液化工艺对比

项目	直接液化	间接液化
煤种适应性	差	强
反应及操作条件	苛刻	适度
温度/℃	435～445	270～350
压力/MPa	12～30	2.5
油收率	较高	一般
设备材质	要求高,部分设备需进口	要求较低,设备可以全部国产化
技术成熟程度	小型试验,比较成熟	工业化,相当成熟
商业化应用	国内外均无商业化工厂,只建有中小型实验装置	国外已有大规模商业化工厂,国内只有中型实验装置

二、煤的液化产品对比

直接液化的目标产品是柴油、汽油或石脑油。间接液化的目标产品是汽油、柴油、煤油等烃类产品，或高附加值的有机化工产品。煤的液化产品对比见表4-6。

表 4-6　煤的液化产品对比

项目	直接液化			间接液化		
	德国	美国	固定床	循环流化床	浆态床	SMDS
CH_4			2	10	3.2	3.9
C_2H_6	15.9	5.29	1.8	4		
C_2H_4			0.1	4	1.6	0.2
C_3H_6			2.7	12	2.7	2.5
C_3H_8	7.6	2.32	1.7	2	3.1	1.8
C_4H_8				2.8	9	2.9
C_4H_{10}		1.84	1.7		1.3	1.5
汽油	32.9	39.98	18	40	18	17.5
柴油	43.9	36.16	14	7	19.2	21.7
重质油和蜡		8.21	52	4	45.1	47.9
含氧化合物			3.2	6	2.9	

三、产品质量对比

直接液化合成油的辛烷值高达80，合成柴油的十六烷值不到20，需要加氢裂化改质；间接液化合成汽油辛烷值仅35～40，柴油十六烷值高达70。煤的液化产品质量对比见表4-7。

表 4-7　煤的液化产品质量对比

产物组成/%	直接液化		间接液化(浆态床)	
	汽油	柴油	汽油	柴油
烷烃	16.2	1	60	65
烯烃	5.5		31	25
环烷烃	55.5	7	1	1
芳烃	18.6	60	0	0
极性化合物	4.2	24	8	7
沥青烯		8	0	
辛烷值	80.3		35.40	
十六烷值		<20		65～70

四、合成技术经济对比

（1）两种液化厂的固定投资都很高，受规模影响明显。其中，煤间接液化的合成气制造装置占总投资的60%～70%。

（2）直接液化的能源转化率高，耗水比较少；间接液化的热效率较低，耗水量较大。煤的液化技术经济对比见表4-8。

表 4-8   合成技术经济对比

项 目	煤直接液化		煤间接液化(浆态床)	
	例 1	例 2	例 1	例 2
规模/(kt/a)	998.1	2476	709.8	550
主要产品/(kt/a)				
汽油	352	195	204.0	柴油为主
柴油	530.4	1775.6	475.8	
其他	115.3	505.0	30.0	
吨产品单耗(折合标准煤)				
原料煤/t	2.77	2.31	2.80	3.7
燃料煤/t	包括在制氢煤中	0.26		0.0457
天然气/t		0.226		
电/(kW·h)	501	596	276	
新鲜水/t	15.6	5.4	21.6	12.0
吨产品投资/(元/t)	8216	6210.5	7466.6	8350
税后财务收率/%	12.56(税前)			12
投资回收期/年	11.23(税前)			8

思 考 题

1. F-T 合成主要包括哪些过程?
2. F-T 合成的主要反应是什么?
3. F-T 合成催化剂的失活、中毒主要表面在哪些方面?
4. F-T 合成的影响因素有哪些?
5. 原料气的组成对 F-T 合成有何影响?

第五章

煤的直接液化

第一节　煤直接液化概述

　　煤炭液化是把固体煤炭通过化学加工过程，使其转化成为液体燃料、化工原料和产品的先进洁净煤技术。根据不同的加工路线，煤炭液化可分为直接液化和间接液化两大类。煤炭直接液化是把煤在氢气和催化剂作用下，高温高压通过加氢裂化转变为液体燃料的过程。裂化是一种使烃类分子分裂为几个较小分子的反应过程。其典型的工艺过程主要包括煤的破碎与干燥、煤浆制备、加氢液化、固液分离、气体净化、液体产品分馏和精制，以及液化残渣气化制取氢气等部分，特点是对煤种要求较为严格，但热效率高，液体产品收率高。因煤直接液化过程主要采用加氢手段，故又称煤的加氢液化法。

　　煤直接液化的操作条件苛刻，对煤种的依赖性强。典型的煤直接液化技术是在400℃、150个大气压左右将合适的煤催化加氢液化，产出的油品芳烃含量高，硫氮等杂质需要经过后续深度加氢精制才能达到目前石油产品的等级。煤炭通过液化可将硫等有害元素以灰分脱除，得到洁净的二次能源，对优化终端能源结构、减少环境污染具有重要的战略意义。一般情况下，一吨无水无灰煤能转化成半吨以上的液化油。煤直接液化油可生产洁净优质汽油、柴油和航空燃料。

　　发展煤炭液化不仅可以解决燃煤引起的环境污染问题，充分利用我国丰富的煤炭资源优势，保证煤炭工业的可持续发展，满足未来不断增长的能源需求，而且更重要的是，煤炭液化还可以生产出经济适用的燃料油，大量替代柴油、汽油等燃料，有效地解决我国石油供应不足和石油供应安全问题，且经济投入和运行成本也低于石油进口，从而有利于我国清洁能源的发展和长期的能源供应安全。

一、国外煤炭直接液化概况

　　1913年，德国人F.Bergius发现在400～450℃，20MPa的高温高压下加氢，可以将煤或煤焦油转化为液体燃料。其后德国染料公司（IG）在M.Pier的领导下，成功地开发了液相和气相两段加氢的工艺，并在1927年将此技术实现了商业生产。

　　在20世纪70年代的两次石油危机影响下，煤液化技术作为一项可行的石油替代技术又重新得到重视。多种煤的直接液化工艺被开发并进行了实验运行，其中比较典型的有美国的SRC（溶剂精炼煤法）、EDS（供氢溶剂法）、H-Coal（氢煤法）、HTI，德国的 IGOR 法，日本的 NEDOL 法等。这些新液化工艺的共同特点是煤炭液化的反应条件比老液化工艺大为缓和，生产成本有所降低，中间放大试验已经完成。目前还未出现工业化生产厂，主要原因是生产成本仍竞争不过廉价石油。今后的发展趋势是通过开发活性更高的催化剂和对煤进行预处理以降低煤的灰分和惰性组分，进一步降低生产成本。

（1）德国 IGOR 工艺　1981 年，德国鲁尔煤矿公司和费巴石油公司对最早开发的煤加氢裂解为液体燃料的柏吉斯法进行了改进，建成日处理煤 200t 的半工业试验装置，操作压力由原来的 70MPa 降至 30MPa，反应温度 450～480℃；固液分离改过滤、离心为真空闪蒸方法，将难以加氢的沥青烯留在残渣中气化制氢，轻油和中油产率可达 50％。

工艺特点：把循环溶剂加氢和液化油提质加工与煤的直接液化串联在一套高压系统中，避免了分离流程物料降温降压又升温升压带来的能量损失，并在固定床催化剂上使二氧化碳和一氧化碳甲烷化，使碳的损失量降到最小。投资可节约 20％左右，并提高了能量效率。

（2）美国 HTI 工艺　该工艺是在两段催化液化法和 H-COAL 工艺基础上发展起来的，采用近十年来开发的悬浮床反应器和 HTI 拥有专利的铁基催化剂。

工艺特点：反应条件比较缓和，反应温度 420～450℃，反应压力 17MPa；采用特殊的液体循环沸腾床反应器，达到全返混反应器模式；催化剂是采用 HTI 专利技术制备的铁系胶状高活性催化剂，用量少；在高温分离器后面串联有在线加氢固定床反应器，对液化油进行加氢精制；固液分离采用临界溶剂萃取的方法，从液化残渣中最大限度回收重质油，从而大幅度提高了液化油回收率。

（3）俄罗斯 FFI 工艺　俄罗斯煤加氢液化工艺的特点为：一是采用了自行开发的瞬间涡流仓煤粉干燥技术，使煤发生热粉碎和气孔破裂，水分在很短的时间内降到 1.5％～2％，并使煤的比表面积增加了数倍，有利于改善反应活性。该技术主要适用于对含内在水分较高的褐煤进行干燥。二是采用了先进高效的钼催化剂，即钼酸铵和三氧化二钼。催化剂添加量为 0.02％～0.05％，而且这种催化剂中的钼可以回收 85％～95％。三是针对高活性褐煤，液化压力低，可降低建厂投资和运行费用，设备制造难度小。由于采用了钼催化剂，俄罗斯高活性褐煤的液化反应压力可降低到 6～10MPa，减少投资和动力消耗，降低成本，提高可靠性和安全性。但是对烟煤液化，必须把压力提高。

日本是资源贫乏的国家，石油主要依赖进口，中东石油危机给日本经济造成严重影响，在 20 世纪 70 年代，日本纷纷进行大量的煤直接液化基础研究，到 80 年代初专门成立了新能源产业技术综合开发机构（NEDO），组织十几家公司合作开发了 NEDOL 烟煤直接液化技术。该技术的特点是反应温度 455～465℃、压力 17～19MPa，采用可弃性催化剂天然硫铁矿或人工合成铁化合物，供氢溶剂单独加氢，固液分离也是采用真空蒸馏技术。在 1t/d装置的试验基础上，设计建造了 150t/d 的大型中试装置，至 1988 年完成了两个印尼煤种和一个日本煤种的运行试验工作，取得了工程放大的设计数据，为大型工业化装置的设计提供了技术支撑。表 5-1 列出了主要发达国家煤直接液化技术开发情况（包括中国）。

到 20 世纪 80 年代中期，各国开发的煤直接液化新工艺都日趋成熟，但随着世界石油价格下跌，使得那些煤液化示范厂和生产厂的计划不得不中断，煤液化工业化开发的热情随之逐步降温。但是一些国家更深入细致的技术研究工作并没有停止。美国能源部一直把煤液化项目列入洁净煤技术计划。日本反而后来居上，煤直接液化项目作为政府解决能源问题的阳光计划的重要组成部分一直坚持下来，到 1996 年 7 月，150t/d 的烟煤液化中试厂终于建成投入运转。

表 5-1 主要发达国家煤直接液化技术开发情况

国别	工艺名称	规模/(t/d)	试验时间/年	地点	开发机构	现状
美国	SRC1/2 EDS H-COAL	50 250 600	1974～1981 1979～1983 1979～1982	Tacoma Baytown Catlettsburti	GULF EXXON HRI	拆除 拆除 转存
德国	IGOR PYROSOL	200 6	1981～1987 1977～1988	Bottrop SAAR	RAG/VEBA	改成加工重油 和废塑料拆除
日本	NEDOL BCL	150 50	1996～1998 1986～1990	日本鹿岛 澳大利亚	NEDO NEDO	拆除
英国	LES	2.5	1988～1992		British Coal	拆除
俄罗斯	CT-5	7.0	1983～1990	图拉市		拆除
中国	日本装置 德国装置 神华	0.1 0.12 6	1983～1999 1986～2000 2004～2008	北京 北京 上海	煤科总院 煤科总院 神华集团	运行 运行 运行

二、中国煤炭直接液化技术开发概况

早在第二次世界大战前，日本侵占中国东三省时，由日本军方开始在中国进行煤直接液化试验研究，后移交给当时的日本在中国的殖民科研机构——"满铁中央试验所"，于 1937 年在抚顺建设了煤液化生产试验厂，进行了多次试验，后因战败，于 1945 年停止试验。

到 20 世纪 50 年代，我国为了打破国际反华势力对新中国的经济封锁，在中科院石油研究所（大连）曾开展过煤直接液化试验研究，抚顺石油三厂也曾进行过用煤焦油加氢生产汽油、柴油的工业性试验。后来由于大庆油田的开发，中国一举甩掉了贫油国的帽子，煤直接液化的研究工作也随之中断。

从 20 世纪 80 年代初开始，在国家科委、国家计委和煤炭部的支持下，煤炭科学研究总院和国内有关大学开展了煤的直接液化技术研究。三十多年来，通过国际合作引进了三套煤直接液化连续试验装置，进行了中国煤种的液化特性评价和煤液化工艺技术研究，取得了一批具有先进水平的研究成果，完成了国内液化煤种和铁系催化剂的筛选，人工合成铁系催化剂的研究、放大试验和催化剂催化性能评价，目前这一技术已基本成熟。根据我国的国情，经初步经济分析，在我国富煤缺油的地区建设煤直接液化生产厂也有经济效益。

为此，从 1996 年开始为了尽快实现煤直接液化工业化，中国先后同德国、美国、日本等国通过国际合作进行煤直接液化中间放大试验，完成了云南先锋褐煤采用德国 IGOR 工艺、黑龙江依兰煤采用日本 NEDOL 工艺和神华上湾煤采用美国 HTI 工艺建设工业化示范厂的可行性研究，并通过专家论证。在开发形成"神华煤直接液化新工艺"的基础上，神华集团建成了投煤量 6t/d 的工艺试验装置，于 2004 年 10 月开始进行溶剂加氢、热油连续运转，并于 2004 年 12 月 16 日投煤，进行了 23h 投料试运转，打通了液化工艺，取得了开发成果。

进入 21 世纪，中国石油进口量逐年增长，增幅过大，推动了中国国内煤直接液化技术的工程开发进程。在吸收国外先进液化技术的基础上，根据中国煤质特点，先后开展了高分散铁系催化剂的开发和工程化，中国煤直接液化新工艺开发（6t/d）等。高分散铁系催化剂的研制已进入中试，其催化活性达到了世界先进水平。煤直接液化装置的工业化示范建设更是走在世界各国前列。由于采用高效煤液化催化剂、全部供氢性循环溶剂以及强制循环的悬浮床反应器，神华煤直接液化工艺单系列处理液化煤量为 6000t/d。国外大部分煤直接液化采用鼓泡床反应器的煤直接液化工艺，单系列最大处理液化煤量为每天 2500～3000t。其次，神华煤直接液化工艺由于采用高活性的液化催化剂，添加量少，蒸馏油收率高。同时神华煤直接液化工艺采用悬浮床加氢反应器，实现循环溶剂和液化初级产品的稳定加氢，提高神华煤直接液化工艺的整体稳定性。

第二节　煤直接液化原理

一、煤加氢液化的主要反应

一般认为，在煤加氢液化过程中，氢不能直接与煤分子反应使煤裂解，而是煤分子本身受热分解生成不稳定的自由基裂解"碎片"，此时若有足够的氢存在，自由基就能因饱和而稳定下来，如果氢不够或没有，则自由基之间相互结合转变为不溶性的焦。所以，在煤的初级液化阶段，煤有机质热解和供氢是两个十分重要的反应。

煤是非常复杂的有机物，在加氢液化过程中化学反应也极其复杂，它是一系列顺序反应和平行反应的综合，可认为发生下列四类化学反应。

1. 煤的热解

煤在隔绝空气的条件下加热到一定温度，升至 300℃ 以上时，煤受热分解，煤的化学结构中键能最弱的部位开始断裂，呈自由基碎片，自由基的分子量在数百范围。随温度升高，煤中一些键能较弱和较高的部位也相继断裂，呈自由基碎片。

研究表明，煤结构中苯基醚 C—O 键、C—S 键和连接芳环 C—C 键的解离能较小，容易断裂；芳香核中的 C—C 键和亚乙基苯环之间相连结构的 C—C 键解离能大，难于断裂；侧链上的 C—O 键、C—S 键和 C—C 键比较容易断裂。

煤结构中的化学键断裂处用氢来弥补，化学键断裂必须在适当的阶段就应停止，如果切断进行得过分，生成气体太多；如果切断进行得不足，液体油产率较低，所以必须严格控制反应条件。

2. 加氢反应

煤热解产生的自由基"碎片"是不稳定的，它只有与氢结合后才能变得稳定，成为分子量比原料煤要低得多的初级加氢产物。其反应为：

$$\Sigma R \cdot + H \longrightarrow \Sigma RH$$

不能与氢结合时，自由基"碎片"则以彼此结合的方式实现稳定，分子量增加，变为煤焦或类似的重质产物。

$$RCH_2 \cdot + R'CH_2 \cdot \longrightarrow RCH_2 - CH_2R'$$
$$2RCH_2 \cdot \longrightarrow RCH_2 - CH_2R$$
$$2R'CH_2 \cdot \longrightarrow R'CH_2 - CH_2R'$$

供给自由基的氢源主要来自以下几方面：

① 溶解于溶剂油中的氢在催化剂作用下变为活性氢；

② 溶剂油可供给的或传递的氢；

③ 煤本身可供应的氢（煤分子内部重排、部分结构裂解或缩聚放出的氢）；

④ 化学反应生成的氢，如 $CO + H_2O \longrightarrow CO_2 + H_2$，它们之间相对比例随液化条件的不同而不同。当液化反应温度提高、裂解反应加剧时，需要有相应的供氢速率相配合，否则

就有结焦的危险。

提高供氢能力的主要措施有：

① 增加溶剂的供氢性能；

② 提高液化系统氢气压力；

③ 使用高活性催化剂；

④ 在气相中保持一定的 H_2S 浓度等。

3. 脱氧、硫、氮杂原子反应

煤中有机质中的 O、N、S 等元素，称为煤中的杂原子。加氢液化过程中，煤结构中的一些 O、S、N 也产生断裂，分别生成 H_2O（或 CO_2、CO）、H_2S 和 NH_3 气体而被脱除。煤中杂原子脱除的难易程度与其存在形式有关，一般侧链上的杂原子较芳环上的杂原子容易脱除。

（1）脱氧反应　煤有机结构中的氧存在形式主要有：①含氧官能团，如—COOH、—OH、—CO 和羰基等；②醚键和杂环（如呋喃类）。羧基最不稳定，加热到 200℃以上即发生明显的脱羧反应，析出 CO_2。

酚羟基在比较缓和的加氢条件下相当稳定，故一般不会被破坏，只有在高活性催化剂作用下才能脱除。羰基和醌基在加氢裂解中，既可生成 CO 也可生成 H_2O。脂肪醚容易脱除，而芳香醚与杂环氧一样不易脱除。

（2）脱硫反应　煤有机结构中的硫以硫醚、硫醇和噻吩等形式存在，脱硫反应与上述脱氧反应相似。由于硫的负电性弱，所以脱硫反应较容易进行。杂环硫化物在加氢脱硫反应中，C—S 键在碳环被饱和前先断开，硫生成 H_2S，加氢生成的初级产品为联苯；其他噻吩类化合物加氢脱硫机理与此基本类似。

（3）脱氮反应　煤中的氮大多存在于杂环中，少数为氨基，与脱硫和脱氧相比，脱氮要困难得多。在轻度加氢中，氮含量几乎没有减少，一般脱氮需要激烈的反应条件和有催化剂存在时才能进行，而且是先被氢化后再进行脱氮，耗氢量很大。

（4）缩合反应　在加氢液化过程中，由于温度过高或供氢不足，煤热解的自由基"碎片"彼此会发生缩合反应，生成半焦和焦炭。缩合反应将使液化产率降低，它是煤加氢液化中不希望发生的反应。为了提高煤液化过程的液化效率，常采用下列措施来防止结焦：

① 高系统的氢的分压；

② 提高供氢溶剂的浓度；

③ 反应温度不要太高；

④ 降低循环油中沥青烯含量；

⑤ 缩短反应时间。

二、煤加氢液化的反应产物

图 5-1 是根据 T. Suzuki 等提出的直接液化反应过程。在煤的液化过程中生成的液态物质可以分为三类，依次是前沥青烯（分子量为 1000～2000）、沥青烯（分子量为 500～700）和油（分子量为 250～400）。其中油类物质即我们所说的煤液化油或煤制油，其外

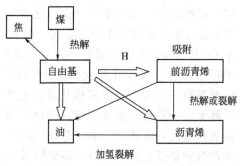

图 5-1　直接液化反应过程

观和性质与原油类似，并可以用于制备燃料油、汽油、煤油、柴油等不同级别的成品油。特别是航空燃料要求单位体积燃料的发热量较高。即要求油中要有较多的环烷烃，而煤的液化油中就富含较多的环烷烃，因此对液化油进一步加工可得到高级航空燃料油。在煤直接液化工艺中，如何控制好大分子的前沥青烯和沥青烯向油类物质的转化过程，对提高液化油的产率有至关重要的影响。

第三节　煤直接液化催化剂

中国富煤缺油。煤炭液化是解决国内石油短缺的多种途径之一，煤直接液化催化剂的研究和开发是进一步降低煤炭直接液化成本和反应苛刻度并提高煤液化收率的关键技术之一。

一、工业催化剂的性能要求和组成部分

1. 工业催化剂的性能要求

（1）良好的催化活性　催化剂的活性表示增加反应速率的能力，催化剂的活性高意味着生产能力强或原料转化率高，或是在较缓和的条件下也能达到较高的转化率。对煤的液化既希望加速反应也希望降低反应压力。

（2）高的反应选择性　催化剂的反应选择性是向特定反应方向转化的原料量对已转化的原料总量的分率，煤加氢液化希望达到很高的液体收率而不希望得到较多的气体和焦炭。

（3）较长的催化剂寿命　它需具备以下几方面的稳定性。

① 化学稳定性：在反应介质中化学组成和化合状态能保持不变。

② 结构稳定性：能长期经受高温和水蒸气的作用，其物理结构——比表面积、孔结构、晶相、晶粒分散度等不发生变化，使有效活性表面能稳定地存在，从而保证催化剂的活性。

③ 机械稳定性：具有足够高的机械强度，包括压碎强度、磨损强度、冲击强度，在操作过程中保持催化剂的颗粒大小和形状不变，以保证反应器床层处于稳定的流体力学状态，并减少催化剂的损失。

④ 对于毒物有足够高的抵抗力。

⑤ 有良好的传热性，能及时导出反应热，防止局部过热。

（4）催化剂应该来源易得，价格便宜　在第一段加氢时因为有煤存在，用贵重催化剂回收困难，故多用工业废渣或廉价铁系催化剂，如赤泥作为一次性催化剂。

2. 工业催化剂的组成部分

催化剂可以是单组分，也可以是多组分，一般工业上经常用的是后者。下面介绍固态催化剂的几个组成部分。

（1）活性成分　又称主催化剂。通常把对加速化学反应起主要作用的成分称为主催化剂，它是催化剂中最主要的活性组分，没有它，催化剂就显示不出活性。如 Co/Mo 加氢催化剂中 Co 和 Mo 都是活性成分；铂重整催化剂中的铂也是活性组分。一种催化剂的活性组分并不限于一种，如催化裂化反应所用的催化剂 SiO_2-Al_2O_3 都属于活性组分，SiO_2 和 Al_2O_3 两者缺一不可。有许多催化反应是由一系列化学过程串联进行的。例如烃类的重整反应，就是由一系列脱氢反应与异构反应所组成，铂提供脱氢活性，酸化了的 Al_2O_3 提供酸性促进异构化，因此，Pt 和 Al_2O_3 都是活性组分。这类催化剂称为多功能催化剂。

活性组分是催化剂的核心，催化剂活性好坏主要是由活性组分决定的。例如，用作重整催化剂的活性金属，主要是元素周期表中的第Ⅷ族元素，如铂、钯、铱等。现代双金属和多

金属活性组分的重整催化剂，大多离不开铂。选择催化剂的活性组分是催化剂研制中的首要环节。

（2）助催化剂　在活性组分中添加少量某种物质（一般仅千分之几到百分之几），虽然这种添加物本身没有活性或活性很小，但它却能显著地改善活性组成的催化性能，包括活性、选择性、稳定性等，这些添加剂就被称为助催化剂，如合成氨铁催化剂中的 Al_2O_3 和 K_2O。

（3）载体　又称担体，是催化剂的重要组成部分。对于很多工业催化剂来说，活性组分决定后，载体的种类及性质往往会对催化剂性能产生很大影响，而选择和制备一种好的载体往往需要多方面的知识。载体用于催化剂制备上，原先的目的是为了节约贵重材料（如铂、钯）的消耗，即把贵重材料分散在体积松大的物体上，以代替整块材料使用。另一目的是使用强度高的载体可使催化剂能经受机械冲击，使用时不致因逐渐粉碎而增加对反应器中流体的阻力。所以，开始选择载体时，往往从物理性质、机械性质、来源是否容易等方面加以考虑。

二、催化剂的作用

煤液化反应中，在催化剂的作用下产生了活性氢原子，又通过溶剂为媒介实现了氢的间接转移，使各种液化反应得以顺利地进行。催化剂在煤加氢液化中的作用有以下 3 点：

1. 活化反应物，加速加氢反应速率，提高煤液化的转化率和油收率

煤加氢液化过程是煤有机分子不断裂解、加氢稳定的循环过程。由于分子氢的键合能较高，难以直接与煤热解产生的自由基碎片结合，因此需要通过催化剂的催化作用，改变氢分子的裂解途径（氢分子在催化剂表面吸附离解），降低氢与自由基的反应活化能，增加了分子氢的活性，加速了加氢液化反应。同时，催化剂还对溶解于溶剂中的煤有机质中的C—C键断裂有促进作用，有利于煤有机质和初始热解产物的裂解反应，提高了煤液化转化率和油收率。

2. 促进溶剂的再加氢和氢源与煤之间的氢传递

由煤液化化学中的溶剂作用可知，芳烃类溶剂在液化过程中先将部分氢化芳环中的氢供出与自由基结合，然后在催化剂作用下本身又被气相加氢还原为氢化芳环，如此循环，维持和增加液化系统中氢化芳烃的含量和供氢体的活性。正是在催化剂作用下，加速溶剂再加氢，促进了氢源与煤之间的氢传递，从而提高了液化反应速率。在溶剂添加四氢化萘可以提高煤液化转化率和油收率的事实就是例证。

3. 选择性

如前所述，煤加氢液化反应十分复杂，主要液化反应包括：①热裂解，煤有机大分子热分解成自由基碎片；②加氢，氢与自由基结合而使自由基稳定；③脱除氧、氮、硫等杂原子；④裂化，液化初始产物过渡裂解成气态烃；⑤异构化；⑥脱氢和缩合反应（供氢不足更容易发生）等。为了提高油收率和油品质量，减少残渣和气态烃产率，要求催化剂具有选择性催化作用，即希望催化剂加速反应①、②、③、⑤，控制反应④适当，抑制反应⑥进行，对煤裂解反应要求进行到一定深度就停止，防止缩合反应发生。但目前工业上使用的催化剂还不能同时具备上述所列的催化性能，常根据工艺目的来选择相适应的催化剂。

第四节　煤直接液化的影响因素

煤加氢液化反应是十分复杂的化学反应，影响加氢液化反应的因素很多，这里主要讨论

原料煤、溶剂、气氛与工艺参数等因素。

一、原料煤的影响

就工业分析来讲，一般认为挥发分高的煤易于直接液化，通常要求挥发分大于 35%。与此同时，灰分带来的影响则更为明显，如灰分过高进入反应器后将降低液化效率，还会产生设备磨损等问题，因此选用煤的灰分一般小于 10%。

就元素分析来讲，H/C 比显然是一个重要的指标。H/C 比越大，液化所需的氢气量也就越小。相关研究表明，H/C 比越小，越有利于氢向煤中转移，其转化率越大；然而，日本学者研究中发现，H/C 比较低时也有良好的液化特性，这说明元素分析并不能完全反映其液化性能，它还与煤种内部的分子结构形式和组成成分相关。

煤直接液化对煤质的基本要求如下。

① 要将煤磨成 200 目左右细粉，并干燥到水分 <2%。因此煤含水越低越经济，投资和能耗越低。

② 应选择易磨或中等难磨的煤作为原料，最好哈氏可磨性系数大于 50 以上，否则机械磨损严重，维修频繁，消耗大、能耗高。

③ 氢含量越高，氧含量越低的煤，外供氢量越少，废水生成量越少。

④ 氮等杂原子含量要求低，以降低油品加工提质费用。

⑤ 煤的岩相组成是一项重要指标，镜质组越高，煤液化性能越好，一般镜质组达 90% 以上为好；丝质组含量高的煤，液化活性差。如表 5-2 所示。云南先锋煤镜质组为 97%，煤转化率高达 97%，神华煤丝质组达 30% 以上，镜质组约 65%，因此煤转化率只有 89% 左右。

表 5-2 宏观煤岩成分液化转化率

宏观煤岩成分	H/C 原子比	液化转化率/%	宏观煤岩成分	H/C 原子比	液化转化率/%
丝炭	0.37	11.7	亮煤	0.84	93.0
暗煤	0.66	59.8	镜煤	0.82	98.0

⑥ 油收率与原料煤中镜质组和壳质组的含量有密切的关系。其中也有一个特例：抚顺煤的镜质组含量仅为 63.55%，但油收率却高达 69.04%，这可能与该煤中惰质组液化的特殊结构有关。

⑦ 要求原料煤中灰 <5%，一般原煤中灰难达此指标，这就要求煤的洗选性能好，因为灰严重影响油的收率和系统的正常操作。灰成分也对液化过程产生影响：灰中 Fe、Co、Mo 等元素对液化有催化作用，可产生好的影响，但灰中 Si、Al、Ca、Mg 等元素易结垢、沉积，影响传热和正常操作，且造成管道系统磨损堵塞和设备磨损。

二、供氢溶剂的影响

煤的直接液化必须有溶剂存在，这也是其与加氢热解的根本区别。通常认为在煤的直接液化过程中，溶剂能起到如下作用。

① 热溶解煤 使用溶剂是为了让固体煤呈分子状态或自由基碎片分散于溶剂中，同时将氢气溶解，以提高煤和固体催化剂、氢气的接触性能，有利于改善多相催化液化反应体系的动力学过程，加速加氢反应和提高液化效率。

② 依靠溶剂能力使煤颗粒发生溶胀和软化，使其有机质中的键发生断裂。

③ 溶解氢气 作为反应体系中活性氢的传递介质，或者通过供氢溶剂的脱氢反应过程，

可以提供煤液化需要的活性氢原子，提高煤、固体催化剂和氢气的接触，外部供给的氯气必须溶解在溶剂中，以利于加氢反应进行。

④ 在有催化剂时，促使催化剂分散和萃取出在催化剂表面上强吸附的毒物。

由于在煤的液化过程中，首先煤在不同溶剂中的溶解度是不同的。其次溶剂与溶解的煤种有机质或其衍生物之间，存在着复杂的氢传递关系，受氢体可能是缩合芳环，也可能是游离的自由基团，而且氢转移反应的具体方式又因所用催化剂的类型而异。因此溶剂在加氢液化反应的具体作用也十分复杂，一般认为好的溶剂应该既能有效的溶解煤，又能促进氢转移，有利于催化加氢。

在煤液化工艺中，通常采用煤直接液化后的重质油作为溶剂，且循环使用，因此又称为循环溶剂，沸点范围一般在200～460℃。由于该循环溶剂组分中含有与原料煤有机质相近的分子结构，如将其进一步加氢处理，可以得到较多的氢化芳烃化合物，使其供氢能力得到了提高。另外，在液化反应时，循环溶剂还可以得到再加氢作用，同时增加煤液化的产率。

供氢溶剂可分为三类。

普通溶剂：常见的溶剂有四氢萘、萘、蒽、菲、甲酚、萘酚。

重质油：主要是煤焦油和石油渣油。这种煤直接液化工艺与石油渣油或煤焦油高温裂解加氢工艺的结合与发展，是一种高效合理利用煤炭资源生产液体燃料的新方法。

废塑料、废橡胶、废油脂：使这些废物质得到循环利用，同时减少污染，这一技术对环境保护、节约资源很有意义。

三、操作条件的影响

温度和压力是直接影响煤液化反应进行的两个因素，也是直接液化工艺两个最重要的操作条件。

1. 反应温度

反应温度是煤加氢液化的一个非常重要的条件，在氢分压、催化剂和溶剂等存在的条件下，适宜液化的煤加热到最适宜的反应温度，就可以获得理想的转化率和油收率。在一定反应条件下，加热煤糊会发生一系列的变化。首先煤发生膨胀，局部溶解，此时不消耗氢，说明煤尚未开始加氢液化。随着反应温度的升高，煤发生解聚、分解，氢气在溶剂中的溶解度增加，氢传递加快，未溶解的煤继续热溶解，转化率、油产率、气体产率和氢耗量也随之增加，沥青烯和前沥青烯的产率下降，转化率提高，液化油产率增大，这对煤加氢液化是有利的。当温度升到最佳值420～450℃范围内，煤的转化率和油收率最高。温度再升高，因为煤的裂解反应和缩聚反应都存在，当活性氢传递不到自由基旁边时，自由基发生缩聚反应，形成不溶性半焦；除此以外，油类小分子和氢气发生反应，生成更多的气体，造成烃类气体量的增加，对液化不利，反应温度对煤加氢液化转化的影响见图5-2。

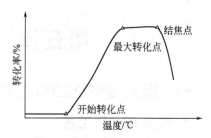

图 5-2　温度对煤转化率的影响

由图5-2可见，不到一定温度（如330℃以下）不会发生加氢转化反应，在超过初始热解温度的一定温度范围内，煤转化率随温度上升而上升，达到最高点后在较小的高温区间持平，然后由于发生聚合、结焦，转化率下降。

2. 反应压力

反应压力对煤液化反应的影响主要是指氢气分压。大量实验研究证明，煤液化反应速率与氢分压的一次方成正比。由图 5-3 看出，在 35MPa 以前，反应速率常数和压力成正比关系。氢气压力提高，循环气中氢气的纯度就变高，从而有利于氢向催化剂孔隙深处扩散，使催化剂活性表面得到充分利用，有利于煤的液化反应。因此催化剂的活性和利用效率在高压下比低压时高。

压力提高，煤液化过程中的加氢速率就加快，阻止了煤热解生成的低分子组分裂解或缩聚成半焦的反应，使低分子物质稳定，从而提高油收率。提高压力，还使液化过程有可能采用较高的反应温度。从图 5-4 可见，H_2 初压从 10.3MPa 提高到 17.23MPa 时，煤的转化率提高 20％以上；在较低压力下，反应温度超过 440℃时转化率下降，而在较高压力下，反应温度超过 470℃，转化率才下降。但是，氢压提高，对高压设备的投资、能量消耗和氢耗量都要增加，产品成本相应提高，所以应根据原料煤性质、催化剂活性和操作温度，选择合适的氢压。

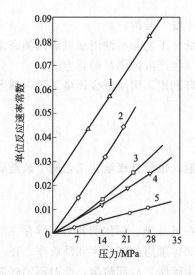

图 5-3　压力对催化剂加氢反应速率的影响
1—烟煤＋Mo；2—烟煤＋Sn；3—褐煤＋Mo；
4—褐煤＋Sn；5—烟煤和褐煤不加催化剂

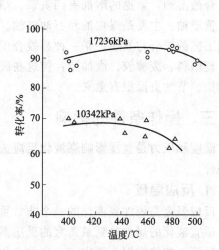

图 5-4　煤加氢液化反应温度压力和转化率关系
催化剂：钼酸铵＋硫酸；反应时间：1h

第五节　煤炭直接液化工艺

一、煤直接催化加氢工艺

1. 德国 IGOR 工艺

德国 IGOR 工艺如图 5-5 所示。该工艺主要特点是：①反应条件比较苛刻，温度 470℃，压力 30MPa；②催化剂使用炼铝工业的废渣（赤泥）；③液化反应和液化油加氢精制在一个高压系统内进行，可一次得到杂原子含量极低的液化精制油，该液化油经过蒸馏就可以得到十六烷值大于 45％的柴油，汽油馏分再经重整即可得到高辛烷值汽油；④循环溶剂是加氢油，其供氢性能好，煤液化转化率高。

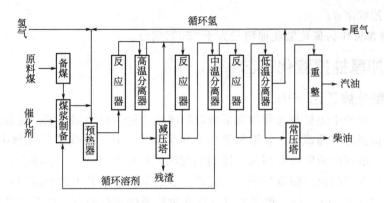

图 5-5　德国 IGOR 工艺

2. 氢-煤工艺（H-Coal）

氢-煤工艺如图 5-6 所示。该工艺的主要特点：①采用沸腾床反应器，使煤浆、循环溶剂和催化剂接触良好，温度均一；②催化剂可以连续加入和抽出，以不断更新；③可以将高硫煤转化为低硫燃料；④许多设备可采用石油加工过程所用的设备。

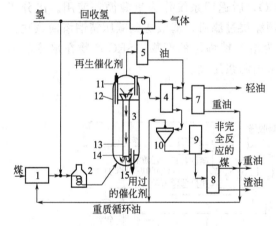

图 5-6　氢-煤工艺流程

1—煤浆制备罐；2—煤浆预热器；3—反应器；
4—闪蒸塔；5—冷分离器；6—气体洗涤塔；
7—常压蒸馏塔；8—减压蒸馏塔；9—液固分离器；
10—旋流器；11—浆状反应物料液位；
12—催化剂上限；13—循环管；
14—分布板；15—搅拌桨

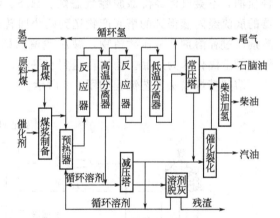

图 5-7　美国 HTI 工艺流程

3. 美国 HTI 工艺

美国 HTI 工艺如图 5-7 所示。该工艺为两段催化液化工艺，采用近 10 年来开发的悬浮床反应器和 HTI 拥有专利的铁基催化剂（Gel-CatTM）。其主要特点：

① 反应条件比较缓慢，反应温度 440～450℃，反应压力 17MPa；

② 采用特殊的液体循环沸腾床（悬浮床）反应器，达到全返混反应器模式；

③ 催化剂是采用 HTI 专利技术制备的铁系胶状催化剂，此催化剂活性高，用量少；

④ 在高温分离器后面串联有在线加氢固定床反应器，对液化油进行加氢精制；

⑤ 固液分离采用临界溶剂萃取的方法，从液化残渣中最大限度回收重质油，从而大幅

度提高了液化油收率；

⑥ 液化油含可作为催化裂化原料的大于 350℃馏分。

二、煤加氢抽提液化工艺

1. 溶剂精炼煤工艺(SRC)

经磨碎、干燥的干煤粉与过程溶剂混合以料浆形态进入反应器系统。过程溶剂是从煤加氢产物中回收得到的蒸馏馏分。该溶剂除作为制浆介质之外，在煤溶解过程中起供氢作用，即作为供氢体。溶剂配成的煤浆用泵加压到系统压力后与氢混合。三相混合物进料在预热器中加热到接近所要求的反应温度后喷入反应器。预热器内的停留时间比反应器内短，典型的总反应时间为 20～60min。煤、溶剂和氢气送入反应器中进行溶解和抽提加氢液化反应，已溶解的部分煤则发生加氢裂解，有机硫则反应生成硫化氢，将大分子煤裂解。煤溶解过程发生的主要反应如下：①氢从溶剂转移到煤；②煤分子因受热和氢转移攻击而开裂；③—CH、—SH、—O—、—N—、—C—C—等各种基团进一步加氢。

产物离开反应器后，进入分离器冷却到 260～316℃，进行气与液固分离，液固主要是含有过程溶剂、重质产物、未反应煤和灰的料流。分离出的气体再冷却分出凝缩物——水和轻质油，不凝气体经洗涤脱除气态烃、H_2S、CO，后返回系统作为氢源循环使用。出分离器的底流经闪蒸得到的塔底产物送到两个回转预涂层过滤机。滤液送到减压精馏塔回收洗涤溶剂、过程溶剂和减压残留物，减压残留物即为溶剂精炼煤的产物。SRC 产物在水冷的不锈钢带上固化即为产品。滤饼再送到水平转窑蒸出制浆用油。

溶剂精炼煤法工艺流程如图 5-8 所示。

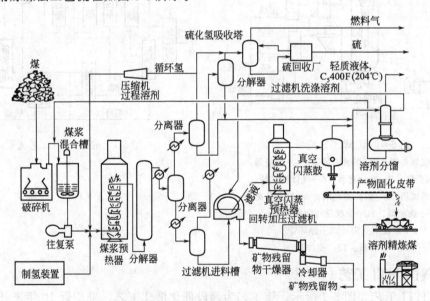

图 5-8　溶剂精炼煤法工艺流程

SRC-Ⅰ特点：不用催化剂；压力（10MPa）较低；氢耗较低；选用的煤种范围宽（褐煤→烟煤）；用途广，溶剂精制煤热值 134kJ/kg。存在的问题：灰以微型固体颗粒存在，使过滤操作困难。

与 SRC-Ⅰ相比，较 SRC-Ⅱ有如下特点：①液体产率显著提高；②C_1～C_4 气体产率高，氢耗也高；③省去了过滤装置，增加了高压气化装置；④煤浆循环。

2. 日本 NEDOL 工艺

日本 NEDOL 工艺流程如图 5-9 所示。

NEDOL 工艺的特点是：

① 反应压力较低，压力为 17～19MPa，反应温度 455～465℃；

② 催化剂采用合成硫化铁或天然硫铁矿；

③ 固液分离采用减压蒸馏的方法；

④ 配煤浆用的循环溶剂单独加氢，可以提高溶剂的供氢能力；

⑤ 液化油含有较多的杂原子，还须加氢提质才能获得合格产品。

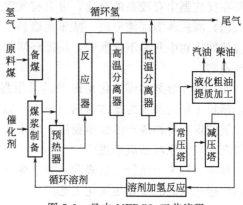

图 5-9 日本 NEDOL 工艺流程

三、中国神华煤直接液化工艺

1. 神华煤直接液化工艺

神华煤直接液化示范工程采用的煤直接液化工艺技术是在充分消化吸收国外现有煤直接液化工艺的基础上，利用先进工程技术，经过工艺开发创新，依靠自身技术力量，形成了具有自主知识产权的神华煤直接液化工艺。神华煤直接液化工艺技术特点如图 5-10 所示。

（1）采用超细水合氧化铁（FeOOH）作为液化催化剂 以 Fe^{2+} 为原料，以部分液化原料煤为载体，制成的超细水合氧化铁，粒径小、催化活性高。

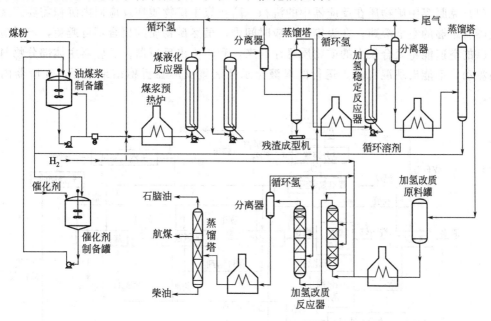

图 5-10 神华煤直接液化工艺流程

（2）过程溶剂采用催化预加氢的供氢溶剂 煤液化过程溶剂采用催化预加氢，可以制备 45%～50% 流动性好的高浓度油煤浆；较强供氢性能的过程溶剂防止煤浆在预热器加热过程中结焦，供氢溶剂还可以提高煤液化过程的转化率和油收率。

（3）强制循环悬浮床反应器 该类型反应器使得煤液化反应器轴向温度分布均匀，反应温度控制容易；由于强制循环悬浮床反应器气体滞留系数低，反应器液相利用率高；煤液化物料在反应器中有较高的液速，可以有效阻止煤中矿物质和外加催化剂在反应器内沉积。

（4）减压蒸馏固液分离　减压蒸馏是一种成熟有效的脱除沥青和固体的分离方法，减压蒸馏的馏出物中几乎不含沥青，是循环溶剂的催化加氢的合格原料，减压蒸馏的残渣含固体50%左右。

（5）循环溶剂和煤液化初级产品采用强制循环悬浮床加氢　悬浮床反应器较灵活地催化，延长了稳定加氢的操作周期，避免了固定床反应由于催化剂积炭压差增大的风险；经稳定加氢的煤液化初级产品性质稳定，便于加工；与固定床相比，悬浮床操作性更加稳定、操作周期更长、原料适应性更广。

神华示范装置运行结果表明，神华煤直接液化工艺技术先进，是唯一经过工业化规模和长周期运行验证的煤直接液化工艺。

由于采用高效煤液化催化剂、全部供氢性循环溶剂以及强制循环的悬浮床反应器，降低煤液化反应的苛刻条件，同时可以保证煤的液化转化率，反应温度455℃，反应压力19MPa，神华煤直接液化工艺单系列处理液化煤量为6000t/d。

2. 神华煤直接液化工程化技术

图5-11所示为神华煤直接液化示范工程总流程，包括自备热电厂、备煤、催化剂制备、煤直接液化、加氢稳定（溶剂加氢）、加氢改质、轻烃回收、含硫污水汽提、脱硫、硫黄回收、酚回收、残渣成型、两套煤制氢和两套空分等装置。神华集团在全世界范围内首次采用新一代煤直接液化技术建设百万吨级煤直接液化示范工程，克服了许多世界性工程难题。经过近3万小时的运行达到了长周期安全运转。有以下几个特点。

（1）克服煤中矿物质在反应器中的沉积　防止煤中矿物质在反应器内沉积需要煤浆及其反应器有足够的空塔液速。在设定的反应时间内，虽然矿物质的聚合不可避免，但反应器内有足够的空速能将聚合长大的矿物质悬浮起来，利于排出反应器；反应器主体部分物料实现单向流动，不能出现混乱流。运行的煤液化示范装置反应器拆检结果表明，反应器内无沉积物。

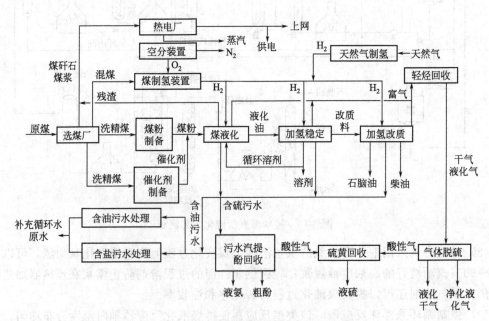

图5-11　神华煤直接液化示范工程总流程

（2）实现高温、高差压减压阀长周期运行　煤液化反应后，含固物料首先要经过减压阀进入减压蒸馏系统进行固液分离。减压阀要在高温、高差压和含固物料高速冲刷的环境下正常工作，所以减压阀是煤直接液化最关键的设备之一。神华采用一开三备的五通减压阀，实现完全线性控制，即使在异常情况下也能有较大的流量弹性。阀内部结构采用合适孔径并增加限流孔板通道长度等措施，让介质在孔道尾部气化，实现了相变前（液相）控制流量，同时增加阀座磨损面积。在阀座、阀芯采用复合材料替代单一的碳化钨材料，克服了全部碳化钨材料阀座、阀芯易碎的缺点。长周期运行结果表明，神华减压阀单阀最长运行时间达到2519h。

（3）成功解决反应器和热高分器结焦难题　防止反应器结焦是煤液化的世界性难题。神华采取预加氢的供氢性溶剂作为过程循环溶剂，提高溶剂供氢性能；采用纳米催化剂不但可以提高活性，而且反应热也可以及时扩散，防止以催化剂为焦核的结焦现象产生；优化操作方法，防止反应器底部循环泵抽空导致的床层塌陷，使反应器温度突然升高。热高分器与反应器不同的是液相贫氢。神华采用降低热高分温度，小于420℃，降低液相在高温的停留时间，小于5min，采用切线螺旋进料，使液相起到搅拌作用，防止静止沉积；采用高压冲洗油，在气液交界面喷淋，防止由于气液交界面波动而产生沉积和结焦。煤液化示范装置运行实践表明，这些措施有效解决了反应器和热高分器的结焦问题。

四、其他液化方法

1. 煤的超临界萃取

在任一溶剂中，不同物质具有不同的溶解度，利用此溶解度的不同，使混合物中的组分得到完全或部分的分离过程称为萃取。

一般来说，溶剂的溶解能力随溶剂的密度增加而提高。液体比气体具有较高的密度，溶解能力大。但液体的黏度又比气体高得多，黏度是影响分离的主要因素。所以高密度对溶解有利，低黏度对快速分离有利。而超临界气体具有液体和气体之间的性质，也就是说具有高密度和低黏度的特性。超临界气体萃取既类似于溶剂萃取又类似于蒸馏，可以看作这两种过程的结合。煤的超临界萃取需要在高温（400℃）下进行，这是由煤的结构性质决定的。煤中有机组分大体可分为三种类型：①低分子化合物，一般在较低温度下即可在溶剂中溶解，属于物理溶解过程；②多聚物，主要是由以—O—、—CH_2—等连接起来的多芳环结构和杂环化合物，在超临界条件下，发生化学分解和物理溶解；③高分子物，属于稠环结构物，这种物质只有在更高温度下，才能分解、解聚。所以煤的超临界萃取属于化学、物理同时并存的工艺过程。目前煤的超临界萃取仍处于试验研究和小型中试阶段。

2. 煤油共处理

它的主要特点：用石油原油、渣油、油砂沥青等重质油作为煤液化反应所用的溶剂油。将煤与这些重质油均匀混合同时加氢，一次通过反应装置，反应过程中生成的合成粗油不作为溶剂循环。加拿大是开展煤油共处理研究工作的先驱国家之一。至今开发的煤油共炼工艺有：HRI煤油共炼工艺和Pyrosol工艺。

国内有延长石油集团正在开展煤油混炼的研究与工程化应用。2014年9月，在榆林靖边建成了全球首套45万吨/年煤油共炼工业示范装置，并于2015年1月投料试车成功，2015年9月15日，延长石油集团自主开发的煤油共炼（Y-CCO）成套工业化技术，通过了中国石油和化学工业联合会组织的技术鉴定。认为该技术创新性强，总体处于世界领先水平。

思 考 题

1. 什么是煤炭液化？
2. 煤与石油的区别有哪些？
3. 加氢液化时供给自由基的氢源有哪些？
4. 煤炭加氢液化时溶剂的作用是什么？
5. 如何选择直接液化的催化剂？
6. 煤加氢液化的影响因素有哪些？

第二篇
煤化工产品与生产

第六章

甲醇及下游产品

第一节　甲醇概述

　　甲醇是最简单的化学品之一，是重要的化工基础原料和清洁液体燃料，广泛应用于有机合成、染料、医药、农药、涂料、汽车和国防等工业中。

　　甲醇最早由木材和木质素干馏制得，故俗称木醇。1923 年，德国 BASF 公司在合成氨工业化的基础上，首先用锌铝催化剂在高温高压的操作条件下实现了由一氧化碳加氢合成甲醇的工业化生产，开创了工业合成甲醇的先河。工业合成甲醇成本低、产量大，促使了甲醇工业的迅猛发展。甲醇消费市场的扩大，又促使甲醇生产工艺不断改进，生产成本不断下降，生产规模日益增大。1966 年，英国 ICI 公司成功地实现了铜基催化剂的低压甲醇合成工艺，随后又实现了更为经济的中压法甲醇合成工艺。与此同时德国鲁奇公司也成功地开发了中低压甲醇合成工艺。随着甲醇合成工艺的成熟和规模的扩大，由甲醇合成和甲醇应用所组成的甲醇工业成为化学工业中的一个重要分支，在经济的发展中起着越来越重要的作用。

一、甲醇的性质和用途

1. 物理性质

　　甲醇是最简单的饱和脂肪酸，分子式 CH_3OH，分子量 32.04。常温常压下，纯甲醇是无色透明、易挥发、可燃、略带醇香味的有毒液体。主要物理性质有：

（1）可溶性　甲醇可以和水以及乙醇、乙醚等许多有机液体无限互溶，但不能与脂肪烃类化合物相互溶。甲醇水溶液的性质是甲醇的重要物理性质，对于甲醇应用、精制以及环境保护方面具有重要的作用。其密度随甲醇浓度和温度的增加而减小；甲醇水溶液的沸点随液相中甲醇浓度的增加而降低；相同温度压力下，气相中甲醇浓度大于液相中甲醇浓度，尤其是当甲醇液相浓度较小时，甲醇的闪点较低。纯甲醇的闪点为16℃。

甲醇属强极性有机化合物，具有很强的溶解能力，能和多种有机溶液互溶，并形成共沸混合物。甲醇对气体的溶解能力也很强，特别是对二氧化碳和硫化氢的溶解能力很强，可作为洗涤剂用于工业脱除合成气中多余的二氧化碳和硫化氢有害气体。甲醇对一氧化碳气体的强吸附成为甲醇和一氧化碳反应体系的有利因素。

（2）爆炸性　甲醇蒸气和空气混合能形成爆炸性混合物，爆炸极限为6.0%～36.5%（体积分数）。

（3）毒害性　甲醇属剧毒化合物，一般认为甲醇是一种强烈的神经和血管毒物。口服5～10mL可以引起严重中毒，10mL以上造成失明，60～250mL致人死亡。甲醇可以通过消化道、呼吸道和皮肤等途径进入人体。甲醇轻度中毒的症状表现为头痛、头晕、失眠、乏力、咽干、胸闷、腹痛、恶心、呕吐及视力减退；中度中毒症状表现为神志模糊、眼球疼痛，由于视神经萎缩而导致失明；重度中毒症状表现为剧烈头痛、头昏、恶心、意识模糊、双目失明，具有癫痫样抽搐、昏迷，最后因呼吸衰竭而死亡。

防止甲醇中毒措施：可能接触其蒸气时，应该佩戴过滤式防毒面罩（半面罩）；紧急事态抢救或撤离时，建议佩戴空气呼吸器、戴化学安全防护眼镜、穿防静电工作服、戴橡胶手套；甲醇工作场所禁止吸烟、进食和饮水；工作完毕应淋浴更衣；定期体检等。

2. 化学性质

甲醇可进行氧化、酯化、羰基化、胺化、脱水等反应。甲醇裂解产生CO和H_2是制备CO和H_2的重要化学方法。

（1）氧化反应　甲醇在电解银催化剂上被空气氧化成甲醛是重要的工业制备甲醛方法。

$$CH_3OH + \frac{1}{2}O_2 \longrightarrow HCHO + H_2O$$

甲醛进一步氧化生成甲酸：

$$HCHO + \frac{1}{2}O_2 \longrightarrow HCOOH$$

甲醇在Cu-Zn/Al_2O_3催化剂作用下发生部分氧化：

$$CH_3OH + \frac{1}{2}O_2 \longrightarrow 2H_2 + CO_2$$

甲醇完全燃烧时氧化成CO_2和H_2O，放出大量热：

$$CH_3OH + \frac{3}{2}O_2 \longrightarrow 2H_2O + CO_2$$

（2）酯化反应　甲醇可与多种无机酸和有机酸发生酯化反应。甲醇和硫酸发生酯化反应可制取重要的甲基化试剂硫酸二甲酯：

$$CH_3OH + H_2SO_4 \longrightarrow CH_3OSO_2OH + H_2O$$
$$CH_3OSO_2OH + CH_3OH \longrightarrow CH_3OSO_2OCH_3 + H_2O$$

甲醇和甲酸反应生成甲酸甲酯：

$$CH_3OH + HCOOH \longrightarrow HCOOCH_3 + H_2O$$

（3）羰基化反应　甲醇和光气发生羰基化反应生成氯甲酸甲酯，进一步反应生成碳酸二甲酯：

$$CH_3OH + COCl_2 \longrightarrow CH_3OCOCl + HCl$$

$$CH_3OCOCl + CH_3OH \longrightarrow (CH_3O)_2CO + HCl$$

以碘化铑作催化剂（3MPa，160℃），甲醇和 CO 发生碳基化反应生成醋酸或醋酸酐：

$$CH_3OH + CO \longrightarrow CH_3COOH$$

$$CH_3OH + CO \longrightarrow (CH_3CO)_2O + H_2O$$

以 $CuCl_2$ 作催化剂（3MPa，130℃），甲醇和 CO、氧气发生氧化羰基化反应生成碳酸二甲酯：

$$CH_3OH + CO \xrightarrow{O_2} (CH_3O)_2CO + H_2O$$

在碱催化剂作用下，甲醇和 CO_2 发生羰基化反应生成碳酸二甲酯：

$$CH_3OH + CO_2 \longrightarrow (CH_3O)_2CO + H_2O$$

以甲醇钠为催化剂（5~6MPa，80~100℃），甲醇和 CO 发生羰基化反应可生成甲酸甲酯：

$$CH_3OH + CO \longrightarrow HOOCCH_3$$

（4）**胺化反应**　以活性氧化铝或分子筛作催化剂（5~20MPa，370~420℃），甲醇和氨发生反应生成一甲胺、二甲胺和三甲胺的混合物，经精馏分离可得一甲胺、二甲胺和三甲胺产品。

$$CH_3OH + NH_3 \longrightarrow CH_3NH_2 + H_2O$$

$$2CH_3OH + NH_3 \longrightarrow (CH_3)_2NH + 2H_2O$$

$$3CH_3OH + NH_3 \longrightarrow (CH_3)_3N + 3H_2O$$

（5）**脱水反应**　甲醇在高温和酸性催化剂如 ZSM-5、$\gamma\text{-}Al_2O_3$ 作用下分子间脱水生成二甲醚：

$$2CH_3OH \longrightarrow (CH_3)_2O + H_2O$$

（6）**裂解反应**　在铜催化剂上，甲醇可裂解成 CO 和 H_2：

$$CH_3OH \longrightarrow 2H_2 + CO$$

若裂解过程中有水蒸气存在，则发生水汽转化反应：

$$CO + H_2O \longrightarrow H_2 + CO_2$$

即甲醇水蒸气重整反应：

$$CH_3OH + H_2O \longrightarrow 3H_2 + CO_2$$

（7）**氯化反应**　甲醇和氯化氢在 ZnO/ZrO 催化剂上发生氯化反应可生成一氯甲烷、二氯甲烷和三氯甲烷：

$$CH_3OH + HCl \longrightarrow CH_3Cl + H_2O$$

$$CH_3OH + HCl + O_2 \longrightarrow CH_2Cl_2 + H_2O$$

$$CH_3Cl_2 + HCl + O_2 \longrightarrow CHCl_3 + H_2O$$

（8）**其他反应**　甲醇和异丁烯在酸性离子交换树脂的催化作用下生成甲基叔丁基醚（MTBE）：

$$CH_3OH + CH_2=C(CH_3)_2 \longrightarrow CH_3-O-C(CH_3)_3$$

甲醇和苯在催化剂的作用下（3.5MPa，350~380℃）可生成甲苯：

$$CH_3OH + C_6H_6 \longrightarrow C_6H_5CH_3 + H_2O$$

甲醇在硅铝磷酸盐分子筛（SAPO-34）催化作用下（0.1~0.5MPa，350~500℃），生成低碳烯烃：

$$CH_3OH \longrightarrow CH_2{=}CH_2 + H_2O$$

$$CH_3OH \longrightarrow CH_2{=}CH{-}CH_3 + H_2O$$

750℃下，甲醇在 Ag/ZSM-5 催化剂作用下生成芳烃：

$$CH_3OH \longrightarrow C_6H_6 + H_2O + H_2$$

240～300℃，0.1～1.8MPa 下，甲醇和乙醇在 Cu/Zn/Al/Zr 催化作用下生成乙酸甲酯：

$$CH_3OH + CH_3CH_2OH \longrightarrow CH_3COOCH_3 + H_2$$

220℃，20MPa 下甲醇在钴催化剂的作用下发生同系化反应生成乙醇：

$$CH_3OH \xrightarrow{Co} CH_3CH_2OH + H_2O$$

3. 用途

甲醇是重要的化工原料，甲醇进一步加工，可制得甲胺、甲醛、甲酸及其他多种有机化工产品。甲醇作为甲基化剂，可生产甲胺、甲烷氯化物、丙烯酸甲酯、甲基丙烯酸甲酯、对苯二甲酸二甲酯等；甲醇羰基化可生产醋酸、醋酸酐、甲酸甲酯、碳酸二甲酯等。近年来，甲醇低压羰基化生产醋酸，甲醇合成乙二醇、乙醛、乙醇、甲醇合成烯烃等工艺正在日益得到快速发展，以甲醇为原料的现代煤化工技术越来越受到重视。除此之外，甲醇作为重要的化工原料，在农药、染料、医药、合成树脂与塑料、合成橡胶、合成纤维等工业中得到广泛的应用。

近年来，甲醇制取二甲醚受到业界普遍重视，产业发展迅速，二甲醚具有无污染、燃烧热值高等优点，不但可以用作民用燃料，还能够作为柴油替代产品。近年来，通过甲醇制烯烃（MTO 和 MTP）也越来越受到重视，产业化发展非常迅速。截至 2016 年年底，中国煤（甲醇）基烯烃产能 1162 万吨/年，占聚烯烃总产能的 28.7%。甲醇制烯烃俨然已成为国内现代煤化工的热点，也被认为是世界上工业化前景最为乐观的新型烯烃技术路线。而通过甲醇制取甲醇蛋白预计会成为生物化工的新方向。甲醇蛋白是一种由单细胞组成的蛋白，它以甲醇为原料，作为培养基，通过微生物发酵而制得。由于工业微生物技术的发展，以稀甲醇为基质生产甲醇蛋白的工艺在国外已工业化，大型化装置已投产，在国内也正在研究开发。我国饲养业对蛋白质需求量很大，发展甲醇蛋白的工业前景光明。

甲醇不仅是重要的化工原料，而且还是性能优良的燃料，燃烧性能良好、辛烷值高、抗爆性能好，燃烧时无烟，燃烧速度快、放热快、热效率高、污染少，被称为新一代清洁燃料。甲醇可直接用作汽车燃料，也可与汽油掺和使用（汽油中掺入甲醇后，提高了辛烷值，避免了添加四乙基铅对大气的污染），或用于发电站或柴油机的燃料，或经 ZSM-5 分子筛催化剂转化为汽油，制得抗震性能好，硫、氯等含量低的优质汽油，或与异丁烯反应生成高辛烷值的汽油添加剂甲基叔丁基醚等。

二、甲醇生产趋势

从发展趋势来看，今后以煤炭为原料生产甲醇的比例会上升。近十年来，国内外甲醇生产技术发展很快，除了普遍采用低压法操作以外，在生产规模、节能降耗、催化剂开发、过程控制等领域都有新的突破。

1. 生产规模大型化

甲醇生产技术发展的趋势之一是单系列、大型化。随着汽轮机驱动的大型离心压缩机研制成功，为合成气压缩机、循环机的大型化提供了条件。大型气流床煤气化炉、烃类蒸气转化炉的开发与应用，也为甲醇装置大型化创造了条件。

2. 合成催化剂高效化

甲醇合成催化剂最初为锌-铬催化剂，锌-铬催化剂活性温度高，需在高压（30～32MPa）下操作，且粗甲醇产品质量较差。后来发展为铜-锌-铝催化剂，从 20 世纪 60 年代后期使用至今，该催化剂活性温度低（220～280℃）、操作压力低。如 ICI51-1、TopsoeMK-101、德国 GL-104、三菱 MGC、德国 BASF 等。现在又开发了新一代铜系催化剂。英国 ICI51-3 型催化剂，铜相活性组分载于特殊设计的载体铅酸锌（$ZnAl_2O_4$）上，使催化剂强度高、活性高、选择性好、甲醇产率进一步提高，副产物少，使用寿命提高 50％。最近又推出一种 ICI51-7 型催化剂，其活性和稳定性更高，废气、废液更少，已在澳大利亚 BHP 公司建设的 5.6 万吨/年工业装置上使用。

3. 节能降耗更优化

甲醇生产成本中能源费用占较大比重，因此国内外把甲醇生产技术改进的重点放在采用低能耗工艺，充分回收与合理利用能量等方面。

在甲醇的合成中采用低压合成法，可大幅度减少压缩机功耗，有效利用甲醇合成反应热，如鲁奇甲醇合成塔，可产生 4MPa 压力的蒸气；降低合成塔阻力，如采用 Topsøe、Casale、林德式径向甲醇合成塔，可增大循环量，并采用较小颗粒催化剂，提高活性。

甲醇精馏工艺的节能主要是采用三塔流程，第二塔（加压主塔）塔顶馏分的冷凝热作为第三塔（常压主塔）的热源；改进精馏塔板结构；充分利用造气、合成的热量作为精馏工序低压蒸气的热源。

甲醇装置的热力系统设计有一套完整的热回收系统，把工艺过程余热充分利用，产生高压蒸气，既提供工艺蒸气与加热介质，又提供了各转动设备所需的动力，减少外供电耗。

4. 生产操作自动化

甲醇生产是连续操作、技术密集的工艺，目前正向高度自动化操作发展。如在甲醇原料气烃类蒸气转化工序中，采用自动控制系统控制反应温度。甲醇合成工序采用计算机控制以及屏幕显示（CRT）和人-机通信方式。

第二节　甲醇合成

一、甲醇合成原理

1. 化学反应

合成甲醇的主要化学反应为 CO 和 H_2 在多相铜基催化剂上的反应：
$$CO+2H_2 \rightleftharpoons CH_3OH(g) \qquad -90.8kJ/mol$$
反应气体中含有 CO_2 时，发生以下反应：
$$CO_2+3H_2 \rightleftharpoons CH_3OH(g)+H_2O \quad -49.5kJ/mol$$
同时 CO_2 和 H_2 发生 CO 的逆变换反应：
$$CO_2+H_2 \rightleftharpoons CO+H_2O(g) \qquad +41.3kJ/mol$$
反应过程中除生成甲醇外，还伴随一些副反应的发生，生成少量的烃、醇、醛、醚、酸和酯等化合物。这些副反应的产物还可以进一步发生脱水、缩合、酰化或酮化等反应，生成烯烃、酯类、酮类等副产物。当催化剂中含有碱类化合物时，这些化合物的生成更快。副产物不仅消耗原料，而且影响甲醇的质量和催化剂的寿命。尤其是生成甲烷的反应为一个强放热反应，不利于反应温度的操作控制，且甲烷不能随着产品冷凝，在循环系统中循环，更不利于主反应的化学平衡和反应速率。

2. 甲醇合成反应的特点

（1）放热反应　甲醇合成是一个可逆放热反应，为了使反应过程能够向着有利于生成甲醇的方向进行，适应最佳温度曲线的要求，达到较好的产量，需及时移走热量。

（2）体积缩小反应　从化学反应可以看出，无论是 CO 还是 CO_2 分别与 H_2 合成 CH_3OH，都是体积缩小的反应，因此压力增高，有利于反应向着生成 CH_3OH 的方向进行。

（3）可逆反应　即在 CO、CO_2 和 H_2 合成生成 CH_3OH 的同时，甲醇也分解为 CO_2、CO 和 H_2，合成反应的转化率与压力、温度和氢碳比 $f = (H_2 - CO_2)/(CO + CO_2)$ 有关。

（4）催化反应　在有催化剂时，合成反应才能较快进行。

二、甲醇合成催化剂

随着英国 ICI 公司铜-锌-铝催化剂的研制成功，甲醇生产进入了低温（220～280℃）、中低压（5～10MPa）时代。近年来，低压铜基催化剂的使用逐渐普遍，各种新型甲醇催化剂层出不穷，无论活性、选择性、寿命等各方面均大大超过前代产品，从而推动甲醇生产实现了长周期、低能耗、低成本运行。

1. 铜基催化剂

（1）CuO-ZnO-Al_2O_3 催化剂　英国 ICI 公司开发的 CuO-ZnO-Al_2O_3 催化剂是比较有代表性的铜基催化剂。目前该类催化已广泛使用于工业装置中。各种催化剂性能比较见表 6-1。

表 6-1　CuO-ZnO-Al_2O_3 合成甲醇催化剂性能比较

催化剂型号	温度/℃	压力/MPa	空速/h^{-1}	生产能力/[kg/(L·h)]	研制单位
ICI 51-2	250	5	10000	1.02	ICI
ICI 51-3	250	5	10000	1.04	ICI
MK-101	250	5	10000	1.04	托普索
S79-4	250	5	10000	1.02	BASF
Academic	250	5	10000	0.3	Academic
C 306	250	5	10000	0.9	南化院
XNC-98	250	5	10000	1.05	天科股份
C307	250	5	10000	1.0	南化院

注：合成气组分体积分数为 $V(CO) = 10\%$，$V(CO_2) = 12\%$，$V(CH_4) = 9\%$，$V(H_2) = 69\%$。

（2）CuO-ZnO-Cr_2O_3 催化剂　铜-锌-铬催化剂是在铜-锌催化剂的基础上发展起来的，其中 BASF 开发 $w(CuO) : w(ZnO) : w(Cr_2O_3) = 31 : 38 : 5$，ICI 开发的 $w(CuO) : w(ZnO) : w(Cr_2O_3)$ 为 $40 : 40 : 20$、$24 : 38 : 38$，催化剂的性能比较见表 6-2。

表 6-2　CuO-ZnO-Cr_2O_3 合成甲醇催化剂性能比较

催化剂	温度/℃	压力/MPa	空速/h^{-1}	生产能力/[kg/(L·h)]	研制单位
BASF	230	5	10000	0.755	BASF
ICI	240	8	10000	0.77	ICI

注：合成气组分为 $V(CO) = 10\%$，$V(CO_2) = 12\%$，$V(CH_4) = 9\%$，$V(H_2) = 69\%$。

铜-锌-铬催化剂在低压合成甲醇工艺中具有很好的活性，由于 Cr_2O_3 对人体有毒害，易对环境造成污染，因此铜-锌-铬催化剂将被逐步淘汰。

（3）$CuO\text{-}ZnO\text{-}Al_2O_3(K_2O)$ 催化剂　　低压合成甲醇的 $CuO\text{-}ZnO\text{-}Al_2O_3$ 催化剂经碱金属（如钾）改性后获得低碳醇催化剂。在此催化体系上，CO 与 H_2 合成产物以甲醇为主，研究发现钾在催化剂中存在的最佳含量为 1% 左右。

（4）$CuO\text{-}ZnO\text{-}Al_2O_3\text{-}V_2O_3$ 催化剂　　西南化工研究设计院开发的 C302 是比较有代表性的 $CuO\text{-}ZnO\text{-}Al_2O_3\text{-}V_2O_3$ 催化剂。该催化剂在 $220\sim270℃$，$4\sim12MPa$，$8000\sim15000h^{-1}$ 空速下表现出很好的活性，与德国 GL-104、S79-4 和丹麦的 MK-101 型催化剂相比，甲醇产率更高，且粗甲醇的有机杂质仅为 0.129%，远低于 GL-104、S79-4 和丹麦的 MK-101。该催化剂的耐热性好，使用寿命在 2 年以上，广泛用于低压合成甲醇装置。

鲁奇公司研制的 GL-104 催化剂（$CuO\text{-}ZnO\text{-}Al_2O_3\text{-}V_2O_3$），其中 $w(CuO):w(ZnO):w(Al_2O_3):w(V_2O_3)=59:32:4:5$。该催化剂在 250℃ 和 5MPa 的操作条件下表现出很好的活性。工业化的 $CuO\text{-}ZnO\text{-}Al_2O_3\text{-}V_2O_3$ 合成甲醇催化剂性能比较见表 6-3。

表 6-3　$CuO\text{-}ZnO\text{-}Al_2O_3\text{-}V_2O_3$ 合成甲醇催化剂性能比较

催化剂	温度/℃	压力/MPa	空速/h^{-1}	生产能力/[$kg/(L \cdot h)$]	研制单位
C302	250	5	10000	1.01	西南院
GL-104	250	5	10000	0.98	Lurgi 公司

V_2O_3 的加入提高了催化剂的耐热性，同时也提高了催化剂的选择性，但该催化剂对硫十分敏感，这是铜基催化剂合成甲醇的弱点。

2. 催化剂的改进

由于铜基催化剂的选择性可达 99% 以上，所以新型催化剂的研制方向在于进一步提高催化剂的活性、改善催化剂的热稳定性以及延长催化剂的使用寿命。新型催化剂的研究大多基于过渡金属、贵重金属等，但与传统（或常规）催化剂相比较，其活性并不理想。例如，以贵重金属钯为主催化组分的催化剂，其活性提高幅度不大，有些催化剂的选择性反而降低。此外，由于原料气中存在少量的 H_2S、CS_2、Cl_2 等，极易导致铜基催化剂中毒，因此耐硫催化剂的研制越来越引起重视。

3. 国内甲醇合成催化剂的工业应用

随着近几年甲醇需求的快速增长，国内甲醇催化剂市场发展也很快。目前在国内低压合成甲醇催化剂应用领域中，具有代表性的工业催化剂有 C79-7GL、ICI51-8、ICI51-9、MK121、C302、C306、C307、XNC-98 等。从目前国内市场份额来看，国产甲醇催化剂仍然占据绝对优势，但与国外催化剂相比，在催化剂的使用效果上，国产催化剂还需要在催化剂时空收率、催化剂选择性、使用寿命等方面进行改进。当然，国产甲醇催化剂也有自己的优点。如催化剂价格相对较低，性价比高；装置投资额、售后服务成本和态度等方面具有自己的优势。

目前，我国甲醇生产所用催化剂很大一部分是南化集团研究院开发的，如联醇催化剂 C207 型、C207-1 型、NC501 型，低压合成甲醇催化剂 C301-1 型、NC501-1 型、C306 型和 C307 型等。C306 型催化剂先后在榆林、荆门、大庆、长庆和鲁南等 15 个厂家使用，增产节能显著。目前，该产品已在国内 16 家共 19 套低压合成甲醇装置中使用，应用表明，该催化剂活性好，甲醇产量高。C307 型催化剂于 2002 年 6 月首次在湖北中天荆门化工有限公司 30kt/a 低压甲醇装置上使用，取得了很好的效果，随后又在陕西榆林天然气化工有限公司 60kt/a、山东鲁南化肥厂 100kt/a 等 20 多套低压甲醇装置上投入使用，增产节能显著，工业运行表明该催化剂具有外观良好、机械强度高；选择性好、副反应少；低温活性好；生产强度大、产醇量高等特点。

三、甲醇合成的工艺条件

1. 温度对甲醇合成反应的影响

甲醇的合成反应是一个可逆放热反应。根据化学平衡，随着温度的提高，甲醇平衡常数数值将降低。但反应速率随着温度提高会加快，因而存在一个最佳反应温度范围。对不同的催化剂，使用温度范围是不同的。因此，选择合适的操作温度对甲醇的合成至关重要。

一般 Zn-Cr 催化剂的活性温度为 350~420℃。铜基催化剂的活性温度为 200~290℃。每种催化剂在活性温度范围内又有适当的操作温度区间，如 Zn-Cr 催化剂在 370~380℃，铜基催化剂为 250~270℃，但不能超过催化剂的耐热允许温度，如铜基催化剂一般不超过300℃。此外，甲醇合成反应温度提高会导致副反应增多，使生成的粗甲醇中有机杂质等组分的含量也增多，给后期粗甲醇的精馏加工带来困难。

实际生产中，为保证催化剂有较长的使用寿命和尽量减少副反应，应尽可能在较低温度下操作（在催化剂使用初期，反应温度宜维持较低的数值，随着使用时间增长，逐步提高反应温度）。例如，冷管型 CH_3OH 合成塔，铜基催化剂的使用可控制在 230~240℃，热点温度为 260℃左右，后期可控制床层温度 270~280℃，热点温度为 290℃左右。

2. 压力对甲醇合成反应的影响

甲醇的合成反应是体积收缩的反应，因此，单纯地从动力学的角度看，增加压力，提高了反应物分压，反应向生成甲醇的方向移动，加快了正反应同时对抑制副反应、提高甲醇质量有利。所以，提高压力对反应是有利的。但确定反应压力，不但要考虑反应速率，还应考虑功耗、设备和材料、催化剂的特性等因素。如不同类型的催化剂对合成压力有不同的要求，Zn-Cr 催化剂的操作压力一般要求为 25~35MPa；而铜基催化剂由于其活性温度为230~290℃，甲醇合成压力也要求较低，采用铜基催化剂可在 5MPa 的低压下操作。

3. 空速对甲醇合成反应的影响

气体与催化剂接触时间的长短，通常以空速来表示，即单位时间内，每单位体积催化剂所通过的气体量。其单位是 $m^3/(m^3$ 催化剂·h)（标准状况），简写为 h^{-1}。

空速是调节甲醇合成塔温度及产醇量的重要手段，影响选择性和转化率，直接关系到催化剂的生产能力和单位时间的放热量。甲醇合成的空速受到系统压力、气量、气体组成和催化剂性能等诸多因素影响。例如，对 $ZnO-Cr_2O_3$ 催化剂，空速控制在 20000~40000h^{-1}；而 $CuO-ZnO-Al_2O_3$ 催化剂，则在 10000h^{-1}左右。

4. 气体组成对甲醇合成反应的影响

（1）氢与一氧化碳的比例的影响   根据甲醇合成主反应式：$CO+2H_2 \rightleftharpoons CH_3OH$ 和 $CO_2+3H_2 \rightleftharpoons CH_3OH+H_2O$ 可知，氢与一氧化碳合成甲醇的摩尔比为2，与二氧化碳合成甲醇的摩尔比为3，当一氧化碳与二氧化碳都有时，对原料气中氢碳比（f 或 M 值）有以下两种表达方式：

$$f=(H_2-CO_2)/(CO+CO_2)=2.05~2.15$$
$$或 M=H_2/(CO+1.5CO_2)=2.0~2.05$$

不同原料采用不同工艺所制得的原料气组成往往偏离上述 f 值或 M 值。例如，用重油或煤为原料所制的粗原料气氢碳比太低，需要设置变换工序使过量的 CO 变换为 H_2 和 CO_2，再将过量 CO_2 除去。

生产中合理的氢碳比应比化学计量比略高些，按化学计量比值，f 值或 M 值约为 2，实际控制得略高于 2，即通常保持略高的氢含量。例如：在鲁奇合成流程中，甲醇合成塔入口气 CO 占 10.53%、CO_2 占 3.16%、H_2 占 76.40%；在托普索合成流程中，合成循环气中含 CO5%、$CO_2$5%、$H_2$90%。

（2）惰性气体含量的影响　甲醇原料气的惰性气体是指除了主要组分 CO、CO_2、H_2 外的氮气、氩气及其他不凝性的有机化合物，其来源于原料气及合成甲醇过程的副反应。惰性气体不参与 CH_3OH 的合成反应，会逐渐积累而增多，降低 CO、CO_2、H_2 的有效分压，对合成甲醇反应不利，动力消耗也会增加。因此需要经常排放循环气中的一部分气体来维持惰性气体的一定含量。

惰性气体的控制原则：在催化剂使用初期活性较好，或者是合成塔的负荷较轻、操作压力较低时，可将循环气中惰性气含量控制在 20%~25%；反之，控制在 15%~20%。其主要方法是排放粗甲醇分离器后的气体。

（3）CO_2 与 CO 比例的影响　合成甲醇原料气中保持适量的 CO_2 能促进铜基催化剂上甲醇合成的反应速率，保持催化剂的高活性也使得甲醇合成的热效应比没有 CO_2 存在时小，催化床温易于控制，这对防止生产过程中催化剂超温及延长催化剂使用寿命有利。但 CO_2 含量过高，会造成粗甲醇中含水量增多，降低压缩机生产能力，增加了气体压缩和精馏粗醇的能耗。因此，CO_2 在原料气中的最佳含量应根据甲醇合成所用催化剂与甲醇合成操作温度作相应调整。在铜基催化剂的反应体系中，原料气中 CO_2 的含量通常在 6%（体积分数）左右，最大允许 CO_2 含量为 12%~15%。

（4）入塔甲醇含量的影响　入塔甲醇含量越低，越有利于甲醇合成反应的进行，也可减少高级醇等副产物的生成。为此，应尽可能降低水冷却器温度，努力提高甲醇分离器效率，使循环气和入甲醇塔的气体中甲醇含量降到最低限。低压合成甲醇法通常要求冷却分离后气体中的甲醇含量为 0.6% 左右。一般控制水冷却器后的气体温度为 20~40℃。

5. 甲醇合成催化剂对原料气净化的要求

目前工业合成甲醇广泛采用的催化剂为 Cu-Zn-Al 系催化剂。虽活性高、选择性好，但对毒物极为敏感，容易中毒失活，降低使用寿命。其中主要的影响因素为中毒和烧结。为了延长甲醇合成催化剂的使用寿命，提高粗甲醇的质量，必须对原料气进行净化处理，以清除油、水、尘粒、羰基铁、氯化物及硫化物等，尤其是硫化物。导致甲醇催化剂中毒失活的因素主要集中在以下几个方面：①硫及硫的化合物；②氯及氯的化合物；③羰基金属等金属毒物；④微量氨；⑤油污。

6. 几种典型甲醇合成工艺条件

以下是鲁奇法、ICI 法及林德法低压甲醇合成技术对比，见表 6-4。

表 6-4　鲁奇法、ICI 法和林德法低压甲醇合成技术对比

项目	鲁奇法	ICI 法	林德法
合成压力/MPa	5.0~8.0	5.0~10.0	5.0~10.0
合成反应温度/℃	225~250	230~270	220~250
催化剂组成	Cu-Zn-Al-V	Cu-Zn-Al	Cu-Zn-Al
空时产率/[t/(m^3·h)]	0.65	0.78	0.65~0.78
进塔气中 CO 含量/%	约 12	约 9	9~12
出塔气中 CH_3OH 含量/%	5~6	5~6	5~6

续表

项目	鲁奇法	ICI 法			林德法
循环气∶合成气	5∶1	(5~8)∶1			(4~5)∶1
合成塔形式	列管型	冷激型	冷管型	冷管产蒸汽型	盘管式
设备尺寸	设备紧凑	较大	紧凑	紧凑	紧凑
合成反应热利用	反应热副产蒸汽	不利用反应热	不利用反应热	反应热副产蒸汽	反应热副产2.5~3.5MPa蒸汽
合成开工设备	不设加热炉	有加热炉			不专门设加热炉
甲醇精制	三塔流程	两塔流程			三塔流程
技术特点	适用于高CO合成气,合成气副产中压蒸汽	便于调温,合成甲醇值较低			适用于高CO合成气,副产中压蒸汽
设备结构及造价	列管式设备制造材料和焊接要求高,造价高,设备更新压力外壳无法使用	冷激型结构简单,造价低,设备更新只需换内件　冷管型结构复杂,气液换热渗漏已造成事故,设备更新只需换内件			盘管式设备制造材料和焊接要求,设备更新只需换内件

四、甲醇合成反应器

甲醇合成塔有激冷式合成塔、冷管式合成塔、水管式合成塔、固定管板列管合成塔、多床内换热式合成塔等几类,大型甲醇合成装置宜采用水管式合成塔、固定管板列管合成塔、多床内换热式合成塔等塔型。甲醇反应器按物料相态分为气相反应器(如ICI、鲁奇低压合成反应器)、液相反应器和气液固三态反应器(如GSSTFR气-固-滴流流动反应器);按床型分为固定床反应器、浆态床反应器和流化床反应器;按反应气流向分为轴向反应器、径向反应器及轴-径向反应器;按冷却介质种类分为自热式(冷却剂为原料气)、外冷式,外冷式反应器又可分为管壳式与冷管式反应器;按反应器组合方式分为单式反应器与复式反应器。ICI、鲁奇的低压反应器为单式反应器,绝热管壳反应器、内冷管壳反应器等为复合反应器。

几种主要甲醇合成塔的比较见表6-5。

表 6-5　几种主要甲醇合成塔的比较

合成塔类型	ICI冷激合成塔	鲁奇合成塔	Casale合成塔	林德等温合成塔	Topsøe合成塔	MRF合成塔
气体流动方式	轴向	轴向	轴-径向	轴向	径向	径向
控温方式	冷激	回收热量	气气换热	螺旋蛇管回收热量	外部换热	回收热量(内冷)
生产能力/(t/d)	2300	1250	5000	750	5000	>10000
碳效率/%	98.3		99.3			
催化剂相对体积	1		0.8		0.8	0.8

第三节　甲醇生产工艺

一、甲醇合成的生产工艺

1.合成甲醇的原则流程

由于化学平衡的限制,合成甲醇通过甲醇反应器不可能全部转化为甲醇,反应器出口气体中甲醇的摩尔分数仅有3%~5%,大量的未反应气体CO、CO_2和H_2需与甲醇分离,然后进一步压缩返回到反应器中，合成甲醇的原则流程见图 6-1。

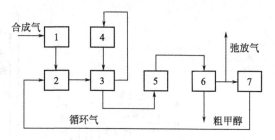

图 6-1　甲醇合成原则流程
1—新鲜气压缩机；2—滤油器；3—热交换器；
4—甲醇合成塔；5—水冷却器；
6—甲醇分离器；7—循环气压缩机

为避免合成过程中未反应的惰性气体在系统中积累，在粗甲醇分离器后、循环压缩机前进行排放。

工业上生产甲醇的方法有多种，有低压法、中压法和高压法。目前主要是中、低压法，高压法由于在能耗和经济效益方面无法与中、低压法竞争而逐渐被淘汰。高、中、低压法几乎都是采用一氧化碳、二氧化碳加压催化氢化法合成甲醇。典型的甲醇生产流程包括原料气制造、原料气净化、甲醇合成、粗甲醇精馏等工序。图 6-2 为煤制甲醇典型工艺路线。

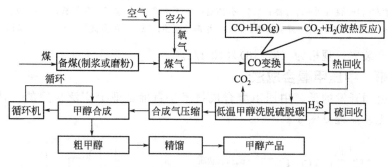

图 6-2　煤制甲醇典型工艺路线

2. 低压甲醇合成法

低压法是操作压力为 5MPa，反应温度在 230～270℃ 范围内，空速 6000～10000h^{-1}，使用铜基低温高活性催化剂生产甲醇的工艺，主要的低压合成法有 4～8MPa 帝国化学公司（ICI）、德国鲁奇（Lurqi）的工艺、国内的 Linde 工艺。其中，英国 ICI 公司首次采用了低压法合成甲醇，合成压力为 5MPa，这是甲醇生产工艺上的一次重大变革。

ICI 低压法甲醇合成工艺流程如图 6-3 所示。合成气经离心式压缩机升压至 5MPa，与循环压缩后的循环气混合，大部分混合气经热交换器预热，于 230～245℃进合成塔，一小部分混合气作为合成塔冷激气，控制床层反应温度。在合成塔内，气体在低温高活性的铜基催化剂（ICI51-1 型）上合成甲醇，反应在 230～270℃ 及 5MPa 下进行。合成塔出口气经热交换器换热，再经水冷分离，得到粗甲醇，未反应气返回循环机升压，完成一次循环。为了使合成回路中的惰性气体含量维持在一定范围内，在进循环机前弛放一股气体作为燃料。粗甲醇在闪蒸器中降压至 0.35MPa，使溶解的气体闪蒸，也作为燃料使用。合成采用低温 ICI51-1 型铜基催化剂，可抑制强放热的甲烷化反应及其他副反应。粗甲醇中杂质含量低，减轻了精馏负荷。

ICI 低压法工艺特点：由于采用了 ICI51-1 和 ICI51-2 铜基催化剂，其活性比锌-铬催化剂高，同时可以抑制强放热的烷基化等副反应，便于粗甲醇的精制，且反应物料利用率高。合成塔的设计结构简单，可快速更换催化剂，延长开工时间，生产费用比高压法节约 30% 左右。

中国西南化工院也开发成功了低压法（5.0MPa）合成甲醇技术与催化剂，并在国内建

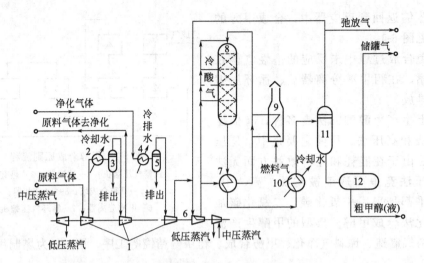

图 6-3 ICI 低压法甲醇合成工艺流程

1—原料气压缩机；2—冷却器；3,5—分离器；4—冷却器；6—循环气压缩机；7—热交换器；

8—甲醇合成塔；9—开工加热器；10—甲醇冷凝器；11—甲醇分离器；12—中间储槽

有多套工业生产装置，规模为 (5~10)×10⁴ t/a。

3. 鲁奇低、中压甲醇合成法

德国鲁奇公司开发的低、中压甲醇合成技术是目前工业上广泛采用的一种甲醇生产方法，其典型的工艺流程见图 6-4。

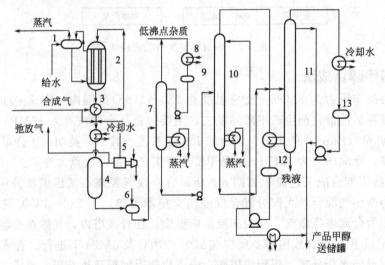

图 6-4 鲁奇低、中压法甲醇合成工艺

1—汽包；2—合成反应器；3—废热锅炉；4—分离器；5—循环透平压缩机；6—闪蒸罐；7—初馏塔；

8—回流冷凝器；9,12,13—回流槽；10—第一精馏塔；11—第二精馏塔

（1）工艺流程 合成原料气经冷却后，送入离心式透平压缩机，压缩至 5~10MPa 压力后，与循环气体以 1:5 的比例混合。混合气经废热锅炉预热，升温至 220℃ 左右，进入管壳式合成反应器，在铜基催化剂存在下反应生成甲醇。催化剂装在管内，反应热传给壳程的水，产生的蒸汽进入汽包。出反应器的气体温度约 250℃，含甲醇 7% 左右，经换热冷却至 85℃，再用空气和水分别冷却，分离出粗甲醇，未凝气体经压缩返回合成反应器。冷凝的粗甲醇送入闪蒸罐，经闪蒸后送至精馏塔精制。粗甲醇首先在初馏塔中脱除二甲醚、甲酸甲酯

以及其他低沸点杂质；塔釜物料即进入第一精馏塔精馏，精甲醇从塔顶取出，气态精甲醇作为第二精馏塔再沸器的加热热源。由第一精馏塔塔底出来的含重馏分的甲醇在第二精馏塔中精馏，塔顶采出精甲醇，塔釜为残液。从第一精馏塔和第二精馏塔来的精甲醇经冷却至常温后，送产品甲醇储槽。

（2）工艺技术特点

① 合成反应器采用管壳型，催化剂装在管内，水在管间沸腾，反应热以高压蒸汽形式被带走，用以驱动透平压缩机。催化剂温度分布均匀。有利于提高甲醇产率，抑制副反应的发生和延长催化剂使用寿命。合成反应器在低负荷或短时间局部超负荷时也能安全操作，催化剂不易发生过热现象。

② 合成催化剂中添加了钒（$CuO\text{-}ZnO\text{-}Al_2O_3\text{-}V_2O_5$），可提高催化剂晶粒抗局部过热的能力，有利于延长催化剂的寿命。

③ 管壳型合成反应器在经济上有较大的优越性，可副产 3.5～5.5MPa 的蒸汽。每吨甲醇可产生 1～1.4t 蒸汽。

④ 原料气是由顶部进入合成反应器，当原料气中硫、氯等有毒物质未除干净时，只有顶部催化层受到污染，影响其活性和寿命，而其余部分不受污染。

4. 联醇的生产

中小合成氨厂可以在炭化或水洗与铜洗之间设置甲醇合成工序，生产合成氨的同时联产甲醇，称之为串联式联醇工艺，简称联醇。联醇生产是我国自行开发的一种与合成氨生产配套的新型工艺。目前，联醇产量占我国甲醇总产量的 40% 左右。

（1）联醇生产工艺流程简述　联醇生产形式有多种，通常采用的工艺流程如图 6-5 所示。

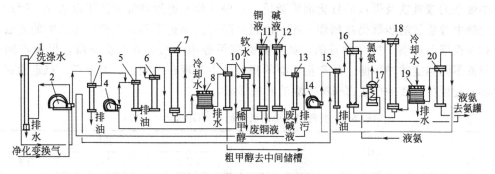

图 6-5　联醇生产工艺流程

1—水洗塔；2—压缩机；3—油分离器；4—甲醇循环压缩机；5—滤油器；6—炭过滤器；7—甲醇合成塔；8—甲醇水冷却器；9—甲醇分离器；10—醇后气分离器；11—铜洗塔；12—碱洗塔；13—碱液分离器；14—氨循环压缩机；15—合成氨滤油器；16—冷凝器；17—氨冷器；18—氨合成塔；19—合成氨水冷器；20—氨分离器

经过变换和净化后的原料气，由压缩机加压到 10～13MPa，经滤油器分离出油水后，进入甲醇合成系统，与循环气混合以后，经过合成塔主线、副线进入甲醇合成塔。

原料气在三套管合成塔内流向如下：主线进塔的气体，从塔上部沿塔内壁与催化剂筐之间的环隙向下，进入热交换器的管间，经加热后到塔内换热器上部，与副线进来、未经加热的气体混合进入分气盒，分气盒与催化床内的冷管相连，气体在冷管内被催化剂层反应热加热。从冷管出来的气体经集气盒进入中心管。

中心管内有电加热器，当进气经换热后达不到催化剂的起始反应温度时，则可启用电加热器进一步加热。达到反应温度的气体出中心管，从上部进入催化剂床，CO 和 H_2 在催化剂作用下反应合成甲醇，同时释放出反应热，加热尚未参加反应的冷管内气体。反应后的气体到达催化剂床层底部。气体出催化剂筐后经分气盒外环隙进入热交换器管内，把热量传给进塔冷气，温度小于 200℃沿副线管外环隙从底部出塔。合成塔副线不经过热交换器，改变副线进气量来控制催化剂床层温度，维持热点温度在 245～315℃范围之内。

出塔气体进入冷却器，使气态甲醇、二甲醚、高级醇、烷烃、甲胺和水冷凝成液体，然后在甲醇分离器内将粗甲醇分离出来，经减压后到粗甲醇中间槽，以剩余压力送往甲醇精馏工序。分离出来的气体一部分经循环压缩机加压后，返回到甲醇合成工序，另一部分气体送铜洗工序。对于两塔或三塔串联流程，这一部分气体作为下一套甲醇合成系统的原料气。

(2) 联醇生产主要特点

① 联醇生产工艺充分利用已有合成氨生产装置，只需添加甲醇合成与精馏两套设备就可以生产甲醇；

② 联产甲醇后，进入铜洗工序的气体中一氧化碳含量可降低，减轻了铜洗负荷；

③ 变换工序一氧化碳指标可适量放宽，降低了变换工序的蒸汽消耗；

④ 压缩机输送的一氧化碳成为有效气体，压缩机单耗降低。

由于联醇生产具有上述特点，可使每吨合成氨节电 50kW/h，节约蒸汽 0.4t，折合能耗 $2×10^9$ J，大多数联醇生产厂醇氨比从 1:8 发展到 1:4 甚至 1:2。

二、甲醇精馏

合成的粗甲醇由甲醇、水、有机杂质等组成。以色谱分析或色谱-质谱联合分析测定粗甲醇的组成有 40 多种，包括醇、醛、酮、醚、酸、烷烃等多种化合物。其他还有少量生产系统中带来的羰基铁及微量的催化剂等杂质。这些杂质需通过精馏方法予以清除，因此，最终决定精甲醇质量的步骤仍在精馏工序。由粗甲醇精制为精甲醇，主要采用精馏的方法，习惯上称为粗甲醇精馏。精馏的目的，就是除去粗甲醇中的水分和有机杂质，根据不同的要求，制得不同纯度的精甲醇。优质精甲醇的指标集中表现在沸程短、纯度高、稳定性好并含有机质的量极少。表 6-6 是我国精甲醇的质量标准。

表 6-6 我国精甲醇的质量标准（GB 338—2011）

项目		指标		
		优等品	一等品	合格品
色度/Hazen 单位(铂-钴色号)	≤	5		10
密度(ρ_{20})/(g/cm³)		0.791～0.792		0.791～0.793
沸程(0℃,101.3kPa,在 64.0～65.5℃范围内,包括 64.6℃± 0.1℃)/℃	≤	0.8	1.0	1.5
高锰酸钾试验/min	≥	50	30	20
水混溶性试验		通过试验(1+3)	通过试验(1+9)	—
水的质量分数/%	≤	0.10	0.15	0.20
酸的质量分数(以 HCOOH 计)/%	≤	0.0015	0.0030	0.0050
或碱的质量分数(以 NH_3 计)/%	≤	0.0002	0.0008	0.0015
羰基化合物的质量分数(以 HCHO 计)/%	≤	0.002	0.005	0.010
蒸发残渣的质量分数/%	≤	0.001	0.003	0.005
硫酸洗涤试验/Hazen 单位(铂-钴色号)	≤	50		—
乙醇的质量分数/%	≤	供需双方协商		—

1. 粗甲醇中的杂质

粗甲醇中所含的杂质虽然种类很多，但根据其性质可以归纳为如下四类。

（1）还原性物质　这类杂质可用高锰酸钾变色试验来进行鉴别。当还原性物质的量增加到一定程度，高锰酸钾一加入到溶液中，立即就会氧化褪色。通常认为，易被氧化的还原性物质主要是醛、胺、羰基铁等。

（2）溶解性杂质　根据甲醇杂质的物理性质，就其在水及甲醇溶液中的溶解度而言，大致可以分为水溶性、醇溶性和不溶性三类。

① 水溶性杂质　醚、$C_1 \sim C_5$ 醇类、醛、酮、有机酸、胺等，在水中都有较高的溶解度，当甲醇溶液被稀释时，不会被析出或变浑浊。

② 醇溶性杂质　$C_6 \sim C_{15}$ 烷烃、$C_6 \sim C_{16}$ 醇类。这类杂质只有在浓度很高的甲醇中被溶解，当溶液中甲醇浓度降低时，就会从溶液中析出或使溶液变得浑浊。

③ 不溶性杂质　C_{16} 以上烷烃和 C_{17} 以上醇类。在常温下不溶于甲醇和水，会在液体中结晶析出或使溶液变浑浊。

（3）无机杂质　除在合成反应中生成的杂质以外，还有从生产系统中夹带的机械杂质及微量其他杂质。如由于铜基催化剂是由粉末压制而成，在生产过程中因气流冲刷，受压而破碎、粉化，带入粗甲醇中；又由于钢制的设备、管道、容器受到硫化物、有机酸等的腐蚀，粗甲醇中会有微量含铁杂质；当采用甲醇作脱硫剂时，被脱除的硫也带到粗甲醇中来等。这类杂质尽管量很小，但影响却很大，如微量铁反应中生成的羰基铁 $[Fe(CO)_5]$ 混在粗甲醇中与甲醇共沸，很难处理掉，影响精甲醇中 Fe^{3+} 增高及外观变红色。

（4）电解质及水　在粗甲醇中，电解质主要有有机酸、有机胺、氨及金属离子，如铜、锌、铁、钠等，还有微量的硫化物和氯化物。

2. 甲醇精馏的工业方法

（1）普通双塔精馏　目前国内全部甲醇生产装置（包括高、中、低压法）均采用铜系催化剂，提高了粗甲醇质量，同时也简化了精馏工艺。现粗甲醇精馏方法，除引进的和国产化的鲁奇低压法流程外，其余均采用双塔常压精馏工艺，流程见图 6-6。

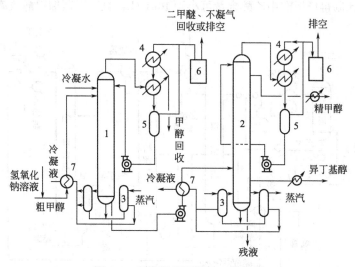

图 6-6　双塔粗甲醇精馏工艺流程

1—预精馏塔；2—主精馏塔；3—再沸器；4—冷凝器；5—回流罐；6—液封；7—热交换器

多年来生产实践证明，双塔精馏流程简单、操作方便、运行稳定。尽管国内粗甲醇的生产多样，粗甲醇的质量也有较大差异，但经双塔精馏后精甲醇的质量，除去乙醇含量之外，基本能达到国内一级品标准，已能较广泛地满足甲醇的用途。

精甲醇中的乙醇含量多少，与粗甲醇中的乙醇含量有关；粗甲醇中乙醇的含量又与合成条件有关，如压力、温度、催化剂使用前后期、合成气组分和原料结构等。低压法（包括轻油为原料用铜系催化剂的高压法）制得的粗甲醇中含乙醇 $100 \sim 1000 \mu L/L$。而以煤为原料的中压法（联醇）和高压法（亦用铜催化剂）制得的粗甲醇中含乙醇的量可高达 $400 \sim 2000 \mu L/L$。所以精甲醇中的乙醇含量差距也较大，一般为 $100 \sim 600 \mu L/L$，有时可能高达 $1000 \mu L/L$。这是因为双塔精馏系统，在采出产品的主蒸馏塔塔釜几乎全部为水，乙醇的挥发度又与甲醇比较接近，因而乙醇不可能在塔釜中浓缩，从而有部分乙醇随着甲醇升向塔顶，使得相当数量的乙醇转移至精甲醇中。

工业上惯用的双塔精馏流程，可使精甲醇中的绝大部分有机杂质降至 10^{-6} 级，满足了下游产品的要求。据国内甲醇生产经验，利用双塔常压精馏方法，也可将精甲醇中乙醇的含量降至 $<100 \mu L/L$，满足甲醇特殊用途的需要。但随着甲醇衍生产品的开拓，对甲醇的质量提出了新的要求。如羰基法合成醋酸工艺，其主要原料为甲醇和一氧化碳。该工艺要求甲醇含乙醇极少（$<100 \mu L/L$，愈低愈好），以避免乙醇与一氧化碳合成丙酸而影响醋酸的质量。国内引进的几个羰基合成法生产醋酸装置均已投产，同样要求含低乙醇的精甲醇。而在精馏过程中，由于乙醇的挥发度与甲醇比较接近，不易分离，国内一般工业生产精甲醇中乙醇含量常在 $0.01\% \sim 0.06\%$，这就要求精馏工艺根据乙醇的性质，采用特殊的操作方法或工艺流程降低精甲醇中乙醇的含量。此外，从节能降耗和提高产品质量两个方面同时对粗甲醇精馏过程提出要求，双塔常压精馏就有其局限性，难以解决这一矛盾。

（2）三塔精馏工艺　三塔制取高纯度甲醇流程，可以降低精甲醇中乙醇含量，甚至将精甲醇的纯度提至 99.95%。见图 6-7，该流程的特点是：三塔基本等压操作，由第三精馏塔采出产品。关键是由第二精馏塔分离水分，保持第二精馏塔顶部馏出物（第三精馏塔入料）含水量要少，以降低第三精馏塔釜液的含水量，一般 10% 左右，要求小于 50%。由于塔 3 釜液中含水量甚少，大部分为甲醇，使得乙醇和残留的高沸点杂质得以浓缩，只需塔底少量采出即达到排除乙醇的目的。如此制得精甲醇中乙醇含量可小于 $10 \mu L/L$，且一次蒸馏甲醇收率可达 95% 左右。

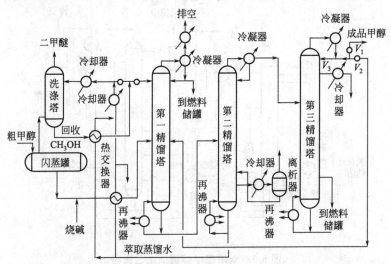

图 6-7　制取高纯度精甲醇三塔工艺流程

上述流程弥补了双塔常压精馏的不足，实质上即将主精馏塔采出产品移至第三精馏塔，这无疑增加了精馏过程的热负荷，所以单位产品能耗也较高，也没有解决好节能和产出优质品的矛盾。但此流程可很好地产出符合美国 AA 标准的高质量甲醇。

另一种粗甲醇精馏三塔流程已用于鲁奇低压法甲醇工艺中。20 世纪 80 年代初，齐鲁石化公司引进的鲁奇低压法 10 万吨/年甲醇装置即用此精馏工艺。最近国内建设的年产 20 万吨精甲醇的低压法甲醇装置也用此方法，大同小异。其工艺流程见图 6-8。

此流程与前述三塔流程不同的是第一精馏塔（加压）和第二精馏塔（常压）均采出产品，约各占一半。该流程的特

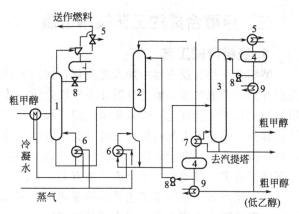

图 6-8 双效法三塔粗甲醇精馏工艺流程
1—预精馏塔；2—第一精馏塔（加压）；
3—第二精馏塔（常压）；4—回流液收集槽；
5—冷凝器；6—再沸器；7—冷凝再沸器；
8—回流泵；9—冷却器

点是节能，精甲醇中乙醇含量低，甲醇收率较高。

三塔精馏多效利用热源蒸汽的潜热，将原双塔流程的主精馏塔一分为二，第一塔（塔 2）加压操作（约 0.6MPa），第二塔（塔 3）为常压操作，则塔 2 由于加压操作顶部气相甲醇的液化温度约为 123℃，远高于常压塔塔釜液体（主要为水）的沸点温度，其冷凝潜热可作为塔 3 再沸器的热源。这一过程称为双效法，较双塔流程（单效法）可节约热能 40% 左右。一般在正常操作条件下，比较理想的能耗为每精制 1t 精甲醇消耗热能 3.0×10^6 kJ（折合蒸气约 1t）左右。

自然，双效法三塔流程投资较多，以年产 10 万吨精甲醇规模计算，双塔单效法投资为 100，则三塔双效法为 113；但由于能耗下降前者的操作费用为 100，后者仅为 64。显然，三塔双效法效益显著，随着粗甲醇精馏规模的增大效益更加明显。

双效法三塔粗甲醇精馏工艺不仅节约热能，而且可制得低乙醇含量的优质精甲醇。加压塔采出的优质精甲醇可保证达到国标一级品，接近美国 AA 级标准。

由于加压塔获得了优质甲醇，如已满足了用户需要，则不必苛求常压塔的操作条件，一次蒸馏的甲醇收率即可达 95% 以上。

由此可见，双效法三塔粗甲醇精馏工艺协调了节能与质优这对矛盾，有 50% 的精甲醇产品质量特优，可满足甲醇下游加工的特殊需要，其他 50% 产品也能达到工业使用的要求。能耗水平较先进。

3. 四塔流程

现在新上的精馏系统都是四塔（或者叫三加一塔），分别是预塔、加压塔、常压塔、回收塔（也有叫汽提塔的），特点如下。

① 采用沸点进料，预塔进料用加压塔和回收塔的蒸汽冷凝液换热至 65℃ 左右，加压塔进料用加压塔塔釜液体预热到 110℃ 左右。

② 加压塔的甲醇蒸气去常压塔再沸器，给常压塔提供热源。

③ 常压塔采出的杂醇进入回收塔继续精馏，提取出其中的绝大多数甲醇。总之，四塔流程更加合理地利用了蒸气，精醇质量有了进一步提高，特别是乙醇含量更低，废水中的含醇量降低，消耗降低。

三、甲醇合成的工艺技术进展

1. 液相合成工艺

液相合成是在反应器中加入烃类化合物的惰性油介质，把催化剂分散在液相介质中。在反应开始时合成气要溶解并分散在惰性油介质中才能达到催化剂表面，反应后的产物也要经历类似的过程才能移走。这是化学反应工程中典型的气-液-固三相反应。液相合成由于使用了热容高、热导率大的石蜡类长链烃类化合物，可以使甲醇的合成反应在等温条件下进行，同时，由于分散在液相介质中的催化剂外表面积非常大，加速了反应过程，反应温度和压力也下降了许多。目前在液相合成甲醇方面，采用最多的主要是浆态床和滴流床。

（1）浆态床　浆态床工艺所用的催化剂为 $CuCrO_2/KOCH_3$ 或 $CuO\text{-}ZnO/Al_2O_3$，以惰性液体有机物为反应介质，催化剂呈极细的粉末状分布在有机溶剂中，反应器可用间歇式或连续式，也可将单个反应器或多个反应器串联使用。

在用 $CuCrO_2/KOCH_3$ 作催化剂的浆态床体系中，非极性有机溶剂和甲醇作反应介质，$KOCH_3$ 大部分分散在溶剂中，部分沉积在 $CuCrO_2$ 表面上，$CuCrO_2$ 呈粉末状悬浮于溶剂中，因此，该反应是一个气-液-固三相并存的反应体系。由于溶剂的存在，明显改善了反应的传热效率，降低了反应温度，促进了反应向有利于生成甲醇的方向发展。

$CuCrO_2/KOCH_3$ 浆态床法的最大优点是反应温度低（80～160℃）、压力适中（4.0～6.5MPa），合成气的单程转化率高，出口气中甲醇含量可以从传统的气-固相催化工艺的5％提高到15％，产物选择性好。不足是 CO 对加氢反应有较强的抑制作用，CO_2 和 H_2O 对羰基化催化剂有一定的毒化作用，并且反应的时空产率低。

（2）滴流床　滴流床反应器与传统的固定床反应器的结构类似，由颗粒较大的催化剂组成固定层，液体以液滴方式自上而下流动，气体一般也是自上而下流动，气体和液体在催化剂颗粒间分布。滴流床兼有浆态床和固定床的优点，与固定床相类似，催化剂装填量大且无磨蚀，床层中的物料流动接近于活塞流，无返混现象，同时它具备浆态床高转化率、等温反应的优点，更适合于低氢碳比的合成气。对滴流床中合成甲醇的传质传热研究表明，与同体积的浆态床相对比，滴流床合成甲醇的产率几乎增加了一倍。

2. 甲烷氧化工艺

（1）CH_4 非催化氧化工艺　甲烷部分氧化生成甲醇法能够显著地降低投资和能耗，但控制条件较为苛刻。因为 CH_3OH 中的 C—H 键比 CH_4 中的 C—H 键更弱，故 CH_4 氧化产物比 CH_4 更容易氧化，生成 CO_2。国内清华大学韩占生等人研究结果表明，在适当条件下，甲烷转化率为5％～9％时，可获得甲醇选择性。

（2）CH_4 催化转化工艺　甲烷是具有相当强惰性的化合物，其部分氧化产物极易被深度氧化，因此，使用的催化剂不但要具备高选择性，还要具有较好的稳定性。目前国内 CH_4 氧化制甲醇的研究仍以气相法为主。华东理工大学、天津大学在这方面做了研究，取得了较好的结果。

美国 Catalytica 公司20世纪90年代开发了用铂硫化配合物作催化剂的液相法，甲烷转化率88.9％，酸式硫酸甲酯（CH_3OSO_3H）选择性为8％，然后将所得酸式硫酸甲酯产物分解为甲醇，单程收率达到70％。该法在低压（3.5～4.0MPa）下操作，工业化后可大量节省投资。

（3）超临界相甲醇合成技术　超临界相甲醇合成是在固定床多相（气-固相）催化反应器引入一个吸收相，吸收相经过催化剂床层时的状态可以是超临界状态、亚临界状态，也可以是蒸气状态或液体与蒸气混合状态,处于上述状态的吸收相与合成气并流或逆流通过反应器内的催化剂床层,使甲醇一经生成即脱离催化剂表面进入该相,达到反应物与产物在反应区内分离的目的,实现了甲醇合成过程的反应分离一体化,从而使 CO 的单程转化率大幅度提高,甲醇收率达到 100%。

中科院山西煤化所和清华大学等单位进行了工艺条件的研究,取得了一定的成果。西南化工研究设计院和华东理工大学共同研究开发的三相床合成甲醇催化剂及工艺也引进了超临界流体 SCF 相的概念,所选择的 SCF 与山西煤化所不同,对甲醇有更大的溶解性能,并在上海焦化厂的中试装置上进行了实验,原料空速明显大于固定床的试验条件。

(4) 二氧化碳加氢合成甲醇工艺　CO_2 加氢制取甲醇成为甲醇合成的一个新的研究方向。20 世纪 80 年代初 Haldor Topsøe 公司利用炼油厂废气中的 H_2 和 CO_2 直接合成甲醇,成功开发了一种 CO_2 加氢催化剂。该催化剂仍以 Cu-Zn 为主,已完成了中试。鲁奇公司成功开发了一种反应器和低压催化体系,利用 H_2 和 CO_2 合成甲醇,研究结果表明,该法与传统的 H_2 和 CO 合成法相比,可以显著减少原料气的循环装量。用 H_2 和 CO_2 合成甲醇的研究很多,但多数催化剂的转化率都很低,只有 4% 左右,甲醇选择性也只有 50% 左右,能否找到合适的催化剂是用 H_2 和 CO_2 合成甲醇工业化的关键。

第四节　甲醇下游产品及生产

一、乙酸

1. 乙酸的性质

(1) 物理性质　乙酸,学名为乙酸,俗称醋酸,分子式为 CH_3COOH,是最重要的低级脂肪族一元羧酸。高纯度乙酸(99% 以上)于 16℃ 左右凝结成似冰片状晶片,故又称为冰乙酸。纯乙酸为无色水状液体,有刺激性气味与酸味,并有强腐蚀性。其蒸气易着火,能和空气形成爆炸性混合物。纯乙酸的物理性质见表 6-7。

表 6-7　纯乙酸的物理性质

名称	数值	名称	数值
凝固点/℃	16.64	熔融热/(J/g)	207.1
沸点(101.3kPa)/℃	117.87	蒸发热(沸点时)/(J/g)	394.5
密度(293K)/(g/mL)	1.0495	稀释热(H_2O,296K)/(kJ/mol)	1.0
黏度/(mPa·s)		生成焓(297K)/(kJ/mol)	
293K	11.83	液体	−484.50
298K	10.97	气体	−432.25
313K	8.18	闪点/℃	
373K	4.3	开杯	57
液体比热容(293K)/[J/(g·K)]	2.043	闭杯	43
固体比热容(100K)/[J/(g·K)]	0.837	自燃点/℃	465
气体比热容(298K)/[J/(g·K)]	1.110	爆炸极限(空气中)/%	4~16

(2) 化学性质

① 酸性　乙酸在水溶液中是一元弱酸,酸度系数为 4.8,$pK_a = 4.75$(25℃),浓度为 1mol/L 的乙酸溶液(类似于家用醋的浓度)的 pH 为 2.4。乙酸的酸性促使它可以与碳酸

钠、氢氧化铜、苯酚钠等物质反应。

② 聚合　乙酸的晶体结构显示，分子间通过氢键结合为二聚体（亦称二缔结物），二聚体也存在于 120℃ 的蒸气状态。二聚体有较高的稳定性，通过冰点降低测定分子量法以及 X 射线衍射证明了分子量较小的羧酸如甲酸、乙酸在固态及液态，甚至气态以二聚体形式存在。当乙酸与水溶合的时候，二聚体间的氢键会很快的断裂。其他的羧酸也有类似的二聚现象。

③ 溶剂　液态乙酸是一种亲水（极性）质子化溶剂，与乙醇和水类似。它不仅能溶解极性化合物如无机盐和糖，也能够溶解非极性化合物，如油类或一些元素的分子，比如硫和碘。它也能与许多极性或非极性溶剂混合，比如水、氯仿、己烷等。乙酸的溶解性和可混合性使其成为了化工中广泛应用的化学品。

④ 化学反应　乙酸是重要的饱和脂肪酸之一，是典型的一价弱有机酸，在水溶液中能解离产生氢离子。乙酸能进行一系列脂肪族羧酸的典型反应，如酯化反应、形成金属盐反应、α-氢原子卤代反应、胺化反应、腈化反应、酰化反应、还原反应、醛缩合反应以及氧化酯化反应等。

乙酸是弱酸，其酸性比碳酸略强，水溶液腐蚀性极强，10% 左右的乙酸水溶液对金属腐蚀性最大。很多金属的氧化物、碳酸盐能溶解于乙酸而生成简单的乙酸盐。碱金属的氢氧化物或碳酸盐与乙酸直接作用可制备其乙酸盐；过渡金属可与乙酸直接反应而生成乙酸盐，反应时如加入少量氧化剂（如硝酸钴、过氧化氢）可加速反应；乙酸中通入电流能加速铅电极的溶解，甚至可以溶解贵金属。

a. 酯化反应　醇与乙酸可以直接生成酯，但反应较慢。无机酸如高氯酸、磷酸、硫酸。有机酸如苯磺酸、甲烷基磺酸、三氟代乙酸等，对酯化反应都具有催化作用。非酸性的盐、氧化物、金属在一定条件下也能催化酯化反应。不饱和烃类与乙酸能生成多种重要的有机酯化合物。

b. 氯代反应　乙酸在光照下能与氯气发生光氯化反应，生成 α-氯代乙酸。氯原子取代乙酸的 α-氢类似于自由基连锁反应，可发生多个氯原子的取代衍生物。

c. 酰化和胺化反应　乙酸能和三氯化磷反应生成乙酰氯，和氨反应生成乙酰胺。

d. 醇醛缩合反应　以硅铝酸钙钠或负载氢氧化钾的硅胶为催化剂时，乙酸与甲醛缩合生成丙烯酸。

e. 分解反应　乙酸在 500℃ 高温下可受热分解，变为乙烯酮和水；高温下催化脱水可生成醋酸酐。

2. 乙酸的用途

乙酸是一种极为重要的基本有机化工原料，广泛用于合成纤维、涂料、医药、农药、食品添加剂、染织等工业。由乙酸可衍生出很多的重要有机物，其主要的衍生物见图 6-9。

目前，乙酸主要用于以下几个方面。

(1) 乙酸乙烯酯/聚乙烯醇　乙酸在催化剂存在下，与乙炔或乙烯反应生成乙酸乙烯酯，乙酸乙烯酯经聚合可得到聚乙酸乙烯酯，聚乙酸乙烯酯经醇解可生成聚乙烯醇，在此过程中副产乙酸，返回乙酸乙烯酯生产工序。

(2) 对苯二甲酸　对苯二甲酸是我国乙酸消费领域的大用户之一。乙酸在对苯二甲酸的生产过程中用作溶剂。

(3) 乙酸酯类　乙酸酯类中比较常用的有乙酸乙酯、乙酸甲酯、乙酸丙酯、乙酸丁酯、乙酸异戊酯等 20 余种，广泛用作溶剂、表面活性剂、香料、合成纤维、聚合物改性等。

(4) 醋酸酐/乙酸纤维素　醋酸酐是重要的乙酰化剂和脱水剂，主要用于生产乙酸纤维素，然后用于制造胶片、塑料、纤维制品。乙酸纤维素最大用途是制造香烟过滤嘴和高级服饰面料，国内缺口很大。

（5）有机中间体　以乙酸为原料可以合成多种有机中间体，主要品种有氯乙酸、双乙烯酮、双乙酸钠、过氧乙酸等。

（6）医药　医药方面（除过氧乙酸），乙酸主要作为溶剂和医药合成原料。由乙酸可生产青霉素 G 钾、青霉素 G 钠、普鲁卡因青霉素、退热水、磺胺嘧啶等。

（7）染料/纺织印染　主要用于分散染料和还原染料的生产以及纺织品印染加工。

（8）合成氨　乙酸在合成氨生产中，以乙酸铜氨的形式，用于氢气、氮气的精制，以除去其中含有的微量 CO 和 CO_2，现在绝大部分中小合成氨装置采用此法。

（9）其他　乙酸还用于合成乙酸盐、农药、照相等多个领域。

3. 乙酸生产方法

乙酸的最初生产是通过粮食发酵和木材干馏获得的。食用醋即是通过粮食的发酵而获得。现代工业生产乙酸的方法主要有三种：乙醛氧化法、饱和烃液相氧化法和甲醇羰基合成法，本书仅介绍甲醇羰基合成法。

甲醇羰基合成法是利用甲醇和 CO 发生羰基化反应生产乙酸。以甲醇为原料合成乙酸，原料价廉易得，生成乙酸的选择性高达 99％以上，基本上无副产物。目前，世界上超过 60％的乙酸是用该法生产的。此法主流的技术有两种：德国 BASF（巴斯夫）高压甲醇羰基合成法和美国 Monsanto（孟山都）低压甲醇羰基合成法。

在甲醇羰基合成法中，BASF 高压甲醇羰基合成法，反应压力高达 70MPa，原料消耗和能耗远高于低压甲醇羰基合成法，因此，低压甲醇羰基合成法具有很强的技术优势，主要表现在以下几个方面。①采用活性高、选择性好的催化剂，反应条件变得缓和，反应可在 2.8MPa 压力下进行，降低了设备投资。特别是 BP 公司开发的高活性 Cativa 铱系催化剂，能大大提高合成反应速率，提高原料的利用率，降低能耗，从而提高工艺的经济性。②所用的催化剂稳定。合适的工艺流程设置，使昂贵的催化剂损失降到最低。③催化剂的选择性高，副产物的生成极少，因而减少了用于副产物回收的设备投资，排放的废酸量很少。采用先进的电子计算机集散控制系统，实现了操作控制的自动化和操作条件的最佳化。

由于孟山都工艺存在铑催化剂浓度低，稳定性差以及高水浓度的缺陷，一些公司对甲醇低压羰基合成催化剂做了很多研究和改进。

美国赛拉尼斯公司开发成功的 AO 技术使该工艺得到明显的改进。该技术的核心是向羰基合成催化反应系统添加高浓度的无机碘，增加了铑的稳定性，使反应在低水、高乙酸甲酯的情况下进行。

反应产物中水含量低，使乙酸精制系统简化了，能耗降低了，因此降低了操作成本，扩大了设备生产潜力。另外高乙酸甲酯含量起着稳定羰基合成催化剂铑配合物的作用，避免其生成不活泼的三碘化铑沉淀，保持了液相中铑的浓度，相应地保持了羰基合成反应生成醋酸的速率。同时，高醋酸甲酯浓度有效地抑制了水汽转换反应，降低了该反应速率。

英国 BP 公司开发成功的 Cativa 技术，使孟山都甲醇低压羰基合成乙酸工艺向前迈进了一大步。Cativa 技术的核心是采用铱催化剂系统代替了铑催化剂系统，铱的价格比铑便宜得多，铱催化剂比铑催化剂稳定性强，在低水浓度下尤为明显，在反应溶液中铱的溶解度比铑大得多，因此甲醇羰基合成醋酸的反应速率在使用铱催化剂时要比铑催化剂大得多。

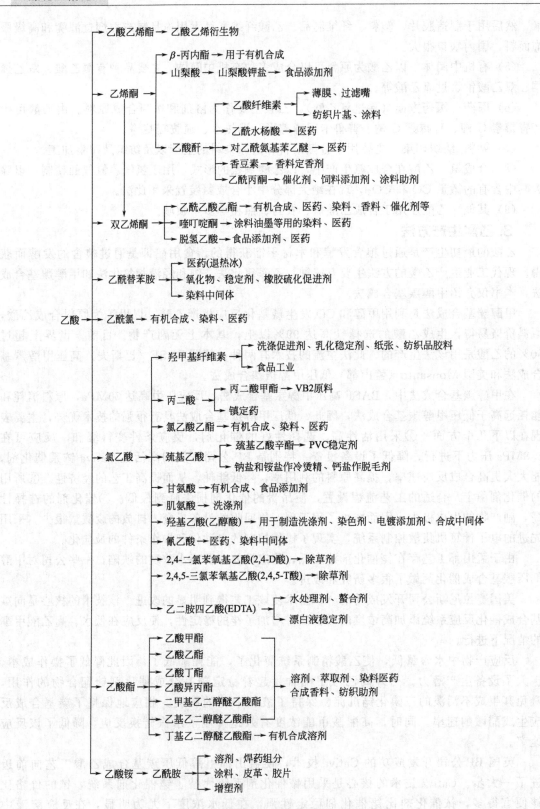

图 6-9 乙酸及其主要衍生物的用途

乙酸生产工艺的技术比较见表 6-8。

表 6-8　乙酸工艺的技术比较

序号	乙酸生产工艺技术		反应条件			乙酸收率		消耗定额				副产品
			催化剂	温度/℃	压力/MPa	原料	收率/%	原料/t	冷却水/t	电/(kW·h)	蒸气/t	
1	乙烯-乙醛氧化法	制乙醛	钯铜氯化物	125～130	1.1	乙烯	95	0.53(乙烯)	400	160	3.9	无
		制乙酸	乙酸锰	66	0.7	乙醛	95					
2	正丁烷液相氧化法		乙酸钴	150～225	5.6	丁烷	57	1.08	475	1520	8	乙醛、甲醇、丙酮
3	石脑油液相氧化法		乙酸锰	200	5.3	石脑油	40	1.45	422	1500	5.5	甲酸、丙酮、丙烯酸
4	BASF 高压甲醇羰基合成法		钴、碘	250～265	70	甲醇CO	87 59	0.83 0.85	180	1078	4	甲烷、二氧化碳、乙醇等
5	低压甲醇羰基合成法		铑(或铱)、碘	185	2.8	甲醇CO	99 90	0.538 0.536	145	34	1.35	微量甲烷、二氧化碳、乙醇等

4. 甲醇羰基化生产乙酸工艺

（1）化学反应　在一定的温度和压力下，甲醇和一氧化碳在釜式反应器内，在铑-碘催化剂的作用下，发生羰基化反应，生成以乙酸为主要成分的反应物。

主反应：$CH_3OH + CO \rightleftharpoons CH_3COOH + Q$

副反应：

① 变换反应（占反应产物的 1.5%～2.1%）：$CO + H_2O \rightleftharpoons CO_2 + H_2$

② 生成甲烷反应（占主反应产物 0.21%）：$CH_3OH + H_2 \longrightarrow CH_4 + H_2O$

③ 生成乙醛反应　$CH_3OH + H_2 + CO \longrightarrow CH_3CHO + H_2O$

④ 生成丙酸反应（占主反应产物 0.25%）：

$$CH_3COOH + 2H_2 \longrightarrow CH_3CH_2OH + H_2O$$
$$CH_3CH_2OH + CO \longrightarrow CH_3CH_2COOH$$

⑤ 酯化反应：$CH_3OH + CH_3COOH \rightleftharpoons CH_3COOCH_3 + H_2O$

⑥ 卤化反应：$CH_3OH + HI \rightleftharpoons CH_3I + H_2O$

除了生产过程中的上述主、副反应外，还有如下其他反应：

① 加入氢氧化钾的反应：$KOH + HI \longrightarrow KI + H_2O$

② 加入次磷酸的反应：$H_3PO_2 + I_2 + H_2O \longrightarrow H_3PO_3 + 2HI$

（2）反应条件

① 甲醇浓度　实践证明，羰基合成反应过程在甲醇浓度比较高时，反应速率与甲醇浓度无关；但甲醇浓度低时，反应速率与甲醇浓度相互依赖，甲醇浓度越低，反应速率越小。此外，甲醇的起始浓度对起始反应速率也有影响。反应开始时，甲醇的起始浓度越低，达到最高反应速率所需的时间就越短；甲醇的起始浓度越高，达到最高反应速率所需的时间就越长。但当反应进行到一定程度后，其反应速率的这种差异不再明显，而是各自稳定在一个相对恒定的反应速率上，不再随甲醇浓度的不同而变化。

② CO 分压　当 CO 分压超过 1.4MPa 时，反应速率与 CO 的分压无关，当 CO 的分压小于 1.4MPa 时，反应速率随 CO 分压的增大而增大。为避免 CO 分压对反应速率的影响，

甲醇羰基化反应应在 CO 分压高于 1.4MPa 下进行。

③ 铑浓度　羰基化反应的速率随铑催化剂浓度呈线性增长。但在实际过程中，因为铑溶解度有限，维持反应釜液内铑浓度超过 1000×10^{-6} mol/L 比较困难。铑浓度过高，沉降的速度和数量会很大。

④ 碘化物的浓度　碘甲烷的浓度也和反应速率呈线性关系。在羰基化反应过程中，在反应的初始阶段，碘甲烷按如下的反应生成碘化氢：

$$CH_3I + CO \longrightarrow CH_3COI$$

$$CH_3COI + CH_3OH \longrightarrow CH_3COOCH_3 + HI$$

但生成的碘化氢是瞬间存在，一经生成，立即发生下列两步反应生成 CH_3I：

$$CH_3OH + HI \longrightarrow CH_3I + H_2O$$

$$CH_3COOCH_3 + HI \longrightarrow CH_3I + CH_3COOH$$

通常情况下，在反应体系中甲醇或乙酸甲酯的浓度远远超过 HI，所以可认为碘甲烷的浓度将保持不变。仅在反应后期，甲醇和乙酸甲酯的浓度很低时，碘化物以 HI 的形式存在。

⑤ 溶剂的浓度　许多实验证明，在其他反应条件相同的情况下，利用不同的溶剂可以得到不同的反应速率。通常情况是极性溶剂下的反应速率高于非极性溶剂，极性大的溶剂下的反应速率高于极性小的溶剂。目前工业制乙酸都添加了大量的乙酸、碘和水的强极性溶剂，一方面有利于增强催化剂的溶解性，另一方面有利于提高催化反应活性。

⑥ 反应温度　研究发现，甲醇羰基化反应的活化能很高，必须通过适当的催化剂来改变反应路径，降低反应活化能，促进反应的发生。随着反应温度的升高，铑催化剂的活性增加，羰基化反应速率加快，反应到达终点的时间缩短，反应产物的选择性也有所提高。但随着温度的升高，生成 CO_2、H_2 和 CH_4 的副反应也会加快，生成的副产物增多；过高的温度还易造成铑催化剂的失活。

(3) 甲醇羰基化催化剂　目前所开发的催化剂主要有液相羰基合成催化剂和固相羰基合成催化剂两大类。

① 液相羰基合成催化剂　羰基钴催化剂。德国 BASF 公司成功地开发了羰基钴-碘催化剂的甲醇高压羰基化制乙酸工艺。羰基钴催化体系以 $Co_2(CO)_8$ 为主催化剂，CH_3I 为助催化剂，催化反应过程中真正起催化作用的是 $HCo(CO)_4$ 配合物。为了保持反应条件下 $HCo(CO)_4$ 的稳定存在，必须维持一定的 CO 分压，这样就使该法必须在较高的 CO 分压下进行操作，否则羰基钴配合物将分解为 Co 和 CO。

使用羰基钴催化剂，不仅需要较高的 CO 分压以稳定羰基钴催化剂，而且产物中副产物含量也较多。主要副产物有甲烷、二氧化碳、乙醇、α-醛、丙酸、乙酸酯、α-乙基丁醇等。

铑基催化体系是由活性组分 $[Rh(CO)_2I_2]^-$ 和助催化剂 CH_3I 组成，其活性组分由三碘化铑、一氧化碳和碘反应生成。由于其活性好、甲醇的转化率和选择性高、反应条件温和、能耗低、副反应少等原因，受到了广泛的重视和研究。

铑基催化体系与钴基催化体系的催化性能比较见表 6-9。

表 6-9　铑基与钴基催化剂性能对比

种类	反应温度/℃	压力/MPa	产物	选择性/%
Co 催化剂	210~250	20~70	乙酸和乙酸甲酯	>90
Rh 催化剂	175~200	2.8~6.8	乙酸和乙酸甲酯	>99

铑基催化体系的缺点主要有如下几个方面。a. 当反应系统中一氧化碳供应不足或分布不均时，$[Rh(CO)_2I_2]^-$ 会被溶剂中碘离子迅速氧化而生成 $[Rh(CO)_2I_4]^-$，这种阴离子比较稳定，在溶液中会缓慢分解，最后生成 RhI_3 沉淀而失去活性。b. 铑-碘催化体系在极性溶剂乙酸或水中显示出最大的羰基化速率，水浓度过低，会明显降低羰基化反应速率，并降低乙酸转化率，因此反应体系中必须保持足够浓度的水分才能达到较高的乙酸转化率。这样含水乙酸溶液及溶液中的碘化物就会造成严重的设备腐蚀，大大增加了设备的造价、防腐和维修费用，同时也造成了乙酸和水的分离问题。c. 铑催化剂资源稀少、价格昂贵，虽然设计了十分复杂的回收系统，但仍避免不了铑催化剂的流失。

基于上述问题，人们一方面对铑碘催化体系进行改性，以进一步提高其稳定性和活性；另一方面，也在积极研究开发非铑催化体系和多相催化剂。

对铑-碘催化体系的改性，一是选择优良的助催化剂或促进剂。向铑-碘催化体系中加入含卤素的羧酸衍生物和可溶性碱金属碘化物后，可显著提高催化剂的活性，使反应在较低水含量下进行，且有较高产率。二是选择适当的配体以稳定催化剂的活性和选择性。

在对非铑催化剂的研发过程中，铱基催化剂的开发取得了重要进展，现已用于大型工业装置。1996 年英国 BP 公司开发成功的铱催化剂（Cativa）是采用乙酸铱、氢碘酸水溶液和乙酸制备的，并选用至少一种促进剂，如 Ru、Os、W、Zn、Cr 等。在 CO 分压和水含量较低时仍很稳定。

② 固相羰基合成催化剂　为了减少铑催化剂的流失，解决催化剂和反应液的复杂分离问题，开发固相催化剂，在固定床反应器内，实现甲醇气相羰基化反应制备乙酸的工艺，成为重要的研究方向。

铑催化剂使用高聚物作为配体，通过配位键形成高聚物负载的铑催化剂，是研究最多的一类固相催化剂。高聚物中含有强配位的 N、P、S 等基团，能和铑进行配位，增加活性物种的亲核性，有利于碘甲烷和羰基加成生成 CH_3COI，同时在一定程度上也能提高配合物的稳定性。

将共聚物作为配体和四羰基二氯二铑反应，可制备一系列高聚物配合的阳离子铑配合物催化剂。在共聚物中引入 O、N、P 等基团，可形成 N—Rh、O—Rh、P—Rh 配位键，从而提高催化剂的活性和稳定性。

高聚物配合的铑催化剂，不仅具有温和的反应条件，而且在无其他助剂存在的情况下，活性和选择性也很高。

采用无机载体 SiO_2、Al_2O_3、MgO、活性炭（AC）、分子筛等制备的负载型催化剂中，无机氧化物载体的催化剂活性都很低，而活性炭和有机碳分子筛载体的催化剂活性较高。用浸渍法制备的 Rh-Li/AC 催化剂，于 240℃、1.4MPa 条件下反应，在空速为 $660\sim3841h^{-1}$ 时，甲醇转化率 99%～100%，乙酸选择性 74%～92%，乙酸甲酯选择性为 4.3%～25.5%。

采用碳复合载体（TFC）制备的 Rh/TFC 催化剂，在 200℃、1.2MPa 条件下，甲醇的转化率为 64%～74%，乙酸和乙酸甲酯的总选择性达到 99%。

③ 非贵金属催化剂　在非贵金属的研究中，镍基催化剂的研究最多。镍基催化剂中，加入金属助催化剂可以减小镍与载体间的相互作用，使镍相更加分散，有利于镍的还原，使镍的活性点增多，从而提高其羰基化活性。

（4）甲醇羰基化工艺流程　甲醇羰基化生产乙酸的生产过程主要由合成工序、精馏工序和吸收工序组成。其流程如图 6-10 所示。

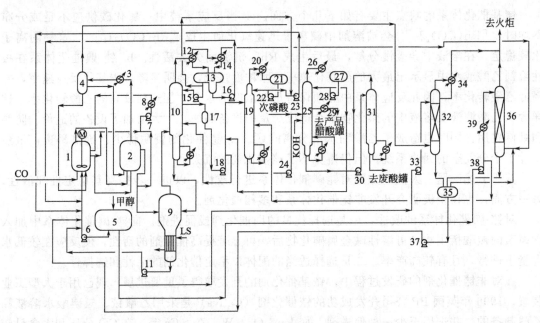

图 6-10　甲醇羰基化生产乙酸的流程

① 合成工序　合成工序是用一氧化碳与甲醇在催化剂二碘二羰基铑 $[Rh(CO)_2I_2]^-$ 的催化作用下和助催化剂碘甲烷（碘化氢）的促进下液相合成乙酸。

由一氧化碳制备车间或一氧化碳提纯装置提供的一氧化碳，经分析、计量后，进入反应釜 1，与甲醇反应生成乙酸。未反应的一氧化碳与饱和有机蒸气一起由反应釜顶部排出，进入转化釜 2，与来自反应釜 1 未反应完的甲醇、乙酸甲酯继续反应生成乙酸，二碘二羰基铑 $[Rh(CO)_2I_2]^-$ 转化为多碘羰基铑。在转化釜 2 中未反应完的一氧化碳与饱和有机蒸气从转化釜 2 顶部排出，进入转化釜冷凝器 3，冷凝成 50℃ 的气液混合物。气液一并进入高压分离器 4 进行气、液分离。气相由高压分离器顶部排出，送往吸收工序高压吸收塔 32。液体分成两相，主要成分为碘甲烷和乙酸的重相，经调节阀返回反应釜 1；主要成分为水乙酸的轻相返回转化釜 2。

甲醇分为新鲜甲醇和吸收甲醇富液。新鲜甲醇由中间罐 5，经甲醇加料泵 6，送入本工序。经计量、分析后与来自吸收工序吸收甲醇富液泵 37 的吸收甲醇富液混合，进入反应釜 1，与溶解在反应液中的一氧化碳反应生成乙酸。反应液由反应釜 1 中上部排出，经分析后进入转化釜 2。反应液中未反应的甲醇、乙酸甲酯与一氧化碳继续反应生成乙酸。在转化釜中反应后的反应液由转化釜 2 中上部排出，经调节阀进入蒸发器 9。

为了控制反应液温度，带出反应热，设置一外循环系统。外循环系统由外循环泵 7、外循环换热器 8 组成。反应釜 1 出来的反应液由外循环泵 7 升压后，进入外循环换热器 8 冷却后，重新返回反应釜 1。

转化釜 2 排出的反应液经分析、减压后进入蒸发器 9。在此反应液经减压、闪蒸，部分有机物蒸发成蒸气，与反应液解吸出来的无机气体一道由顶部排出。如果由顶部排出的气体中乙酸流量未达到要求时，则通入蒸汽进入蒸发器加热段，对液体进行加热。加热产生的乙酸蒸气同闪蒸产生的蒸汽，一并从顶部排出，送往精馏工序脱轻塔 10 作进一步处理。集于下部的液体，由母液循环泵 11 升压后，经计量、分析后进入反应釜 1。

② 精馏工序　来自合成工序蒸发器 9 顶部的气态物料，主要成分是乙酸、水、碘甲烷，

以及少量乙酸甲酯、碘化氢等可凝物质，并且还含有少量及微量的一氧化碳、二氧化碳、氮、氢等气体物质。进入脱轻塔 10 下部进行精馏分离。塔顶蒸气主要含有乙酸、水、碘甲烷、乙酸甲酯等组分，进入脱轻塔初冷器 12，冷凝冷却到 45℃后，冷凝液进入分层器 13。未冷凝的气相进入脱轻塔终冷器 14，用冷冻水进一步冷凝冷却到 16℃，未冷凝的尾气去吸收工序低压吸收塔 36 进一步回收碘甲烷、乙酸等有机物。脱轻塔初冷器 12 冷凝液也进入分层器 13。在分层器中物料分为轻、重两相，轻相主要含水和乙酸，重相主要含碘甲烷。轻相一部分经脱轻塔回流泵 15，回流入脱轻塔顶；一部分与脱水塔 19 的塔顶采出液一起，经由稀乙酸泵 23，送到乙酸合成工序反应釜 1 和转化釜 2。分层器的重相液体，由重相泵 16 送到乙酸合成工序反应釜 1。脱轻塔釜液主要为乙酸，其中水含量大于 5%。碘化氢大部分也留在釜液中，利用位差送回蒸发器 9 中。

脱轻塔 10 精馏段有一特殊的侧线板，它将含水和少量碘甲烷的粗乙酸全部采出，通过粗酸集液槽 17，经脱水塔进料泵 18，少部分回脱轻塔作为塔下段回流，大部分进入脱水塔 19。为了避免碘化氢在脱水塔 19 中部集聚，由低压吸收塔甲醇泵 38 引来一股甲醇，作为脱水塔的第二进料，从脱水塔下部引入，使其与碘化氢反应生成碘甲烷和水。脱水塔顶出来的气相进入脱水塔冷凝器 20，冷凝冷却到 65℃。冷凝液经脱水塔回流槽 21，由脱水塔回流泵 22，将一部分冷凝液回流回脱水塔顶；另一部分与脱轻塔分层器的轻相采出液（稀乙酸）一起，由稀酸泵 23 送至乙酸合成工序反应釜和转化釜。

脱水塔釜液为含水量很少的干燥乙酸，经成品塔进料泵 24 送入成品塔 25。为了除去塔中微量的 HI，在成品塔的中部加入少量 25%的 KOH 溶液，与 HI 反应生成 KI 和 H_2O。当成品塔出现游离碘时，在成品塔进料管线上加入次磷酸，使游离碘转化为 I^-。塔顶出来的蒸气经成品塔冷凝器 26 冷凝冷却到 80℃，流入成品塔回流槽 27。由于塔顶会富集少量的碘化氢和碘甲烷，因此大部分液体经成品塔回流泵 28 回流至成品塔顶部，少量采出送至脱水塔 19 进料口。

成品乙酸从成品塔 25 第 4 块板侧线采出，经成品冷却器 29 冷却到 38℃，送去成品中间储罐。成品塔塔釜物料为含丙酸及其他金属腐蚀碘化物的乙酸溶液，用提馏塔进料泵 30 送入提馏塔 31 顶部，塔顶出来的蒸气返回成品塔 25 底部。丙酸及其他金属腐蚀碘化物溶液，由提馏塔底部送至废酸储罐或焚烧处理。

在成品塔塔底和提馏塔的无水条件下，乙酸可能脱水生成醋酸酐，加剧设备腐蚀，因而在提馏塔塔釜中直接加少量水蒸气（图中未画出），以抑制醋酸酐生成。

③ 吸收工序　来自合成工序高压分离器 4 的高压尾气，进入高压吸收塔 32 的底部；来自高压吸收甲醇泵 33 的新鲜甲醇，进入高压吸收塔 32 的顶部，自上而下流动。两者在高压吸收塔内的填料上进行传质，新鲜甲醇将高压尾气中的碘甲烷等主要有机组分吸收下来。吸收后的气体主要含有一氧化碳，从高压吸收塔的顶部排出，进入高压吸收尾气冷却器 34 中，将高压尾气中的甲醇冷凝回收，然后尾气送去火炬系统处理。含碘甲烷的甲醇从高压吸收塔的底部排出，进入吸收甲醇储罐 35，与来自低压吸收塔 36 的低压吸收甲醇富液混合，然后用吸收甲醇送料泵 37 送去合成工序的反应釜 1，作为甲醇进料的一部分。

来自精馏工序脱轻塔终冷器 14 的低压尾气，进入低压吸收塔 36 的底部；来自低压吸收塔甲醇泵 38 的新鲜甲醇，首先进入低压吸收甲醇冷却器 39，用液氨冷却到 -15℃，然后进入低压吸收塔 36 的顶部。新鲜甲醇将低压尾气中的碘甲烷等主要有机组分吸收下来。被吸收后的尾气，主要含有一氧化碳、二氧化碳，从低压吸收塔的顶部排出，送去火炬系统处理。含碘甲烷的甲醇富液，从低压吸收塔的底部排出，进入吸收甲醇储罐 35，与来自高压吸收塔的高压吸收甲醇富液混合，然后用吸收甲醇送料泵 37 送去合成工序的反应釜1。

二、二甲醚

二甲醚（dimethylether，DME）又称甲醚，是最简单的无毒脂肪醚，甲醇的重要衍生物之一。它可从煤、天然气等多种资源中制取。二甲醚各种污染指标大大低于现有燃料，被誉为"21世纪的清洁燃料"。用二甲醚替代传统的石化燃料，原料来源丰富、成本低廉，是解决困扰我国能源危机和环境污染两大难题的有效途径。

1. 二甲醚的性质

二甲醚在常温下为无色、有轻微醚香味的气体。常温下 DME 具有惰性，不易自动氧化，极易燃烧，燃烧时火焰略带亮光。二甲醚无腐蚀、无致癌性，具有低毒性，气体有刺激及麻醉作用，吸入或皮肤吸收过量的二甲醚，会引起麻醉、失去知觉和引起呼吸器官损伤。对大气臭氧层不会产生破坏作用。

二甲醚的主要物理性质如表 6-10 所示。

二甲醚具有优良的混溶性，可以同大多数极性和非极性的有机溶剂混溶，如汽油、四氯化碳、丙酮、氯苯和乙酸乙酯等，较易溶于丁醇，但对多醇类的溶解度不佳。在加入少量助剂的情况下，可与水以任意比例互溶，常压下在 100mL 水中可溶解 3700mL 二甲醚。长期储存或添加少量助剂后，会形成不稳定过氧化物，易自发爆炸或受热爆炸。

表 6-10   二甲醚的主要物理性质

项目	数据	项目	数据
分子式	CH_3OCH_3	蒸发热/(kJ/kg)	467.4
分子量	46.07	燃烧热/(kJ/mol)	1455
沸点(1atm)/℃	−24.9	爆炸极限/%	3.45～26.7
自燃温度/℃	−41.4	相对密度(室温)	0.661
蒸气压(室温)/MPa	0.53	十六烷值	≥55
临界温度/℃	128.8	闪点/℃	−41
临界压力/MPa	5.23	熔点/℃	−141.5

2. 二甲醚的用途

二甲醚作为一种新兴的基本化工原料，由于其良好的易压缩、冷凝、气化特性，使得二甲醚在制冷、燃料、农药等化学工业中有许多独特的用途。如高纯度的二甲醚可代替氟利昂用作气溶胶喷射剂和制冷剂，能减少对大气环境的污染和臭氧层的破坏；代替甲醇用作甲醛生产的新原料，可明显降低甲醛生产成本，在大型甲醛装置中优越性更强；二甲醚的储运、燃烧安全性、预混气热值和理论燃烧温度等性能指标均优于石油液化气，可作为城市管道煤气的调峰气、液化气掺混气；若作为柴油发动机的燃料，与甲醇燃料汽车相比，不存在汽车冷启动问题；也是未来制取低碳烯烃的主要原料之一。

（1）二甲醚用作液体燃料   低压下二甲醚变为液体，与石油液化气有相似之处，用二甲醚作燃料有诸多优点：①在同等温度条件下，二甲醚的饱和蒸气压低于液化气，其储存、运输等比液化气安全；②二甲醚在空气中的爆炸下限比液化气高一倍，因此在使用过程中，二甲醚作为燃料比液化气安全；③二甲醚的热值虽然比液化气低，但由于二甲醚自身含氧，在燃烧过程中所需理论空气远低于液化气，从而使得二甲醚的预混合热值与理论燃烧温度高于液化气。二甲醚组分单一，碳链短，燃烧性能良好，热效率高，燃烧过程中无残液、无黑烟，是一种优质、清洁的燃料。

由于二甲醚具有优良的燃烧性能和高的辛烷值，可避免柴油发动机的工作对氮氧化物和颗粒物质——黑烟的排放，减少环境污染和对地球臭氧层的破坏，因此，作为车用燃料的替代品近年来也引起人们的普遍关注。此外，因目前使用的发动机代用燃料如液化石油气、天然气、甲醇等，它们的16烷值都小于10，只适合于点燃式发动机。而二甲醚16烷值大于55，具有优良的压缩性，非常适合于压燃式发动机，因此非常合适用作柴油机的代用燃料。

DME也可以作醇醚燃料，DME与甲醇按一定比例混合后，能改善燃烧性能，克服了单一液态燃料所具有的缺点（需解决空气冲压或自冲压、外预热等），具有清洁、完全、使用方便等特点。

（2）二甲醚在气雾剂中的应用　以往的气溶胶生产中，气溶胶喷射剂主要采用氟利昂，近年的许多研究结果证实了氟利昂产品对大气臭氧层有严重的破坏作用，迫使人们开始寻找替代氟利昂的产品，其中主要有：①丙烷、丁烷、戊烷等烃类；②二甲醚、乙醚等醚类；③HCFC-22（二氟一氯甲烷）、HCFC-142b（1,1-二氟一氯乙烷）等氟利昂。

二甲醚作为氟利昂的替代物，在气雾剂制品中显示出良好的性能，不污染环境，不破坏臭氧层；此外，二甲醚作为气雾剂制品，还具有使喷雾产品不易致潮的特点，二甲醚除做发胶的抛射剂外，还可作杀虫剂、颜料等的抛射剂，也可作脱模剂和发泡剂。而且，二甲醚生产成本低、建设投资省、制造技术不复杂，故被人们认为是一种新一代理想的气雾推进剂，目前正在逐步替代其他气雾剂，成为第四代抛射剂的主体。

（3）二甲醚用作制冷剂和发泡剂　利用二甲醚的易液化、低污染、制冷效果好等特点，许多国家正开发以二甲醚代替氢氟烃作制冷剂或发泡剂。如用二甲醚与氟利昂制备特种制冷剂，随着二甲醚含量的增加，其制冷能力增强，能耗降低。

二甲醚作为发泡剂，能使泡沫塑料等产品孔洞大小均匀，柔韧性、耐压性增强，并具有良好的抗裂性。目前，国外已相继开发出利用二甲醚作聚苯乙烯、聚氨基甲酸乙酯、热塑性聚酯泡沫等的发泡剂。

（4）化工原料　二甲醚是一种重要的化工原料，可用来合成许多种化工产品或参与许多种化工产品的合成。二甲醚最主要的应用是作生产硫酸二甲酯的原料。国外硫酸二甲酯消费二甲醚的量约占二甲醚总量的35%，而中国硫酸二甲酯几乎全部采用甲醇硫酸法。此法的中间产物硫酸甲酯毒性较大，生产过程腐蚀严重，产品质量较差。随着环保要求不断地提高，以及二甲醚产量不断增加，采用二甲醚合成硫酸二甲酯将会逐渐取代传统的甲醇硫酸法。

二甲醚也可以羰基化制乙酸甲酯、乙酸乙酯、乙酐、乙酸乙烯酯；可作甲基化剂制烷基卤化物以及二甲基硫醚等，用于制药、农药与染料工业；可作偶联剂，用于合成有机硅化合物；二甲醚可与氢氰酸反应生成乙腈，与环氧乙烷反应生成乙二醇二甲醚等；二甲醚脱水可生产低碳烯烃，同时二甲醚还是一种优良的有机溶剂。

3. 二甲醚的生产方法

目前已经开发和正在开发的二甲醚的合成方法有两种：一种是由合成气先得甲醇，再由甲醇脱水来制取，即通常所说的两步法；另一种是由合成气直接来合成二甲醚，称为一步法。

（1）两步法　两步法生产二甲醚的关键技术为甲醇脱水反应的实现。根据参与反应时甲醇的状态，两步法又可分为液相法和气相法。

① 液相法　液相法又称为硫酸法，是将浓硫酸与甲醇混合，在低于100℃时发生脱水反应而制得二甲醚。此工艺过程具有反应温度低、甲醇转化率高（>80%）、二甲醚选择性好

（＞99％）等优点，但该法由于使用强腐蚀性的硫酸，生产残液和废水对环境的污染大，正在逐步被淘汰。

②气相法　气相法是在固体酸作催化剂的固定床反应器内，使甲醇蒸气脱水而制得二甲醚。此法优点是工艺较为成熟，操作比较简单，可获得高纯度的二甲醚（最高可达99.99％），故成为目前工业化生产应用最广泛的一种方法。缺点是生产成本较高，受甲醇市场波动的影响较大。

③甲醇液相法　虽经技术改造对原有的缺陷有所改进，但仍有投资高、电耗高、生产成本高等问题，而且反应器放大难度大，大装置反应器需多套并联。而先进的气相脱水法投资低、能耗低、产品质量好，而且反应器催化剂装填容量大，易于大型化，是目前最理想的二甲醚生产方法。

气相法和液相法的工艺技术对比见表6-11。

表6-11　气相法和液相法甲醇脱水工艺对比

序号	比较项目	甲醇气相脱水法	甲醇液相脱水法	备注
1	催化剂	固体酸催化剂（γ-Al_2O_3）	以硫酸为主的复合酸催化剂（含磷酸）	
2	原料	精甲醇、粗甲醇	精甲醇	气相法以粗甲醇为原料，成本有所降低
3	反应压力	0.5～1.1MPa	0.02～0.15MPa	
4	反应温度	230～350℃	130～180℃	
5	甲醇单程转化率	78％～88％	88％～95％	
6	反应系统材质	碳钢或普通不锈钢	石墨等耐酸腐蚀材料	
7	甲醇消耗	1.40～1.43t/t DME	1.41～1.45t/t DME	
8	电力消耗	液相增压，电耗≤10kW·h/t DME	反应产物气相增压，反应器搅拌混合，电耗≥100kW·h/t DME	液相法电耗高
9	水蒸气消耗	1.45t/t DME	1.44t/t DME	液相法未体现其甲醇单程转化率高的优势
10	大型化	简单，反应系统单系列	难度大，反应器需多套并联	液相法反应系统操作麻烦
11	装置投资	低，投资系数100％（基准）	高，投资系数130％～300％	液相法投资高
12	毒性	除甲醇外无其他有毒介质	磷酸、磷酸盐毒性大，中间产物硫酸氢甲酯为极度危害介质	
13	装置占地	小	大，多套并联则更大	
14	产品质量	纯度高，不含酸	纯度较低，含微量无机酸	液相法提高产品质量还需增加蒸汽消耗

（2）一步法　在现有的二甲醚生产方法中，合成气一步法工业化技术尚未成熟。世界上较早研究一步法二甲醚的有丹麦托普索公司、日本NKK公司、美国APC公司等，其中托普索采用气固相固定床反应器一步法合成二甲醚，APC公司和NKK公司都是采用三相浆态床合成二甲醚。目前，这些公司都已经完成中试装置。我国从20世纪80年代开始研究一步法制二甲醚，其中，浙江大学利用自己研制的双功能催化剂，在湖北建造了我国第一套1500t/a的一步法二甲醚工业化示范装置。

4.甲醇气相脱水制二甲醚工艺

（1）基本原理

①化学平衡　甲醇脱水生成二甲醚的反应为可逆、放热、等体积的反应。化学反应

式为

$$2CH_3OH \rightleftharpoons CH_3OCH_3 + H_2O \qquad \Delta H_R^0 = -23.4kJ/mol$$

不同温度下的反应热、平衡常数和甲醇平衡转化率见表 6-12。

表 6-12　甲醇气相脱水的反应热、平衡常数和平衡转化率

温度/℃	$-\Delta H_R/(kJ/mol)$	K_p	X^*
220	21.430	21.224	0.9021
240	21.242	17.327	0.8928
260	21.058	14.386	0.8835
280	20.882	12.24	0.8744
300	20.711	10.354	0.8655
320	20.543	8.948	0.8568
340	20.389	7.815	0.8483
360	20.242	6.890	0.8400
380	20.096	6.128	0.8320

由表 6-12 可见，随着温度的提高，反应的平衡常数减小，甲醇平衡转化率降低。

在反应条件下，还会伴随发生一系列副反应，导致甲醇的转化率及选择性降低，反应后的产物中出现不凝性气体。主要副反应有：

$$CH_3OH \rightleftharpoons CO + 2H_2$$
$$2CH_3OH \rightleftharpoons C_2H_4 + 2H_2O$$
$$2CH_3OH \rightleftharpoons CH_4 + 2H_2O + C$$
$$CH_3OCH_3 \rightleftharpoons CH_4 + H_2 + CO$$
$$CO + H_2O \rightleftharpoons CO_2 + H_2$$

② 甲醇转化影响因素　甲醇的转化率在大多数情况下不受化学平衡的影响，而受催化剂活性的影响。目前所用催化剂的选择性可达 99.9% 以上，故甲醇的转化率可认为是二甲醚的收率；尽管不同的催化剂活性不同，在相同的条件下得到的甲醇的转化率不同，但具有的规律却基本一致。

质量空速的影响：空速高时，甲醇与催化剂的接触时间变短，转化率随质量空速的增加而降低，影响二甲醚的生产量。

反应温度的影响：随着反应温度的升高，甲醇转化率增大，在 300℃ 以后的甲醇转化率变化不大，且接近平衡转化率。在反应压力为 0.8MPa，质量空速为 2.11h⁻¹ 条件下，反应温度升高，甲醇转化率增大，但在 280℃ 以后甲醇转化率增幅不大，320℃ 时接近平衡转化率 85.68%。

反应压力的影响：增大反应压力，甲醇转化率提高。

综上所述，甲醇气相脱水反应时，甲醇的转化率随着反应温度的提高、压力的增大、空速的减小，催化剂的活性增加、反应速率加快、反应时间变长而提高，产物中的二甲醚量增加。

（2）催化剂　甲醇脱水制二甲醚使用的催化剂都是酸性催化剂，气相法脱水使用固体酸，而液相法脱水使用液体酸。

① 固体酸　固体酸是指能使碱性指示剂改变颜色或能化学吸附碱性物质的固体。即能给出质子（Brönsted 酸，简称 B 酸或质子酸）或能够接受孤对电子（Lewis 酸，简称 L 酸）的固体。固体酸的种类繁多，通常可分成表 6-13 中的几类。

表 6-13　固体酸的种类

类别	主要物质
天然矿物	高岭土、膨润土、山软木土、蒙脱土、沸石等
负载酸	硫酸、磷酸、丙二酸等负载于氧化硅、石英砂、氧化铝或硅藻土上
阳离子树脂	苯乙烯-二乙烯苯共聚物、Nafion-H
氧化物及其混合物	锌、镉、铅、钛、铬、锡、铝、砷、铈、镧、钍、锑、矾、钼、钨等的氧化物及其混合物
盐类	钙、镁、锶、钡、铜、锌、钾、铝、铁、钴、镍等的硫酸盐；锌、铈、铋、铁等的磷酸盐；银、铜、铝、钛等的盐酸盐

②甲醇气相脱水固体酸催化剂　催化剂的催化性能是甲醇脱水合成二甲醚的关键所在。甲醇气相脱水制二甲醚大多采用活性氧化铝、结晶硅酸铝、分子筛等固体酸作为催化剂。从理论上讲，催化剂的酸性越强其活性越高，但酸性太强易使催化剂结炭和产生副产物，也容易失活。酸性太弱，则催化活性低，反应温度与压力高，所以要调配适宜的催化剂酸性才能保证催化剂的高活性和高选择性。

近些年来，对于活性更高、寿命更长、能适应于大规模二甲醚生产的催化剂在不断地研究和开发中。其中对沸石催化剂的研究也有很多。研究的结果表明：在反应压力 1.0MPa 下，β 型沸石、Y 型沸石、ZSM-5 型沸石对甲醇脱水生成二甲醚反应的催化活性均优于 $\gamma\text{-}Al_2O_3$，其活性大小顺序为 ZSM-5 型沸石＞β 型沸石＞Y 型沸石＞$\gamma\text{-}Al_2O_3$。

采用 Al_2O_3 浸渍钨硅酸（$H_4SiW_{12}O_{40}\cdot nH_2O$）制备的负载型杂多酸催化剂，具有中孔结构，表面上有 L 酸和 B 酸两种类型酸中心，对甲醇脱水制二甲醚反应是一种活性高、选择性好的新型催化剂。其最佳反应条件为 $0.75\sim0.85MPa$、$280\sim320℃$。

③JH202 催化剂的工业应用　据报道，在工业应用中，国内西南化工设计院开发的型号为 CM-3-1 和 CNM-3 的 Al_2O_3 催化剂、公主岭三剂化工厂与东北师范大学合作研制的型号为 JH202 杂多酸催化剂、武汉科林精细化工有限公司开发的型号为 WD-1 和 WD-2 的 Al_2O_3 和分子筛催化剂有不错的效果。JH202 催化剂是由公主岭三剂化工厂与东北师范大学合作研制，以氧化铝为载体，添加了杂多酸等助催化剂。其外形尺寸为直径 $3\sim4mm$、长 $10\sim20mm$，圆条形；颜色为白色或淡黄色；堆密度 $0.45\sim0.50kg/L$；比表面积 $250\sim350m^2/g$。使用条件：反应温度 $260\sim380℃$，压力 $0.1\sim1.0MPa$；甲醇单程转化率：大于 85%；二甲醚选择性：大于 99.5%。

甲醇脱水制二甲醚是放热反应，降低催化剂床层温升、保持催化剂下层较低温度，可提高甲醇脱水平衡转化率和反应器出口二甲醚浓度，延长催化剂使用寿命。催化剂使用温度过高，不仅甲醇转化率和催化剂时空产率低，而且还使副反应增加、甲醇消耗增大，催化剂加速结焦失活。

(3) 反应器　目前，气相脱水制二甲醚反应器主要有多段冷激式和管壳式两种形式。

①多段冷激式反应器　多段冷激式反应器可将催化剂分成不同的床层段，段内反应绝热进行，反应器进口温度 $260\sim270℃$，段间用低温甲醇蒸气降温。该反应器优点是形式结构简单，催化剂的装填量大，反应器的空间利用率高，便于实现大规模生产。缺点是存在反应后的物料和未反应物料的混合现象，降低了催化剂的使用效率，增加了催化剂用量；温度调节范围小，催化剂层极易超温，催化剂使用寿命短。

②管壳式反应器　管壳式反应器结构类似于管壳式换热器，管内装催化剂，管外用导热油强制循环移出反应热，实现了近似等温操作，提高了催化剂的利用率。但存在催化剂装

填量小、装卸困难、结构复杂等问题。

（4）甲醇气相脱水的工艺流程　甲醇气相脱水制二甲醚生产工艺可分为反应、精馏和汽提三个工段。反应工段主要完成甲醇的预热、气化、甲醇脱水反应及粗二甲醚的收集；精馏工段主要实现反应工段制得的粗二甲醚的分离，得到产品二甲醚；汽提工段主要实现未反应的甲醇的回收。其流程见图6-11。

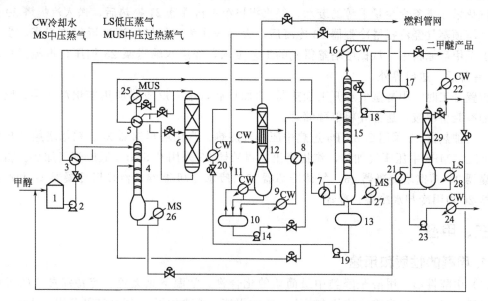

图6-11　二甲醚生产工艺流程

1—原料储罐；2—甲醇进料泵；3—甲醇预热器；4—甲醇汽化塔；5—气-气换热器；

6—反应器；7—精馏塔第一再沸器；8—粗二甲醚预热器；9—粗二甲醚冷凝器；

10—粗二甲醚储罐；11—气体冷却器；12—洗涤塔；13—精馏塔釜液储罐；

14—精馏塔进料泵；15—精馏塔；16—精馏塔冷凝器；17—二甲醚回流储罐；

18—二甲醚回流泵；19—釜液输送泵；20—洗涤液冷却器；21—汽提塔第一再沸器；

22—汽提塔冷凝器；23—废水输送泵；24—废水冷却器；25—开工加热器；

26—汽化塔再沸器；27—精馏塔第二再沸器；28—汽提塔第二再沸器；29—汽提塔

原料甲醇来自甲醇合成工序粗甲醇中间罐区，经甲醇进料泵2加压至0.8MPa，被甲醇预热器3预热至120℃后，进入甲醇汽化塔4进行汽化。从甲醇汽化塔4顶部出来的汽化甲醇，经气-气换热器5换热后，分两股进入反应器6。第一股经过热后，在260℃温度下，从顶部进入反应器；第二股稍过热的甲醇，温度为150℃，作为冷激气经计量从第二段催化剂床层的上部进入反应器6。

从反应器6出来的反应气体，温度约为360℃，经气-气换热器5、精馏塔第一再沸器7、甲醇预热器3、粗二甲醚预热器8和粗二甲醚冷凝器9降温至40～60℃冷凝后，进入粗二甲醚储罐10进行气液分离。液相为二甲醚、甲醇和水的混合物；气相为 H_2、CO、CH_4、CO_2 等不凝性气体和饱和的甲醇、二甲醚蒸气。

从粗二甲醚储罐10出来的不凝性气体，经气体冷却器11冷却后，进入洗涤塔12。在洗涤塔12中，不凝性气体中的二甲醚、甲醇被来自精馏塔釜液储罐13的甲醇水溶液吸收，吸收尾气经减压后，送燃料管网。

从粗二甲醚储罐10出来的二甲醚、甲醇和水的混合物，用精馏塔进料泵14加压并计量，经过粗二甲醚预热器8加热至80℃左右后，进入精馏塔15。塔顶蒸气经精馏塔冷凝器

16 冷凝后，收集在精馏塔二甲醚回流储罐 17 中。冷凝液用二甲醚回流泵 18 加压后，一部分作为精馏塔回流液回流，另一部分作为产品送入产品罐区。

从精馏塔 15 溢流出来的水—甲醇釜液，先进入精馏塔釜液储罐 13，经釜液输送泵 19 增压，其中一小部分经洗涤液冷却器 20 冷却后，送洗涤塔 12 作洗涤液使用，其余大部分送入汽化塔 4 中段，其中的甲醇经回收后作为原料去反应器。

汽化塔 4 塔釜含少量甲醇的废水，经汽提塔第一再沸器 21 换热后，送入汽提塔 29 中部蒸馏。塔顶蒸气经汽提塔冷凝器 22 冷凝后，大部分作为汽提塔回流液返回汽提塔，少量采出添加至甲醇原料中。汽提塔塔釜得到的工艺废水，经废水输送泵 23 加压，再经废水冷却器 24 冷却后，送出界外。

装置开工时，甲醇蒸气经开工加热器 25 加热后，送入反应器加热催化剂床层。反应器出口的冷凝甲醇液，送界外粗甲醇储罐。

开工加热器 25 采用 3.8MPa 过热中压蒸气加热，汽化塔再沸器 26、精馏塔第二再沸器 27 采用 2.5MPa 中压蒸气加热，汽提塔第二再沸器 28 采用 0.5MPa 低压蒸气加热。粗二甲醚冷凝器 9、精馏塔冷凝器 16、气体冷却器 11、废水冷却器 24、汽提塔冷凝器 22 和洗涤液冷却器 20 均用冷却水冷凝、冷却。

三、甲醛

1. 甲醛的性质和用途

（1）甲醛性质　甲醛是醛类中最简单的化合物。常温下是无色、有特殊臭味的可燃气体。易溶于水，常以水溶液的状态保存。工业甲醛一般含甲醛 37%～55% 和甲醇 1%～8%，其余为水，40% 的甲醛水溶液，俗称福尔马林。甲醛是原生质毒物，浓度非常低时，就能刺激眼睛的黏膜，浓度较高时，对呼吸道的黏膜起刺激作用。吸入较高浓度的甲醛会引起肺水肿，甲醛也能灼伤皮肤。甲醛具有强烈的还原作用，在碱性溶液里其还原性增强。纯甲醛主要物性数据如表 6-14 所示。

表 6-14　纯甲醛主要物性数据

项目名称	物性数据	项目名称	物性数据
气体相对密度(空气为1)/%	1.04	生成热(25℃)/(kJ/mol)	−116.0
液体密度(−20℃)/(kg/m³)	815.3	标准自由能(25℃)/(kJ/mol)	−109.9
液体密度(−80℃)/(kg/m³)	915.1	溶解热(在水中,23℃)/(kJ/mol)	62.0
沸点(101.3kPa)/℃	−19.0	溶解热(在甲醇中)/(kJ/mol)	62.8
熔点/℃	−118.0	溶解热(在正丙醇中)/(kJ/mol)	59.5
临界温度/℃	137.2～141.2	比热容(25℃)/[J/(mol·K)]	35.4
临界压力/MPa	6.78～6.64	燃烧热/(kJ/mol)	561～571
临界密度/(kg/m³)	266	空气中爆炸极限,下限/上限/%(摩尔分数)	7.0/73
蒸发潜热(19℃)/(kJ/mol)	23.3	着火点/℃	430
蒸发潜热(−109～−22℃)/(J/mol)	$27384+14.56T$ $-0.1207T^2$		

（2）甲醛用途　甲醛是一种常用的化学品，大量用于制造脲醛、酚醛和三聚氰胺、聚甲醛树脂及各种黏合剂。在合成高分子化合物-合成橡胶及合成纤维工业中，甲醛具有重要的意义。由于甲醛具有很大的毒性，对昆虫和细菌杀伤作用尤其厉害，除了用来消毒外，农业上也用福尔马林浸麦种来防止黑穗病，甲醛的聚合物——多聚甲醛用作仓库的熏蒸剂。

在有机合成工业中，广泛应用甲醛作为生产多种化学品的原料，如生产季戊四醇、乌洛托品、药剂和染料等有价值的工业化学品。

2. 甲醛的生产

目前，工业上生产甲醛基本上采用三种方法，即甲醇空气氧化法、烃类直接氧化法和二甲醚催化氧化法。甲醇空气氧化法工艺先进，被世界各国普遍采用。

（1）甲醛生产反应原理　甲醇催化氧化生产甲醛是在空气量不足的条件下，进行氧化还原反应，并通过银催化剂进行选择性催化而实现。甲醇在反应过程中生成的产物很多，其主要化学反应如下。

主反应：
$$CH_3OH + \frac{1}{2}O_2 \longrightarrow HCHO + H_2O$$
$$CH_3OH \rightleftharpoons HCHO + H_2$$

副反应：
$$CH_3OH + \frac{3}{2}O_2 \longrightarrow CO_2 + 2H_2O$$
$$CH_3OH + O_2 \longrightarrow CO + 2H_2O$$
$$CH_3OH + H_2 \longrightarrow CH_4 + H_2O$$
$$HCHO + \frac{1}{2}O_2 \longrightarrow HCOOH$$
$$C_2H_2 \longrightarrow 2C + H_2$$

（2）甲醛生产的影响因素

① 反应温度　反应温度是影响甲醇氧化反应生产甲醛的重要因素。在工业生产中，反应温度的选择主要根据催化剂的活性、反应过程甲醛收率、催化剂床层压降以及副反应等因素而决定。

② 原料气的组成　原料气对反应影响很大，甲醇与空气比例应在爆炸范围之外；要有适量的水蒸气存在，带走部分反应热，以防止催化剂过热。

③ 原料气纯度　原料甲醇的纯度有严格的要求，不可含硫，以防止生成硫化银；不可含醛、酮，以免发生树脂化反应，覆盖于催化剂表面；不可有羰基铁，以免促使甲醛分解。

（3）甲醛的生产工艺　甲醛的生产工艺主要有两种，即甲醇氧化法和天然气氧化法。甲醇氧化法工艺成熟、收率高、产品纯度高，是世界上主要采用的工艺路线。根据催化剂的不同，甲醇氧化法可分为两种基本工艺，即银催化工艺和铁钼氧化物催化工艺，简称银法和铁钼法。银法又有两种不同的流程，一种是带有甲醇蒸馏回收流程，称为甲醇循环工艺；另一种是不带甲醇蒸馏回收流程，称为非甲醇循环工艺。相比而言，铁钼法工艺的投资费用较高，但其生产成本、甲醇的单耗却较低，尤其是可以生产高浓度、高纯度的甲醛产品。铁钼法工艺路线主要是针对需要低醇含量、高浓度甲醛的下游产品，如甲醛树脂、聚甲醛、固体甲醛等产品的配套建设。这里仅介绍银法非甲醇循环工艺。

以电解银为催化剂，甲醇氧化生产甲醛的工艺流程如图6-12所示。原料甲醇经过滤后送入甲醇蒸发器，采用热水使甲醇汽化，同时在蒸发器底部按比例送入除掉灰尘及其他杂质的定量空气。为了控制甲醇氧化反应速率，一般在甲醇与空气混合物中通入一定量的水蒸气。为了保证混合气在进入反应器后立刻发生反应，以及避免混合气中存在甲醇凝液，使甲醇液体进入催化剂层后猛烈蒸发而使催化剂层翻动，破坏床层均匀，导致操作不正常，还需将混合气进行过热。过热在过滤器中进行，一般过热温度为378～393K。净化后的混合气进入氧化器，在653～923K下经电解银催化剂的作用，大部分甲醇转化为甲醛。为控制副反应发生，转化后的气体经列管冷却器骤冷到353～393K之后，送入吸收塔。吸收塔采用高效率的斜孔塔，采用串联的二级吸收塔。第一吸收塔可将大部分甲醛吸收，未被吸收的组分送入后一级，后一级吸收塔吸收剂为水，吸收的稀甲醛水溶液，送入前一级，未被吸收的气体放空。第一吸收塔釜的饱和液送入脱醇塔，由塔顶得到甲醇，回收使用，塔釜为成品甲醛水溶液。

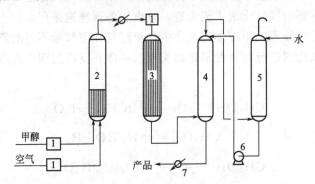

图 6-12　甲醇氧化生产甲醛的工艺流程

1—过滤器；2—甲醇蒸发器；3—反应器；4,5—吸收塔；6—泵；7—换热器

银法工艺的优点：工艺成熟、流程较短、投资少、电耗较低、热量可充分利用、单系列生产能力大；缺点是甲醇消耗较高，催化剂寿命较短，产品甲醛溶液中残留的甲醇和甲酸等杂质较多。

四、甲基叔丁基醚

1. 甲基叔丁基醚用途

（1）作汽油辛烷值改进剂　目前世界上生产的 MTBE，99％以上用于掺合到汽油中，作为汽油辛烷值改进剂。汽油中加入 MTBE 可提高辛烷值，改善汽油抗爆性能，可减少汽车尾气中 CO 和 NO_x 浓度，对改善环境有很大意义。据报道，汽油中加入 15％MTBE 时冷启动尾气中 CO 减少 14％，NO_x 减少 21％，热启动 CO 减少 31％，NO_x 减少 4％。汽油中 MTBE 加入量各国不统一，大多在 7％～15％。

（2）作反应溶剂和试剂　在制备二烷氨基甲基苯酚中，MTBE 作为溶剂。比使用乙醚或丁醚能获得更好的收率，MTBE 还可作为反应剂，生产许多种重要的化工产品。

（3）制取高纯度异丁烯　MTBE 通过裂解、分离可得到高纯度的异丁烯和甲醇。异丁烯是重要的有机化工原料，可生产一系列有价值的化工产品。

2. 生产工艺方法

MTBE 是在酸性催化剂存在下，以混合丁烯中的异丁烯为原料，与甲醇进行烷基化反应制得甲基叔丁基醚，其中异丁烯为烷基化剂。

反应为放热反应。主要副反应为异丁烯二聚、三聚生成异丁烯二聚物和三聚物，原料中水与异丁烯反应生成叔丁醇以及甲醇分子间脱水生成二甲醚。

主反应：　　　$CH_3OH + (CH_3)_2C \!\!=\!\! CH_2 \rightleftharpoons (CH_3)_3COCH_3$

甲醇与异丁烯合成 MTBE 的催化剂可分为 4 类：无机酸、酸性阳离子交换树脂、酸性分子筛及杂多酸催化剂。

分子筛催化剂主要是具有中孔结构的 ZSM-5 型和 ZSM-11 型，该类催化剂热稳定性好，反应选择性高，不易受物系酸性的影响，寿命长，易于活化和再生。

杂多酸催化剂是指将磷钨酸等杂多酸固载于大孔阳离子交换树脂上，具有较大的比表面积和高质子酸强度，如 $H_4SiW_{12}O_{40}/A\text{-}15$ 和 $H_3SiW_{12}O_{40}/A\text{-}15$，它们的异丁烯的转化率分别达到40%和38%，对MTBE的选择性为99.7%和99.8%。而单纯的A-15其异丁烯的转化率只有11%，选择性为100%。此外，该催化剂基本上不腐蚀设备。

生产工艺主要包括催化醚化、MTBE回收和提纯、甲醇回收三个工序。在世界各国的MTBE生产装置中，由于原料碳四来源、反应器类型和数量、分离方法、异丁烯转化率、MTBE的纯度不同，有多种不同的生产工艺。具有代表性的工艺有以下几种。

① 意大利斯纳姆普罗盖蒂/阿尼克（Snamprogetti/Anic）工艺。该工艺采用列管式固定床反应器，反应温度为50～60℃，催化剂是聚苯乙烯-二乙烯苯离子交换树脂。反应中甲醇稍过量，所得产品 $m_0>98\%$。为解决甲醇过量所引起的MTBE净化问题，可采用SNAM的两段法工艺，即采用两个串联的管式反应器。西德许尔斯（HULS）工艺是此工艺的代表。

② 法国石油研究院IFP工艺。IFP工艺的主要特点是采用上流式膨胀床反应器，与管式反应器相比，它具有结构简单、投资少、催化剂装卸方便等优点。另外，物料采用自下而上操作，可防止催化剂堆集成块，可减少压降，具有催化剂使用寿命长、副反应少等优点。

③ 美国催化蒸馏工艺及联合工艺。催化蒸馏工艺是把筒式固定床反应器与蒸馏塔结合在一起，故一方面反应放出的热量用于产物的分离，具有明显的节能效果；另一方面由于反应的同时连续蒸出产品，可最大限度地减少逆向反应和副产品的生成。

联合工艺是以油田气或炼厂气中的丁烷为原料，异构化反应转化为异丁烷，进而脱氢生成异丁烯，异丁烯再与甲醇醚化反应生成MTBE。联合工艺使MTBE生产具有更为广泛的原料来源，且可降低成本，单程转化率高、设备投资低、可靠性好。

催化蒸馏工艺特点如下：将反应与精馏相结合，将放出的反应热用来分离产物，有明显的节能效果，水、电、水蒸气消耗为其他工艺的60%～70%；由于产物很快离开反应区，有利于反应平衡向生成MTBE方向进行，异丁烯的转化率高；催化剂采用特殊的"捆包"和支撑，不与设备直接接触，对设备无腐蚀。但催化剂装卸复杂，要求催化剂有足够长的使用寿命，要求原料中阳离子含量降低到 $1\mu g/L$。因此，原料预处理复杂；催化反应与精馏在同一个反应器完成，设备投资小。

思　考　题

1. 甲醇常见的物理性质是什么？
2. 甲醇的毒性有哪些？
3. 甲醇的主要用途有哪些？
4. 甲醇的化学性质有哪些？
5. 目前工业上生产甲醇所采用工艺路线是什么？
6. 甲醇反应的影响因素有哪些？
7. 原料气净化的作用是什么？
8. 反应温度对甲醇合成有何影响？
9. 简述ICI低压甲醇合成工艺流程。
10. 简述甲醇三塔精馏的优点。
11. 简述乙酸的主要应用。
12. 简述甲醇液相羰基化生产乙酸的流程主要包括哪些部分。各部分的作用是什么？
13. 简述二甲醚的主要用途。

14. 简述二甲醚生产的主要方法和特点。

15. 简述甲醇气相脱水制二甲醚生产过程主要包括哪些部分，各部分的作用是什么？

16. 简述甲醛的用途。

17. 简述甲基叔丁基醚的用途。

第七章

煤制乙二醇

第一节 概 述

一、乙二醇的性质和用途

乙二醇（ethylene glycol，EG）分子式为 $HOCH_2CH_2OH$，分子量为 62.07，是略带有甜味的黏性无色液体。常压下沸点为 197.6℃，具有吸湿性、易燃。凝固点为 -13.5℃，相对密度为 1.1155，闪点为 116℃，自燃温度为 412.8℃。乙二醇能与水、乙醇、丙酮混溶。

乙二醇的主要用途是生产聚酯纤维、聚酯塑料等聚酯产品和生产防冻剂、润滑剂、增塑剂、涂料、油墨等多种化工产品。2000 年美国乙二醇消费结构中，58% 的乙二醇用于聚酯产品，其中聚酯纤维占 24%（占乙二醇的百分数）；26% 用于抗冻剂。乙二醇用作抗冻剂是由于乙二醇可降低水溶液冰点。乙二醇也用于生产除冰剂、表面涂层（醇酸树脂）、不饱和聚酯树脂以及二醛、乙二酸、二恶烷等化工产品。此外还可用作分析试剂、色谱分析试剂及电容器介质等。随着国内聚酯、化纤产品市场的快速发展，中国已成为世界乙二醇主要生产国和最大消费国，其产量和消费量分别占世界总量的 17% 和 30% 左右，其中聚酯（包括聚酯纤维、聚酯塑料、聚酯薄膜等）的消费量约占国内乙二醇总消费量的 90%。

二、乙二醇的生产方法

乙二醇的生产方法主要有石油路线和非石油路线两种途径，其中石油路线是以石油乙烯为原料，包含环氧乙烷直接催化水合法和碳酸乙烯酯法两种生产方法，技术成熟，应用面广，但其发展依赖于石油资源，产能增长受制于配套乙烯装置的建设计划，且过程能耗较高，在我国发展较为缓慢；非石油路线是以煤为原料生产乙二醇的新技术，其中以合成气气相反应合成乙二酸酯（草酸酯），草酸酯再加氢生产乙二醇的两步法技术路线（草酸酯法）具有成本低、能耗低、废弃物排放量少等优点，适应我国缺油、少气、煤资源相对丰富的现状，成为公认的具有应用价值的工艺路线。

乙二醇是环氧乙烷最重要的二次产物，环氧乙烷直接水合法是目前工业生产乙二醇的重要方法。目前乙二醇生产主要依赖于石油乙烯为原料，中国乙二醇对外依存度一直在 70%

以上，在中国石油对外依存度居高不下的情况下，要解决乙二醇的巨大缺口，依靠走石油乙烯路线是难以实现的。因此，在我国"富煤贫油少气"的资源状况下，开发煤基合成气制乙二醇工艺技术，替代石油乙烯路线，在中国具有广阔的前景和重要的意义。

煤制乙二醇是根据我国能源结构实际情况发展起来的一种新型煤化工技术，以 CO 氧化偶联生产草酸二甲酯，然后草酸二甲酯加 H_2 生成乙二醇。该工艺技术作为现代煤化工五大示范工程之一，于 2009 年被列入国家石化振兴规划。目前，煤制乙二醇技术成熟，成本优势明显，已进入快速发展阶段。

第二节　煤制乙二醇

一、煤制乙二醇技术开发状况

1. 中国煤制乙二醇技术

中国从 20 世纪 90 年代开始先后有西南化工研究所、天津大学、南开大学、浙江大学、华东理工大学、中国科学院成都有机化学所、福建物质构造研究所、复旦大学、湖北大学研究所、上海华谊集团等 10 余家单位开展草酸酯和乙二醇两个催化剂的研究工作，同时进行煤基乙二醇的工艺技术开发工作并取得重大进展。在 2011 年 3 月我国建成了世界上第一套示范性的乙二醇生产项目。我国西南化工技术研究所成功地完成了 Cu 基加氢催化剂和 Pd 系 CO 偶联催化剂以及相应配套的工艺技术，取得了不错的进展。在 2004 年以后，华东理工大学和上海焦化有限公司开始致力于煤基乙二醇技术的开发研究，并顺利开发了工艺包。

煤制合成气再制乙二醇，关键要开发 CO 羟基合成草酸酯和草酸酯加氢合成乙二醇两种催化剂，同时要考虑反应器形式等工程问题。

(1) 中国石化技术

① 第一步为羰化反应，含 CO 和 H_2 的合成气与亚硝酸甲酯在 120℃和 607kPa 下进行气相反应，催化剂为 Pb 基球面形专用催化剂，生成草酸二甲酯和 NO 的混合物，在洗涤塔里冷凝草酸二甲酯，NO 随着未反应的 CO 和其他较轻的气体从洗涤塔上部分出，而草酸二甲酯与甲醇在塔底部的溶液中。CO 和亚硝酸甲酯的转化率分别为 46.5％和 47.8％，草酸二甲酯基于 CO 的选择性达到近 99％。纯化的草酸二甲酯通过三层蒸馏塔进行回收。

② 第二步是亚硝酸甲酯再生反应，第一步反应中产生的 NO 与甲醇和 O_2 进行反应，反应温度在 18～21℃，反应压力为 448～483kPa。气体（主要含有未反应的 NO、CO、CO_2 和 N_2）从塔顶分离然后循环到第一步反应中。甲醇和 NO 的转化率分别约为 33.7％和 91.7％。

③ 第三步是草酸二甲酯气相氢化制乙二醇反应，催化剂为 Cu-Cr-Zn 基催化体系，反应温度为 232～260℃，反应压力为 3379～3516kPa。草酸二甲酯的转化率几乎达到 100％，乙二醇的选择性为 97.2％。产物提纯和分离通过一系列三层蒸馏塔进行。

(2) 中科院福建物质结构研究所煤基乙二醇技术　煤制合成气再制乙二醇，总反应式为：

$$2C + 2H_2 + H_2O + \frac{1}{2}O_2 \longrightarrow (CH_2OH)_2$$

从 2005 年起，福建物质结构研究所提供小试技术和催化剂，江苏丹化集团公司负责设计和中试场地，上海金煤化工新技术公司提供资金，三方合作开展中试和万吨级工业试验工作。前期完成了3000t/a草酸酯、100t/a乙二醇的中试，在此基础上于2007年建成万吨级工业试验装置，试车运行平稳，反应条件温和，各项技术指标达到设计要求，完成了煤制乙二醇成套工业化工艺技术开发工作，并成功通过中科院鉴定。

福建物构所技术主要包括以下过程：

第一步是羰化反应，含CO和H_2的合成气和亚硝酸甲酯进行气相反应，反应温度为135～140℃，压力为276kPa，催化剂为Pd-Zr基催化剂；反应生成草酸二甲酯和NO的混合物，在洗涤塔内冷凝草酸二甲酯，NO随着未反应的CO和其他较轻气体从洗涤塔的上部分出，草酸二甲酯与甲醇在塔底部的溶液中。CO和亚硝酸甲酯的转化率分别为42%和64%，草酸二甲酯基于亚硝酸甲酯的选择性达到96%。

第二步是亚硝酸甲酯再生反应，第一步反应中产生的NO与来自底部的O_2以及从塔顶部喷淋到底部的甲醇在气-液塔中进行非催化反应，反应温度为18～21℃，反应压力为172～207kPa。轻气体（主要含有未反应的NO、CO、CO_2和N_2）从塔的顶部分离然后循环到第一步反应中。甲醇和NO的转化率分别约为50%和100%。

第三步是草酸二甲酯气相氢化制乙二醇反应，催化剂为负载在硅上的硝酸铜，反应温度为232℃，反应压力为2000～2068kPa。副产物如乙醇酸甲酯、碳酸二甲酯、甲酸甲酯等可以顺利进行分离。草酸二甲酯转化率几乎达到100%，乙二醇的选择性达到92%。产物提纯和原料回收可以通过一系列七层蒸馏塔进行。

根据万吨级工业化试验结果，通辽金煤公司在通辽规划建设$120×10^4$t/a煤制乙二醇大型工业示范项目，分两期建设，一期$20×10^4$t/a，总投资22亿元，于2009年年底建成试车，打通全流程，生产出合格的乙二醇产品，为我国乙二醇生产创出一条煤化工的新路子，对替代石油缓解乙二醇供需矛盾具有重要意义。

煤制乙二醇工艺过程见图7-1。

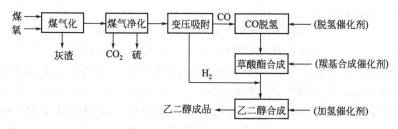

图7-1 煤制乙二醇工艺过程

目前国内的煤制乙二醇工艺主要包括福建物构所-丹化（江苏丹化集团有限责任公司）技术、宇部兴产-高化学（高化学株式会社）-东华科技（东华工程科技股份有限公司）技术、中国石化技术、华东理工大学-安徽淮化-上海浦景技术、天津大学-惠生工程（惠生工程技术服务有限公司）技术、西南化工研究设计院技术、华烁科技（华烁科技股份有限公司）-五环科技（五环科技股份有限公司）-鹤壁（鹤壁宝马科技集团有限公司）技术、上海戊正技术和华谊集团技术等。

2. 国外的煤基乙二醇技术

以甲醛为原料合成乙二醇的方法主要有杜邦三步法、甲醛氢甲酰化方法、甲醛二聚法、甲醛与甲醇缩合等方法。

（1）杜邦三步法 美国杜邦公司早在1940年就开展了甲醛与合成气为原料、三步法合成乙二醇的研究，1965年杜邦公司兴建了一个规模为6.8万吨/年乙二醇工业装置，1968年投产，曾因污染停产。杜邦公司三步合成法的第一步是甲醛与合成气在硫酸的存在下生成乙醇酸，反应在 200℃、7.6~10.1MPa 的条件下进行，收率为 90％。其反应式为

$$HCHO+CO+H_2O \longrightarrow HOOC-CH_2OH$$

第二步是用甲醇酯化乙醇酸生成乙醇酸甲酯和水。其反应式为

$$HOOC-CH_2OH+CH_3OH \longrightarrow HOCH_2COOCH_3+H_2O$$

第三步是乙醇酸甲酯在配合物催化剂存在下，在 200℃ 和 3.04MPa 下与 H_2 反应生成乙二醇与甲醇，甲醇循环利用，乙二醇收率为 90％。其反应式为

$$HOCH_2COOCH_3+2H_2 \longrightarrow (CH_2OH)_2+CH_3OH$$

雪佛隆公司对杜邦公司三步法合成工艺做了改进，用 HF 作催化剂，在较低的温度（50℃）和较低的压力（6.9MPa）下，甲醛与合成气反应生成乙醇酸，其收率为 95％。当甲醛与水的质量比不大于 4∶1 时，可获得乙醇酸最大收率，其比值增加，乙醇增加。当压力大于 3.4MPa 时，压力对乙醇酸的收率和反应速率影响不大。

雪佛隆公司甲醛羰基化合成乙二醇的生产工艺流程如图 7-2 所示。

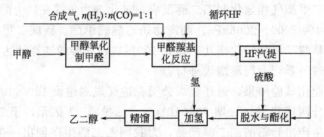

图 7-2　雪佛隆公司甲醛羰基化合成乙二醇生产工艺流程

（2）甲醛氢甲酰化法　甲醛、CO 和氢气在 19.6MPa、120℃ 下转化为乙醇醛，然后加氢生成乙二醇。其反应式为

$$HCHO+CO+H_2 \longrightarrow HOCH_2CHO$$

$$HOCH_2CHO+H_2 \longrightarrow HOCH_2CH_2OH$$

1983 年美国 Monsanto 公司采用了新开发的 $HRh(CO)_2 \cdot [PPh_3]$ 胺系多组分均相催化剂，提高了反应速率，使甲醛生成乙醇醛的生产速率达到 25mol/(L·h)，甲醇转换率达到 95％ 以上。以后，美国 Halcon 公司又使用了一种亲脂性铑膦酰胺催化剂 $PPh_2CH_2CH_2C(O)N(CH_3)(C_{18}H_{37})$ 和一种有效的溶剂，提高了乙二醇的收率。日本鸟取大学开发了以甲醛、CO、氢为原料的氢甲酰化工艺，采用铑系催化剂，在 70℃、4.90MPa 等缓和条件下，甲醛转化率接近 100％，最高可达 98％。

（3）甲醛二聚法　甲醛二聚加氢制乙二醇反应为

$$2HCHO+H_2 \longrightarrow HOCH_2CH_2OH$$

Sanderson 等以 $(CH_3)_3COOC(CH_3)_3$ 为诱发剂，在 1,3-二氧杂环戊烷存在的条件下，甲醛加氢生成乙二醇，同时生成甲酸甲酯。实验结果表明，随着反应温度降低，乙二醇选择性增加，甲酸甲酯选择性降低，当反应温度为 75℃ 时，乙二醇的选择性为 44.9％，而甲酸甲酯的选择性为 3％。

3. 合成气合成乙二醇

合成气制乙二醇的方法主要包含合成气经草酸酯制乙二醇和合成气直接合成乙二醇。

（1）合成气经草酸酯制乙二醇　20 世纪 80 年代日本宇部兴产公司（UBE）开发了 CO 高压液相催化合成草酸酯（DMO）及加氢制乙二醇（GE）的工艺技术，并建成 6000t/a 的

合成草酸酯的中试装置。在此之后，UBE 又开发了 CO 常压气相合成草酸酯的新工艺，在固定床反应器常压条件下建成了两步法煤制乙二醇的基础，完成了常压气相催化合成草酸酯的模式和 100 吨级的中试。

日本宇部工业公司研究的 CO、醇类和 O_2 经二步法合成乙二醇的工艺，第一步是关键步骤，反应如下。

$$4CO+12CH_2OH+3O_2 \longrightarrow 4(COOCH_3)_2+6H_2O$$

反应以镍为催化剂，在压力 7.0MPa、温度 80℃ 下液相反应 4h 后，草酸二甲酯为 66.5%、碳酸二甲酯为 25%、甲酸甲酯为 8.5%。

第二步甲酸二甲酯加氢还原生成乙二醇。反应式为

$$(COOCH_3)_2+4H_2 \longrightarrow (CH_2OH)_2+2CH_3OH$$

反应以镍为催化剂，在 3.0～4.0MPa、250℃ 下进行，生成的甲醇循环使用。

宇部公司以镍为催化剂进行了设备的深入研究。催化剂用的卤化物（如 $PdCl_2$）、铜（Ⅰ）和铁（Ⅱ）盐类（$CuCl_2$ 和 $FeCl_2$）、钴、镍、镉和锌的卤化物以及醌类等。催化剂载体是活性炭、硅胶、氧化铝和硅藻土等。

两步法合成草酸酯中用丁醇代替甲醇，日本宇部工业公司和美国联碳公司共同开发的液相草酸二烷基酯制乙二醇工艺，首先在 90℃ 和 9.6MPa 下，将 CO 和 O_2、丁醇通过钯催化剂反应（亚硝酸丁酯作助催化剂）生成草酸二丁酯。反应式为

$$O_2+4CO+4C_4H_9OH \longrightarrow 2(COOC_4H_9)_2+2H_2O$$

宇部公司还开发了一种气相工艺并申请了专利。其工艺是 CO 和亚硝酸甲酯在 110℃ 下，通过活性炭载钯催化剂，反应生成草酸二甲酯。反应式为

$$2CO+2CH_3ONO \longrightarrow (COOCH_3)_2+2NO$$

所得的草酸二甲酯分批净化，然后气相加氢，得到乙二醇。反应式为

$$(COOCH_3)_2+4H_2 \longrightarrow (CH_2OH)_2+2CH_3OH$$

将草酸二甲酯反应器中的 NO 用氧和甲醇转化成亚硝酸甲酯，再循环使用。反应式为

$$4NO+O_2+4CH_3OH \longrightarrow 4CH_3ONO+2H_2O$$

（2）合成气直接制乙二醇　开发合成气一步合成乙二醇的生产工艺是最有前途的新工艺，选用的催化剂有钴、钌等催化体系。

1974 年美国联碳公司首先发表了合成气在 344.5MPa、190～240℃ 下，以羰基铑配合物为催化剂，四氢呋喃为溶液，H_2 与 CO 摩尔比为 1.5：1，液相一步制乙醇，副产物是丙二醇和甘油的专利。反应式为

$$2CO+3H_2 \longrightarrow HOCH_2CH_2OH$$

产品按质量计，乙二醇为 79.5%，甘油为 11.75%，其他副产品还有甲醇。

联碳公司采用了新型铑催化剂，在 56MPa、240℃、H_2 与 CO 摩尔比为 1 的情况下进行液相反应，乙二醇选择性为 70%～75%，时空收率为 280g/(L 催化剂·h)。此反应工艺具有能耗低的优点，但其高压条件过于苛刻，选择性低，要实现工业化需改善反应条件。联碳公司和德士古公司联合发表新型铑钌双金属催化剂，提高了催化剂的性能，乙二醇的时空收率为 416g/(L 催化剂·h)，比铑催化剂高 1.5 倍。

（3）合成气合成乙二醇的未来展望　日本化学研究所正在开发 CO 和 H_2 一步合成乙二醇的工艺。它是以 CO 和 H_2 合成气作原料，在高压微型反应器（20mL）中进行试验。反应器材质为 KTA 系列特殊耐热、耐腐蚀合金，反应温度最高 300℃，使用钴、铑等催化剂。用钴催化剂可在 60～100MPa 下反应生成乙二醇。在此高压下，铑催化剂性能显著提高，通

过试验表明，反应压力对反应结果有很大的影响。

二、草酸酯气相加氢制乙二醇生产工艺技术进展

1. 工艺原理

草酸酯法的主要原料为 NO、CO、O_2、H_2 和醇类等，其反应原理是 NO 与 H_2 反应生成 N_2O_3，N_2O_3 与醇类反应生成亚硝酸酯（RONO），随后在钯催化剂作用下，CO 与亚硝酸酯进行氧化偶联反应，得到草酸酯［$(COOR)_2$］，草酸酯再经气相催化加氢制得乙二醇。

该路线包括如下 3 步反应：

（1）生成亚硝酸酯　反应方程式如下

$$2NO + 2ROH + \frac{1}{2}O_2 \longrightarrow 2RONO + H_2O$$

亚硝酸酯生成反应属于气-液反应，无需催化剂，反应速率快。

目前研究最多的是采用甲醇或乙醇制备亚硝酸甲酯或亚硝酸乙酯。与亚硝酸乙酯相比，亚硝酸甲酯热稳定性较高，因而偶联反应的操作弹性和效率较高，并且生成的草酸二甲酯（DMO）在常温下是固体，便于储存运输。

（2）亚硝酸酯偶联制草酸酯　CO 和亚硝酸酯在钯系催化剂作用下进行羰基化反应，生成草酸酯和 NO，其中 NO 可以循环使用，反应方程式为

$$2CO + 2RONO \longrightarrow (COOR)_2 + 2NO$$

（3）草酸酯加氢制乙二醇　草酸酯在铜系催化剂作用下进行加氢还原反应，生成乙二醇。反应方程式为

$$(COOR)_2 + 4H_2 \longrightarrow (CH_2OH)_2 + 2ROH$$

上面几步的总反应式为

$$2CO + 4H_2 + \frac{1}{2}O_2 \longrightarrow (CH_2OH)_2 + H_2O$$

由总反应式可见，理论上反应过程中并不消耗醇类和亚硝酸，只是由 CO、O_2 和 H_2 来合成乙二醇，其中 CO 和 H_2 来源于合成气的分离、提纯以分别满足工艺的需要。

2. 工艺流程

草酸酯加氢生产乙二醇的工艺主要由羰基化、酯化、加氢和乙二醇精制四个单元组成。羰基化单元是 CO 与亚硝酸甲酯进行催化偶联反应，得到中间产物草酸二甲酯，同时生成 NO，NO 经分离系统返回酯化单元，该单元副产的少量碳酸二甲酯（DMC）经分离系统与草酸二甲酯进行分离；加氢单元的作用是将草酸二甲酯加氢，得到乙二醇的粗产品，同时反应生成甲醇（ME），经 ME 分离系统返回酯化单元，该单元副产少量乙醇酸甲酯（MG）、乙醇（Et）、水和 1,2-丁二醇（1,2-BDO）等加氢粗产品；酯化单元是将羰基化单元产生的 NO 和加氢单元得到的甲醇通过氧化反应制备亚硝酸甲酯（MN）；精制单元是将粗乙二醇产品精制获得聚酯级和冷冻级乙二醇产品。草酸酯法加氢制取乙二醇主要工艺流程见图 7-3。

3. 催化剂进展

草酸酯加氢制乙二醇的工艺中，催化剂分别为合成草酸酯用羰化催化剂和制乙二醇用加氢催化剂。

（1）合成草酸酯羰化催化剂　20 世纪 70 年代，宇部兴产和 ACRO 等公司均开发了气相催化合成草酸酯的工艺，催化剂为铂族金属催化剂。为了提高催化剂寿命和草酸酯的选择性，宇部兴产、ACRO 和 UCC 先后开发了新的钯系催化剂，降低了反应条件。

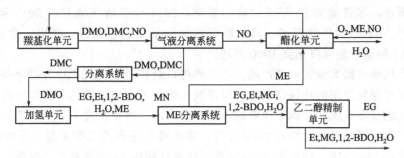

图 7-3 草酸酯法加氢制取乙二醇主要工艺流程

在国内,对草酸酯合成进行深入研究的有福建物构所、中国石油化工股份有限公司、华东理工大学等多家单位。我国合成气法制草酸酯采用的催化剂以钯系催化剂为主,载体则主要为氧化铝或活性炭,α-Al_2O_3 更是常用的载体,已经报道的助剂有 Zr、Ce、La、Ti、Ir、Pt、Os、In、Ni、Mo、Ga 等金属或其盐。

福建物构所利用浸渍法已经研制出新型的 Pd-Zr/Al_2O_3 催化剂,草酸二甲酯的平均时空收率达到 717g/(L·h)。中国石化和上海石油化工研究院报道了新型催化剂,其中 Pd 为活性组分,草酸酯的选择性大于 99%。华东理工大学制备成的 Pd-Ce/α-Al_2O_3 系催化剂,草酸酯气相合成反应采用固定床反应器,反应在常压下进行,CO 的单程转化率达到 78%,草酸二甲酯的时空产率为 821g/(L·h)。此外,天津大学、华谊集团、西南化工研究设计院、上海浦景等均开发了草酸酯用羰化催化剂。

(2)制乙二醇用氢化催化剂 关于草酸酯催化加氢制乙二醇的催化剂,目前已报道的体系主要包括 Cu-Cr 催化剂体系、无 Cr 催化剂体系(常为 Cu/SiO_2 催化剂)以及合金催化剂体系(Cu-Au)等。

在我国,研究草酸酯加氢制乙二醇催化剂的单位主要有中国石化、福建物构所和上海浦景等,研究以气相法为主,并以 Cu 系催化剂为主,往往还要加入助催化剂以增加催化活性。助催化剂较多选择碱金属、碱土金属、副族金属或稀土元素中的一种或几种,如 Zn、Co、Fe、Cr、Bi、La、Ce、Gd、Ag、Pd、Al、Si、Ba、Ca、Ti、Zr、Mn、V、Bi 等。

中国石化和上海石油化工研究院研制的一种 Cu-助剂/SiO_2 型催化剂,其中助剂为 Zn、Mn、Ba、Cr、Ni 或 Fe 中的至少一种金属或其氧化物。使用该催化剂以甲醇为溶剂、草酸酯为原料,酸酯的转化率可达到 100%,乙二醇的选择性大于 85%。福建物构所报道了一种 Cu/SiO_2 催化剂,以金属 Cu 为活性成分,大孔硅胶为载体,通过离子交换法制备。采用该催化剂,草酸酯的转化率能够达到 98% 以上,乙二醇的选择性能达到 94%,反应平稳且易于控制。上海浦景报道了一种复合载体催化剂,化学式为 CuO/RO_x-MO_y,草酸酯总转化率达到 99.9% 以上,乙二醇选择性大于 95%。

三、国内煤基乙二醇产业的发展

1. 国内煤基乙二醇产业基本状况

乙二醇作为聚酯原料之一,在国内具有可观的市场需求。

据统计,2016 年我国乙二醇产能达到 900 万吨左右,占全球约 27%,其中煤制乙二醇 290 万吨,占比 32%,产量 510 万吨,表观消费量达到 1270 万吨,近十年消费保持约 9% 的稳定增长率,而自给率仅有 40% 左右,仍旧存在巨大的市场缺口。2016 年我国新增产能约 45 万吨,包括阳煤集团寿阳化工 20 万吨、永金化工 20 万吨和新疆天业 5 万吨,多属于煤制乙二醇项目。尽管受 2015 年低油价的影响，2016 年新增产能只有 2015 年的 1/4 多，但同样得益于 2016 年油价的反弹，乙二醇市场整体呈现上涨趋势，涨势一直延续到 2017 年。预计 2017 年总产能或将达到 1000 万吨。

作为一个长期依赖大量进口的产品，乙二醇进口量在过去的几年中保持年均 5％的增长率。由于国家对煤炭使用的环保管制，所以煤炭向煤化工方向发展具有很大的潜力，随着煤制乙二醇工艺的日渐成熟，依赖于便利的原料，国内乙二醇项目迎来开工热潮。据统计，近几年我国拟建乙二醇项目总计约有 2200 万吨，多数属于煤制乙二醇项目，其中已经建成待投产的项目共计 140 万吨。预计至 2020 年我国将总计建成 41 个煤制乙二醇项目，总产能达 1026 万吨。

2015 年前投产的煤制乙二醇项目如表 7-1 所示。

表 7-1　2015 年前投产的煤制乙二醇项目

序号	项目名称	地点	规模/(万吨/年)	说明
1	通辽金煤化工煤制乙二醇项目	内蒙古通辽	20	2009 年投产
2	河南永金濮阳煤化煤制乙二醇	河南濮阳	20	2012 年投产
3	河南永金安阳煤化煤制乙二醇	河南安阳	20	2012 年投产
4	河南永金新乡煤化煤制乙二醇	河南新乡	20	2012 年投产
5	山东华鲁恒升煤制乙二醇	山东德州	5	2012 年投产
6	新疆天业乙二醇项目	新疆石河子	$2 \times 5 + 2 \times 7.5$	电石尾气、煤为原料，一期 2013 年投产，二期 2015 年投产
7	中石化湖北化肥煤制乙二醇	湖北枝江	20	2013 年投产
8	鄂尔多斯新杭能源煤制乙二醇	内蒙古鄂尔多斯	30	2015 年投产

2. 国内煤制乙二醇存在的问题

（1）多数产品尚未达到聚酯级别　目前我国煤制乙二醇技术已臻于成熟，但最重要的乙二醇产品质量问题却没有得到完全解决，生产的乙二醇产品大多属于冷冻级别，只能销往树脂及防冻液等领域，只有少数装置生产的产品达到聚酯级别。而国内乙二醇下游企业习惯使用石油路径产品，石油路径工艺在国内外运行多年，过程中产生的杂质比较少，分离杂质的工艺比较成熟，产品能够满足聚酯聚合要求。而煤制乙二醇产品质量由于现有示范项目未能把科研进行到底，没有去做严格的聚合试验，致使分离工艺不够完善。虽然产品符合现在的工业乙二醇标准，但没有达到聚合乙二醇的要求。

乙二醇产品质量达不到聚酯级别，不但限制了市场需求，也削减了煤制乙二醇的盈利能力。尤其是对于国内 90％以上的乙二醇用于 PET 生产的现状来说，只有能够在 PET 行业获得商业化应用，才能够真正实现煤制乙二醇的可持续发展。

目前，聚酯企业在实际使用煤制乙二醇中有掺合现象，目前掺用比例一般为 20％～30％。

（2）石油法竞争的挑战　目前国际上还是以石油乙烯法制乙二醇工艺为主，尤其近年来国际油价下跌，低位运行，石油法成本优势较大。而据测算，我国福建物构所的技术，每生产 1t 乙二醇产品的成本为 1043.40 美元；中国石化的技术最终产品成本为 1043.10 美元/吨。国产煤制乙二醇装置在成本上面临很大的竞争。

（3）煤原料和乙二醇消费不平衡　我国煤炭资源较为丰富的省份在西北，大部分煤制乙二醇装置建在内蒙古、新疆等煤资源丰富的省份，但乙二醇消费区域则主要集中在华东和华南地区，煤资源和乙二醇消费严重不平衡，物流成本较高。

思 考 题

1. 简述乙二醇的用途。
2. 简述合成气二步法生产乙二醇技术。
3. 试分析我国煤制乙二醇产业的发展前景。

第八章

煤制烯烃

第一节 概　　述

一、煤制烯烃概述

煤制烯烃即煤基甲醇制烯烃，是指以煤为原料合成甲醇后再通过甲醇制取乙烯、丙烯等低碳烯烃的技术。乙烯、丙烯等低碳烯烃是重要的基本化工原料，特别是现代化学工业的发展对低碳烯烃的需求日渐旺盛，供需矛盾也将日益突出。目前，制取乙烯、丙烯等低碳烯烃的主要途径仍然是通过石脑油、轻柴油（均来自石油）的催化裂化、裂解制取，随着全球性石油资源的减少以及我国石油对外依存度的进一步加大，作为石油基路线的乙烯生产原料石脑油、轻柴油等资源将会越来越短缺。因此，发展非石油资源来制取低碳烯烃的技术和产业日益引起人们的重视，并在近年来得到快速发展。其中，甲醇制烯烃（methanol to olefins）的 MTO 工艺和甲醇制丙烯（methanol to propylene）的 MTP 工艺是两个重要的新技术。可以预见，今后以煤为原料，走煤→甲醇→烯烃→聚烯烃工艺路线，将是我国现代煤化工发展的重要方向。

煤制烯烃包括煤气化、合成气净化、甲醇合成及甲醇制烯烃四项核心技术。目前，这四项技术都比较成熟。整个煤基烯烃产业链中包含以甲醇、乙烯、丙烯为主的中间产品和以聚乙烯、聚丙烯等为代表的最终产品。本章主要介绍甲醇制取乙烯、丙烯。

目前，具有代表性的甲醇制烯烃工艺主要有环球油品公司（UOP）的 MTO 工艺、中国科学院大连化学物理研究所的 DMTO 工艺、中国石油化学股份有限公司的 SMTO 工艺等，此外，还有 ExxonMobil 公司的 MTO 工艺和神华集团开发的 SMTO 工艺等。

二、甲醇制烯烃技术及发展

1. 甲醇制乙烯、丙烯（MTO）

从 20 世纪 80 年代开始，国外在甲醇制取低碳烯烃的研究方面取得了重大突破。美国联碳公司（UCC）科学家发明了 SAPO-34 硅铝磷分子筛（含 Si、Al、P 和 O 元素）催化剂，加快了 MTO 技术的发展。

SAPO-34 具有某些有机分子大小的结构，是 MTO 工艺的关键。SAPO-34 的小孔（大约 0.4nm）限制大分子或带支链分子的扩散，得到所需要的直链小分子烯烃的选择性很高。SAPO-34 优化的酸功能使得混合转移反应而生成的低分子烷烃副产品很少，这就使 MTO 工艺容易得到聚合级烯烃，只有在需要纯度很高的烯烃时才需要增设分离塔。

中科院大连化物所是国内最早从事 MTO 技术开发的研究单位。该所从 20 世纪 80 年代便开展了由甲醇制烯烃的工作。90 年代初又首创"合成气经二甲醚制取低碳烯烃新工艺方法（简称 SDTO 法）"，该新工艺由两段反应构成，第一段反应是合成气在金属-沸石双功能催化剂上高选择性地转化为二甲醚，第二段反应是二甲醚在 SAPO-34 分子筛催化剂上高选择性地转化为乙烯、丙烯等低碳烯烃。

在 SAPO-34 催化剂的合成方面，大连化学物理研究所已成功地开发出以国产廉价三乙胺或二元胺为模板剂合成 SAPO-34 分子筛的方法，其生产成本比目前国内外普遍采用的四乙基氢氧化铵为模板剂的 SAPO-34 降低 85% 以上。

国内第一套采用大连化物所 DMTO 技术，规模为 60 万吨/年的神华包头煤基甲醇制烯烃大型化工业装置于 2010 年年底在包头建成。该示范项目甲醇制烯烃装置加工甲醇 180 万吨/年，设计生产乙烯 30 万吨/年、丙烯 30 万吨/年。与其在陕西建设并运行的 1.67 万吨/年的试验装置相比，神华包头甲醇制烯烃装置放大了 108 倍，装置于 2010 年 8 月 8 日第一次投料试车成功，已连续稳定运行多年。从此掀开了我国煤制烯烃大发展的序幕，截至 2017 年 1 月，我国已经建成、投产甲醇制烯烃装置 24 套，总产能 1079 万吨/年，理论上消耗甲醇 2910 万吨/年。

为了保持 DMTO 技术的国际领先地位，我国大连化学物理研究所甲醇制烯烃研究团队技术进行升级改造。为进一步提高烯烃选择性，针对一代 DMTO 技术仍有一些 C_4 以上的烯烃副产物，研究所开发了新一代甲醇制烯烃技术（DMTO-II），这项技术目前已在陕西蒲城清洁能源化工有限公司投入使用。DMTO-II 技术甲醇转化率达到了 99.97%，乙烯/丙烯选择性达到了 85.68%，每吨乙烯/丙烯消耗甲醇 2.67t（与第一代 MTO 相比，甲醇消耗降低了 10%）。

DMTO-II 工艺技术特点如下：①采用流化床反应器和再生器，C_4 转化也采用流化床反应器；②采用与 DMTO 一代相同的催化剂；③反应温度 460～520℃；④反应系统压力 0.05MPa；⑤丙烯/乙烯比例在一定范围内可调整；⑥提高了碳利用率，降低了原料消耗。

2. 甲醇制丙烯（MTP）

德国鲁奇公司在改型的 ZSM-5 催化剂上，凭借丰富的固定床反应器放大经验，开发完成了甲醇制丙烯的 MTP 工艺。

鲁奇公司开发的固定床 MTP 工艺，采用稳定的分子筛催化剂和固定床反应器，首先将甲醇转化为二甲醚和水，然后在三个 MTP 反应器（两个在线生产、一个在线再生）中进行转化反应，反应温度为 400～450℃，压力 0.13～0.16MPa。丙烯产率达到 70% 左右。

鲁奇公司的 MTP 工艺所用的催化剂是改性的 ZSM 系列催化剂，由南方化学（Sud-Chemie）公司提供。该催化剂具有较高的丙烯选择性，副产少量的乙烯、丁烯和 C_5、C_6 烯烃。C_2、C_4 到 C_6 烯烃可循环转化成丙烯，产物中除丙烯外还将有液化石油气、汽油和水。

2001 年，鲁奇公司在挪威 Tjeldbergolden 的 Statoil 工厂建设 MTP 工艺工业示范装置，为大型工业化设计取得了大量数据。该示范装置采用了德国 Sud-ChemieAG 公司 MTP 催化剂，具有低结焦性、丙烷生产量极低的特点，已实现工业化生产。

　　鲁奇公司的 MTP 反应器有两种形式，即固定床反应器（只生产丙烯）和流化床反应器（可联产乙烯、丙烯）。

第二节　甲醇制烯烃

一、甲醇制烯烃基本原理

　　在一定条件（温度、压强和催化剂）下，甲醇蒸气先脱水生成二甲醚，然后二甲醚与原料甲醇的平衡混合物气体脱水继续转化为以乙烯、丙烯为主的低碳烯烃；少量 $C_2^=\sim C_5^=$ 的低碳烯烃由于环化、脱氢、氢转移、缩合、烷基化等反应进一步生成分子量不同的饱和烃、芳烃、C_6^+ 烯烃及焦炭等。甲醇制烯烃反应包括如下三个反应步骤：①在分子筛表面形成甲氧基；②生成第一个 C—C 键；③生成 C_3、C_4。

1. 反应方程式

　　整个反应过程可分为两个阶段：脱水阶段、裂解反应阶段。

　　（1）脱水阶段　甲醇首先脱水为二甲醚（DME），形成的平衡混合物包括甲醇、二甲醚和水：

$$2CH_3OH \longrightarrow CH_3OCH_3 + H_2O + Q$$

　　（2）裂解反应阶段　该反应过程主要是脱水反应产物二甲醚和少量未转化的原料甲醇进行的催化裂解反应，包括：

① 主反应（生成烯烃）

$$nCH_3OH \longrightarrow C_nH_{2n} + nH_2O + Q$$
$$nCH_3OCH_3 \longrightarrow 2C_nH_{2n} + nH_2O + Q$$

$n=2$ 和 3（主要），4、5 和 6（次要）。

以上各种烯烃产物均为气态。

② 副反应（生成烷烃、芳烃、碳氧化物并结焦）

$$(n+1)CH_3OH \longrightarrow C_nH_{2n+2} + C + (n+1)H_2O + Q$$
$$(2n+1)CH_3OH \longrightarrow 2C_nH_{2n+2} + CO + 2nH_2O + Q$$
$$(3n+1)CH_3OH \longrightarrow 3C_nH_{2n+2} + CO_2 + (3n-1)H_2O + Q$$

$n=1$，2，3，4，5……（生成烷烃）；$n=6$，7，8……（生成芳烃）

$$nCH_3OCH_3 \longrightarrow 2C_nH_{2n-6} + 6H_2 + nH_2O + Q$$

　　以上产物有气态（CO、H_2、H_2O、CO_2、CH_4 等烷烃、芳烃等）和固态（大分子量烃和焦炭）之分。

2. 反应热效应

　　由反应方程式和热效应数据可看出，甲醇制取烯烃所有主、副反应均为放热反应。由于大量放热使反应器温度剧升，导致甲醇结焦加剧，并有可能引起甲醇的分解反应发生，故及时取热并综合利用反应热显得十分必要。

　　此外，生成有机物分子的碳数越高，产物水就越多，相应反应放出的热量也就越大。因此，必须严格控制反应温度以限制裂解反应向纵深发展。然而，反应温度不能过低，否则主要生成二甲醚。所以，当达到生成低碳烯烃反应温度（催化剂活性温度）后，应该严格控制反应温度。

3. 反应的化学平衡

根据化学热力学平衡移动原理，由于上述反应均有水蒸气生成，考虑到副反应生成水蒸气对副反应的抑制作用，在反应物（即原料甲醇）中加入适量的水或在反应器中引入适量的水蒸气，均可使化学平衡向左移动，且可以抑制裂解副反应，提高低碳烯烃的选择性，减少催化剂的结炭，同时可将反应热带出系统以保持催化剂床层温度的稳定。

对两个主反应而言，低压操作对反应有利。所以，该工艺采取低压操作，目的是使化学平衡向右移动，进而提高原料甲醇的单程转化率和低碳烯烃的质量收率。

4. 反应动力学

动力学研究证明，MTO 反应中所有主、副反应均为快速反应，因而，甲醇、二甲醚生成低碳烯烃的化学反应速率不是反应的控制步骤。原料甲醇蒸气与催化剂的接触时间尽可能越短越好，这对防止深度裂解和结焦极为有利。

二、甲醇制烯烃催化剂

甲醇转化制烯烃所用的催化剂以分子筛为主要活性组分，以氧化铝、氧化硅、硅藻土、高岭土等为载体，在黏结剂等加工助剂的作用下，经加工成型、烘干、焙烧等工艺制成分子筛催化剂，分子筛的性质、合成工艺、载体的性质、加工助剂的性质和配方、成型工艺等因素对分子筛催化剂的性能都会产生影响。

1. 分子筛催化剂

甲醇制烯烃工艺的实现得益于 SAPO-34 分子筛催化剂的开发成功。磷酸硅铝（SAPO）系列分子筛是美国联碳公司于 1984 年开发的分子筛，其中 SAPO-34 分子筛具有 8 元环构成的椭球形笼和三维孔道结构，孔口直径为 0.43～0.50nm，该分子筛具有小孔结构、中等酸性、良好的水热稳定性的特点。以 SAPO-34 催化甲醇制烯烃反应，低碳烯烃的选择性高于 90%，乙烯选择性可以达到 50% 以上，充分显示出 SAPO-34 分子筛催化 MTO 反应的优越性。

中国科学院大连化学物理研究所（简称大连化物所）、中石化、神华集团等以及国外的 UOP、ExxonMobil 等公司均对 SAPO-34 分子筛进行了很多研究。

由于 MTO 工艺使用的 SAPO 分子筛催化剂在反应器中要进行不停地循环，因此对分子筛催化剂的粒径、形状、强度（尤其是耐磨强度）要求较高。该催化剂的成型一般采用喷雾干燥工艺，其中浆液的配制、干燥机的入口温度、出口温度、干燥速率、喷雾状态等都会影响催化剂的形状、粒径分布、耐磨强度、结构性能、催化性能及使用性能。

2. 分子筛催化剂的使用

MTO 催化剂出厂时已经过预处理，催化剂处于活化状态。活化后的催化剂很容易吸附水和有机气体，吸附物长期存在于催化剂会引起催化剂的分子筛结构变化，严重影响催化剂的性能，甚至完全丧失催化能力。因此，催化剂应严格按照要求进行运输、储存、装卸和使用。

MTO 工业装置的反应器和再生器一般都采用流化床工艺，在装置运行过程中催化剂会因磨损腐蚀和热崩等原因产生细粉，细粉会随反应气和再生烟气离开反应器和再生器，为了维持反应系统催化剂含量，需要及时补充新鲜催化剂。补充新鲜催化剂的方法有两种：一种方法是每隔 3～5d 补充一次新鲜催化剂；另一种是按照催化剂的跑损量每天进行补充。在 MTO 装置运行过程中，一般通过再生器补充。如果 MTO 装置使用新牌号催化剂，一般会采用缓慢置换的方法进行，即通过加注新催化剂来弥补催化剂的日常跑损，以保证装置的平稳运行。

3. 分子筛催化剂的再生

SAPO 系列分子筛催化剂在使用一定时间后，会结焦而失活，需要进行烧焦再生，使焦性物质生成 CO 或 CO_2。

DMTO 工业装置催化剂再生采用的是不完全再生方式。焦炭含量为 7%～8%（质量分数）的待生催化剂，经反应汽提器汽提后进入再生器，在再生器中与主风机来的主风发生烧焦再生反应，再生后的催化剂碳含量在 1%～3%（不完全再生），经再生的催化剂被再生汽提器汽提后返回反应器，此即催化剂循环反应-再生系统。影响催化剂再生效果的因素有再生温度、催化剂在再生器的停留时间及主风量等。

催化剂循环流化反应-再生系统具有传质、传热效果好，温度分布均匀，催化剂可连续再生等优点。因此，有代表性的 MTO 工艺，包括 DMTO 工业装置的湍动流化床反应器，UOP/Hydro 的快速流化床反应器和 ExxonMobil 的提升管反应器，都是通过催化剂的循环再生来保持反应器内催化剂的活性。

三、甲醇制烯烃工艺条件

1. 反应温度

反应温度对反应中低碳烯烃的选择性、甲醇的转化率和积炭生成速率有着最显著的影响。较高的反应温度有利于产物中 n(乙烯)$/n$(丙烯) 值的提高。最佳的 MTO 反应温度在 400℃左右。

2. 原料空速

原料空速对产物中低碳烯烃分布的影响远不如温度显著，但过低和过高的原料空速都会降低产物中的低碳烯烃收率。此外，较高的空速会加快催化剂表面的积炭生成速率，导致催化剂失活加快，这与研究反应的积炭和失活现象的结果相一致。

3. 反应压力

改变反应压力可以改变反应途径中烯烃生成和芳构化反应的速率。对于这种串联反应，降低压力有助于降低反应的偶联度，而升高压力则有利于芳烃和积炭的生成。因此通常选择常压作为反应条件。

4. 稀释剂

在反应原料中加入稀释剂，可以起到降低甲醇分压的作用，从而有助于低碳烯烃的生成。在反应中通常采用惰性气体和水蒸气作为稀释剂。水蒸气的引入除了降低甲醇分压之外，还可以起到有效延缓催化剂积炭和失活的效果。但水蒸气的引入对反应也有不利的影响，会使分子筛催化剂在恶劣的水热环境下产生物理化学性质的改变，从而导致催化剂的不可逆失活。

四、甲醇制烯烃工艺流程

以煤为原料制低碳烯烃的主要工艺包括：空气分离装置生产煤气化装置所需的氧气和全厂各装置需要的氮气；煤气化装置将原料煤和氧气在气化炉中发生部分氧化反应，生成以 CO、CO_2 为主要组分的粗合成气，并将煤中的灰以渣的形式排出；CO 变换单元是将部分粗合成气通过 CO 变换反应器将 CO 与水蒸气发生反应，使合成气的 H_2/CO 分子比调整为 2 左右，满足甲醇合成对原料气的组成要求；合成气净化单元一般采用低温甲醇洗工艺技术，是将合成气中的 H_2S 和绝大部分 CO_2 脱除，以便使合成气的杂质含量满足甲醇合成的要求，富含 H_2S 的酸性气送到硫黄回收装置生产硫黄；甲醇合成装置是将净化合成气催化转化为甲醇目标产物，因甲醇制烯烃装置要求甲醇进料含有 5% 左右的水，因此甲醇合成装置可以不设置甲醇精馏单元；甲醇合成装置的弛放气通过变压吸附（PSA）单元生产高纯度的 H_2，供硫黄回收单元尾气加氢、烯烃分离装置炔烃加氢饱和、聚乙烯和聚丙烯调节分子量等使用；甲醇制烯烃装置是在 SAPO-34 分子筛催化剂的催化作用下，将甲醇转化为以乙烯、丙烯、丁烯等为主要产物的混合反应气体，并回收反应放热和催化剂再生的放热；烯烃分离单元就是将甲醇制烯烃单元生产的混合反应气体进行增压、精馏等工序进行分离，生产聚合级乙烯、聚合级丙烯、混合 C_4 和混合 C_5 等产品；聚乙烯装置以烯烃分离单元生产的聚合级乙烯及 1-丁烯为原料，生产聚乙烯（PE）合成树脂颗粒产品；聚丙烯装置以烯烃分离单元生产的聚合级丙烯及乙烯为原料，生产聚丙烯（PP）合成树脂颗粒产品。

1. MTO 工艺流程

现以大连化物所采用的 DMTO 技术，规模为 600kt/a 的神华集团包头煤制聚烯烃示范工程为参照，介绍 MTO 工艺流程。神华集团包头煤制聚烯烃示范工程的主要方块工艺流程如图 8-1 所示。

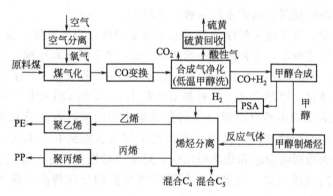

图 8-1 神华集团包头煤制聚烯烃示范工程方块工艺流程

（1）煤气化 煤气化是以煤炭为原料、以氧气为主要气化剂、蒸汽作为辅助气化剂，在气化炉内于高温、高压下通过化学反应将煤炭转化为气体的过程。包括煤的干燥、热解、气化和燃烧 4 个阶段，生成以 CO、H_2、CH_4、CO_2、H_2S 为主的粗合成气，同时煤炭中的灰分以渣或灰渣的形式排出。

（2）粗合成气 CO 变换 甲醇合成对合成气组成的要求是 H_2/CO 的摩尔比在 2 左右，水煤浆气化生产的粗合成气的 H_2/CO 摩尔比约为 0.75 [CO 干基含量为 47%（体积分数，下同）、H_2 干基含量为 35%]、干煤粉气化生产的粗合成气的 H_2/CO 摩尔比约为 0.33（CO 干基含量为 69%、H_2 干基含量为 23%），因此均需要将粗合成气进行 CO 变换使得合成气的 H_2/CO 比调整为 2 左右。

CO 水蒸气变换的化学反应为：$CO + H_2O \longrightarrow CO_2 + H_2$。

CO 变换反应的特点是反应放热、可逆，反应速率比较慢，因此需要催化剂来加快反应速率。目前使用的催化剂主要有铁铬系和钴钼系两大类，铁铬系催化剂机械强度好、耐热性能好、寿命长、成本低，但耐硫性能较差；钴钼系催化剂具有良好的耐硫性能，目前应用较多。变换工艺主要分为常规变换和耐硫变换两种，常规变换即原料气先脱硫再变换，耐硫变换即含硫原料气不经脱硫而直接进行变换。

采用耐硫变换时，水煤浆气化所得粗水煤气经洗涤后含尘量为 $1\sim2mg/m^3$（标准状况），温度为 $230\sim245℃$，并被水蒸气饱和，水气比为 $1.3\sim1.5$，直接经过加热升温后即可进入变换炉，不需再补加蒸汽。由于流程短、能耗低，故水煤浆气化配耐硫变换是最佳选择。

将粗水煤气组分调整为用于甲醇合成的气体组成，CO 变换有两种流程，即部分变换和全部变换。部分变换的优点是由于部分气体进入变换炉，气量少，气体中水/气比高（约 1.38），变换反应推动力大，催化剂用量少，其中变换气体中的有机硫约 95％以上可转化为 H_2S。H_2/CO 的调整靠配气，容易调整，变换炉与粗煤气预热器设备小。缺点是有部分粗煤气不经变换，其中的有机硫未能转化为无机硫，但是如果采用低温甲醇洗净化，有机硫也能完全脱除。

全部变换时所有粗煤气经过变换，其中的灰尘会被催化剂截留，但变换率靠调整气体的水/气来实现，生产控制难度较大，且由于气体水气比小，变换反应推动力小，催化剂用量大，其中有机硫的转化会降低到 60％左右，总的有机硫的转化与部分变换差不多。全部变换流程中粗煤气需先经废热锅炉换热产生低压蒸汽，将粗煤气中的水/气比降下来，粗煤气冷凝出来的工艺冷凝液含有一定的灰尘，用这部分高温冷凝液去气化碳洗塔洗涤粗煤气，洗涤效果差；变换前的低压废热锅炉也容易被灰尘堵塞。

根据粗水煤气量，神华包头煤制烯烃示范工程采用部分变换流程，变换气和未变换气分开，这样使得设备尺寸减小，变换炉直径约为 3.1m，便于制造和运输。按照变换进气量核算，CO 变换设置了两个系列。为了降低压力损失，示范工程变换采用了径向变换炉。

(3) 粗合成气净化　甲醇合成的原料是 CO 和 H_2，而经 CO 变换后的粗合成气中含有大量的 CO_2，而且含有对甲醇合成铜催化剂有毒害作用的硫，因此需要将粗合成气进行净化处理，以脱除其中的酸性气体，特别是要将其中的硫脱除到 $0.1\mu L/L$（10^{-6}）以下。脱除酸性气的方法分为物理吸附法和化学吸附法，通常当酸性气组分的分压较低、气体量较小时采用化学吸附法的效果较好，也经济；而酸性气组分的分压较高，且气体量比较大的时候，则宜采用物理吸附法。

物理吸附法又分为热法和冷法两种，热法包括了 UOP 公司的 Selexol 工艺和南化研究院的 NHD 工艺，冷法即低温甲醇洗工艺，三种工艺优缺点对比如表 8-1 所示。

表 8-1　三种合成气净化工艺对比

项目	Selexol	NHD	低温甲醇洗
溶剂	聚乙二醇二甲醚	聚乙二醇二甲醚	甲醇
净化气体的净化度	总硫<10^{-6}	总硫<10^{-6}	总硫<10^{-7}
	CO_2<0.1%	CO_2<0.1%	CO_2<10^{-5}
工艺的局限性	对 COS 吸收能力差，需设水解装置	对 COS 吸收能力差，需设水解装置	溶剂有挥发性，需冷量
总费用比	1	0.91	0.80

采用低温甲醇洗工艺的投资高一些，但操作费用较低，综合考虑低温甲醇洗工艺占优。

林德公司的低温甲醇洗技术适合于水煤浆气化工艺，鲁奇公司的低温甲醇洗技术适合于 Shell 粉煤气化技术。

低温甲醇洗法（Rectisol 法）属物理吸附法，采用甲醇为吸附剂，在加压、低温下操作，原料气中的酸性气体（H_2S、COS、CO_2）在甲醇中的溶解度大、较易脱除，溶剂甲醇的损失量也很小。甲醇溶剂具有如下特点：①对 H_2S、COS、CO_2 的溶解度大，溶剂的循环量低；②H_2S 和 COS 比 CO_2 的选择性高，可以得到富 H_2S 的物流，有利于硫黄回收；③对 H_2、CO 和 CH_4 的溶解度低，有效气体损失小；④溶剂易回收，溶剂损失率低；⑤对水的溶解度高，可以脱除原料气中的水；⑥低温下黏度小，适宜于低温操作；⑦具有较好的化学稳定性和热稳定性；⑧对设备不产生腐蚀；⑨易得且价格低廉。

神华包头煤制烯烃示范工程的粗合成气净化采用了低温甲醇洗工艺技术；由于工厂自产丙烯，低温甲醇洗采用了丙烯制冷。

（4）甲醇合成　甲醇是煤制低碳烯烃工艺过程中的重要中间产品，低廉而稳定的甲醇是实现煤制低碳烯烃的关键。要实现中间产品甲醇的低成本，一是要生产出低成本的合成气（通过低煤价、煤气化及粗合成气净化技术的先进性及大型化等实现）；二是要实现甲醇合成的大型化。

目前，中低压合成都采用了铜基催化剂。该类型的催化剂具有活性高、副产物少、使用条件温和等优点，其缺点是催化剂的耐热性能差、对原料气中的杂质（硫、卤素等）极为敏感，需要较苛刻的净化条件。

目前已经工业化生产的甲醇合成技术基本上都采用气相法，气相法甲醇合成的特点是：要求原料气的 H_2/CO 比为 2 左右，单程转化率低（一般为 $10\%\sim15\%$），循环比大（一般大于 5）。以固定床甲醇合成为例，一般采用铜系催化剂，合成压力一般为 $7\sim10MPa$，反应温度为 $210\sim280℃$，大型甲醇的合成流程有"串塔合成流程"和"双级合成流程"两大类。

神华包头煤制烯烃示范工程的 180 万吨/年甲醇合成装置采用了 Davy 公司的串/并联工艺流程。鉴于本书有专门章节阐述甲醇生产，故在此不予赘述。

（5）甲醇制低碳烯烃　采用循环流化床的 MTO 工业装置包括甲醇进料汽化和反应、催化剂再生和循环、反应产物冷却和脱水三大部分。典型的 MTO 工业装置反应、再生系统如图 8-2 所示，反应产物换热及冷却系统如图 8-3 所示。

① MTO 反应系统。MTO 反应系统的作用是在 SAPO-34 分子筛为活性组分的催化剂作用下，将甲醇原料转化为以乙烯、丙烯、丁烯为主的反应产物。

由于甲醇进料中含有一定量的水，可以减少焦炭的生成，因此，MTO 工业装置一般采用含水约 5% 的甲醇（MTO 级甲醇）作为进料。反应要求气相进料，需要将甲醇加热、汽化和过热。同时，MTO 反应是强放热反应，可充分利用反应放热来加热甲醇。神华包头MTO 工业示范装置就是将液体甲醇依次通过反应器内取热器、净化水换热器、凝结水换热

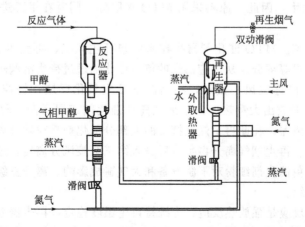

图 8-2　神华包头 MTO 工业示范装置反应、再生系统

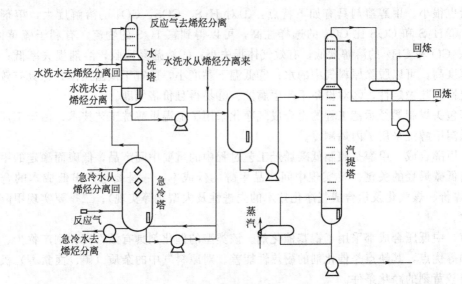

图 8-3　反应产物换热及冷却系统

器、蒸汽汽化器、反应器换热器等来加热、汽化和过热，甲醇气体进入反应器的温度为 130～250℃。

MTO 的反应器系统包括反应器、旋风分离器、取热器、汽提段，其核心设备反应器为循环流化床。过热后的气相甲醇进入反应器，与催化剂接触发生反应，生成以乙烯、丙烯为主的反应气。反应气携带催化剂向上移动，其中大颗粒催化剂会在重力作用下返回催化剂床层，少量较小颗粒的催化剂随反应气进入反应器顶部的多组二级旋风分离器，分离出来并通过料腿返回催化剂床层。反应气离开二级旋风分离器后进入三级旋风分离器，进一步除去反应气中的微量催化剂细粉。反应气离开三级旋风分离器后进入立式换热器与进料甲醇进行换热后进入急冷塔。反应气与甲醇蒸汽换热，既可以将甲醇蒸汽过热以满足反应器的进料要求，又降低了反应气进急冷塔的温度，降低了急冷塔的负荷。

MTO 反应是强放热反应，反应器催化剂床层设置的内取热盘管将过剩的反应热取走以维持反应温度的稳定。甲醇转化为低碳烯烃的过程中，催化剂会逐渐结焦失活。为恢复催化剂活性，需连续地将部分催化剂引入到再生器进行烧焦再生。再生后的催化剂连续地进入反应器催化剂床层，以保持催化剂反应活性。降低甲醇分压可以改善反应选择性并减少副反应的发生，因此，原料采用 MTO 级甲醇，同时在甲醇进料中加入一定量的稀释蒸汽。

② MTO 再生系统。MTO 催化剂再生器系统包括主风机、再生器、三级旋风分离器、催化剂储存及加注装置等部分。从反应器来的待生催化剂通过待生滑阀进入再生器，与主风机输送的压缩空气（简称主风）接触，在高温下发生氧化反应，烧掉大部分焦炭，生成 CO、CO_2 和 H_2，同时放出大量热。再生烟气离开催化剂床层后向上移动，进入再生器顶部的多组二级旋风分离器，在此再生烟气携带的大部分催化剂颗粒被分离出来并通过料腿返回再生器催化剂床层。再生烟气离开再生器后进入第三级旋风分离器，进一步除去烟气中的微量催化剂细粉，避免催化剂细粉对下游设备和大气造成影响。离开三级旋风分离器的再生烟气进入余热回收系统。

由于催化剂烧焦反应是强放热反应，为维持再生温度稳定，再生器系统设置了内、外取热器，通过发生蒸汽及时移走热量。MTO 生产过程中，催化剂自然跑损是难免的，因此设有催化剂储存及加注装置。正常生产时，一般是通过催化剂加注装置向再生器加注催化剂来补充系统的催化剂跑损。

富含 CO 的高温再生烟气首先进入 CO 焚烧炉，与补充风中的 O_2 发生氧化反应，生成 CO_2，之后进入余热锅炉发生蒸汽回收热量。达到排放要求的烟气排入大气。该部分称为 MTO 再生系统中的余热回收系统。

③ 反应产物冷却和脱水系统。水是反应气中质量分数最大的物质，包括了 MTO 反应生成的水、MTO 级甲醇中含有的水、向反应器中注入的稀释蒸汽、待生催化剂汽提蒸汽等。

反应产物冷却和脱水系统集热量回收利用、反应水凝结、脱除催化剂细粉及反应副产物处理于一体，一般包括急冷塔系统、水洗塔系统和反应水汽提塔系统。

急冷塔系统反应气与进料甲醇蒸汽换热后首先进入急冷塔，急冷塔的作用有三个：一是将反应气急冷降温，同时为烯烃分离单元提供低温热源；二是将反应气携带的微量催化剂细粉洗涤进入急冷水系统并脱除；三是将反应气中携带的微量有机酸（主要是甲酸和乙酸）溶解于急冷水中并注碱中和。

水洗塔系统来自急冷塔的反应气进入水洗塔下部，与水洗塔上部来的水洗水逆流接触，进行传质传热。水洗塔的主要作用有三个：一是将反应气中的水蒸气冷凝；二是将反应气继续降温至压缩机入口温度要求，同时为烯烃分离单元提供低温热源；三是脱除反应气中少量重质烃和部分含氧化合物。

MTO 反应过程中生成的微量芳烃以及进料甲醇中携带的微量蜡会在水洗塔内聚集，因此在水洗塔内设置隔油设施。反应气携带的少量有机酸会溶解在水洗水中，因此还需向水洗水加入碱液，以控制其 pH 值，防止腐蚀设备。

反应水汽提塔系统进料包括水洗水、急冷水和烯烃分离单元压缩机段间凝液，其主要作用是将未完全反应的含氧化合物（甲醇、二甲醚）以及反应生成的含氧化合物（主要是醛、酮等）从水中汽提出来，返回反应器进行回炼，同时保证净化水外送达到要求。

MTO 循环流化反应再生工艺操作简便，平衡催化剂的活性稳定，甲醇转化率恒定，产品组成和产品性质稳定；乙烯、丙烯、丁烯等低碳烯烃的碳选择性高达 90% 以上；乙烯、丙烯产品中的乙炔、丙炔和丙二烯等副产物含量低，简化了烯烃分离单元的操作；甲烷和氢气的含量低，不需要代价高昂的深冷分离即可产出聚合级的乙烯、丙烯产品；单套装置处理量大，提高了 MTO 项目的经济性。

(6) 烯烃分离　烯烃分离（或称为轻烯烃回收）是将甲醇制烯烃单元生产的混合产物中的乙烯、丙烯等低碳烯烃以经济、低能耗、最大回收率的方式生产能够满足下游加工装置进料规格的烯烃产品。甲醇制烯烃反应得到的反应产物的组成有其特有的特点：①氢气和甲烷少，有利于乙烯分离；②乙烯、丙烯含量高于石脑油裂解气；③重组分（C_5^+）少；④炔烃含量少；⑤不含 H_2S；⑥产物中含有含氧化合物（甲醇、二甲醚等）。MTO 烯烃分离工艺的目标主要是：有效脱除杂质（未反应的甲醇、二甲醚、CO_2、CO、NO_x、N_2、O_2 等）、简化分离流程、尽可能不采用深冷分离和冷箱设计。

神华包头 MTO 示范项目采用的是美国 Lummus 公司的烯烃分离专利技术。此外，典型的还有 Wison 公司、KBR 公司烯烃分离工艺等。

2. Lummus 工艺流程

Lummus 工艺流程为前脱丙烷、后加氢和丙烷洗流程（见图 8-4）。水洗塔和碱洗塔设

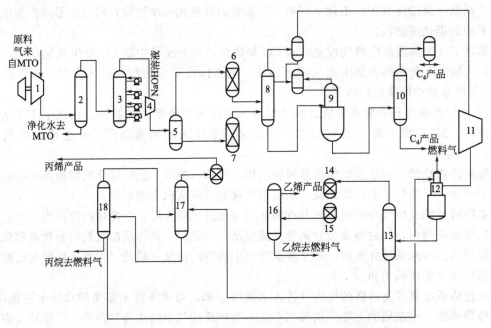

图 8-4　Lummus 公司前脱丙烷烯烃分离工艺流程

1—原料气压缩机一、二段；2—水洗塔；3—碱洗塔；4—原料气压缩机三段；

5—气液分离罐；6—气相干燥器；7—液相干燥器；8—高压脱丙烷塔；

9—低压脱丙烷塔；10—脱丁烷塔；11—原料气压缩机四段；12—脱甲烷塔；

13—脱乙烷塔；14—乙炔加氢反应器；15—乙烯干燥器；

16—乙烯精馏塔；17，18—丙烯精馏塔

在原料气压缩机二段排出，碱洗塔为三段碱洗和一段水洗。脱丙烷塔设在压缩机三段出口，分为高低压脱丙烷，以降低系统结垢程度。进料分为气相、液相两股进料，分别经过气相、液相干燥器后进入脱丙烷系统。脱甲烷塔塔顶燃料气进入全厂燃料气管网。乙烯精馏塔采用侧线采出，以提高乙烯产品纯度。冲洗丙烷由丙烯精馏塔塔釜注入脱甲烷塔顶部，在系统内循环使用。丙烯产品经过保护床脱除氧化物以控制产品质量。

3. 惠生（Wison）公司工艺流程

　　惠生（Wison）公司工艺流程为前脱丙烷、后加氢、预切割和油吸收流程（见图 8-5）。水洗塔和碱洗塔设在原料气压缩机二段排出，碱洗塔为三段碱洗和一段水洗。脱丙烷塔设在压缩机三段出口，分为高低压脱丙烷，以降低系统结垢程度。进料分为气相、液相两股进料，分别经过气相、液相干燥器后进入脱丙烷系统。脱甲烷塔由预切割塔和油吸收塔组成。预切割塔塔顶的气相包括部分 C_2 及以下轻组分，用丙烯冷剂部分冷凝后进入油吸收塔。预切割塔再沸器用反应混合气和丙烯冷剂分别加热以回收冷量。预切割塔塔釜物料是脱乙烷塔的进料。在油吸收塔中，用来自丙烯精馏塔塔釜的丙烷做吸收剂吸收气相中的乙烯、乙烷。油吸收塔塔底液相返回预切割塔塔顶，油吸收塔塔顶气相用丙烯冷剂部分冷凝后进入塔顶回流罐，回流罐的液相作为油吸收塔的回流返回塔顶，回流罐的气相为尾气。尾气与乙烷汇合，回收冷量后作为燃料气进入燃料气管网。油吸收塔设有中间冷却器，以便有效控制温度，及时移走吸收放热。乙烯从精馏塔侧线采出以提高乙烯产品纯度。冲洗丙烷由丙烯精馏塔塔釜注入油吸收塔顶部，在系统内循环使用。丙烯产品经过保护床脱除氧化物以控制产品质量。

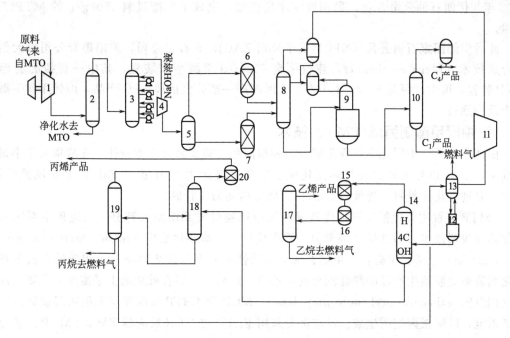

图 8-5　Wison 公司前脱丙烷烯烃分离工艺原则流程

1—原料气压缩机一、二段；2—水洗塔；3—碱洗塔；4—原料气压缩机三段；5—气液分离罐；

6—气相干燥器；7—液相干燥器；8—高压脱丙烷塔；9—低压脱丙烷塔；10—脱丁烷塔；

11—原料气压缩机四段；12—预切割塔；13—油吸收塔；14—脱乙烷塔；

15—乙炔加氢反应器；16—乙烯干燥器；17—乙烯精馏塔；

18,19—丙烯精馏塔；20—丙烯产品保护床

KBR 公司工艺流程为前脱丙烷、后加氢和多股丙烷洗流程。在此不再赘述。

五、甲醇制烯烃主要设备

MTO 工业装置中的设备可分为静设备、动设备和炉类设备等。静设备主要有反应-再生系统设备、塔类设备、冷换热类设备和容器等；动设备主要是离心泵和主风机；炉类设备主要有开工加热炉、CO 焚烧炉、余热锅炉和辅助燃烧室等。其中，反应-再生系统设备包括反应器、再生器、旋风分离器和取热器等；塔类设备包括急冷塔、水洗塔和汽提塔等。

第三节　甲醇制丙烯

一、甲醇制丙烯技术概述

1. 国外甲醇制丙烯（MTP）技术

德国鲁奇公司最早开发成功甲醇制丙烯（MTP）工艺技术，于 2002 年在挪威 Statl 公司甲醇厂建成 MTP 工业示范装置，使用德国南方化学公司 ZSM-5 沸石催化剂，具有丙烯选择性高、结焦少等优点。示范装置甲醇进料量约 15kg/h，采用固定床反应器，甲醇转化率大于 99%，丙烯选择性为 71%～75%，累计运行 11000h，催化剂测试时间超过 7000h。

2003 年与伊朗石油公司合作,采用固定床反应器,完成了甲醇进料 150kg/h 的 MTP 工业试验。

此后伊朗国家石油公司 (NPC) 的子公司 ZAGROS 石化公司,采用鲁奇公司特大型甲醇合成技术 (Mega Mothanol),建设两套 5000t/d 甲醇生产装置,其中一套拟配套建设 MTP 装置,可生产丙烯 53.4×10^4 t/a,同时副产一部分汽油和 LPG 产品,丙烯用作下游加工产品的原料。

2. 中国甲醇制丙烯(FMTP)技术

由清华大学、中国化学工程集团公司和淮南化工集团公司三方合作,在清华大学小试的基础上,于 2009 年 5 月在淮化集团建成了甲醇进料量为 100t/d 的 FMTP 工业试验装置,同年 9 月进行化工投料,连续运行 504h,取得预期的试验成果。

FMTP 装置主要包括反应再生系统和反应产物分离系统两大部分。反应再生系统采用流化床反应器及 SAPO-18/34 混晶分子筛催化剂。甲醇转化反应 (MCR, methanol conversion reaction) 生成二甲醚,二甲醚在催化剂活性中心上形成表面甲基,相连的表面甲基从催化剂表面上脱落生产低碳烯烃混合物,乙烯、丙烯、丁烯在催化剂上平衡反应主要生成丙烯 (EBTP, ethene&butylene to propylene)。MCR 与 EBTP 反应器均采用两层设计,减少丙烯返混,以降低丙烷的生成。反应部分采用 EBTP 与 MCR 反应器串联,FMTP 工艺总体采用连续反应-再生流程。

根据甲醇制丙烯反应过程的特点,清华大学开发了多级逆流接触分压流化床反应器技术,有效控制反应器内返混,减少氢转移、烯烃聚合等副反应,提高丙烯的选择性。该反应器已成功应用于 3×10^4 t/a FMTP 工业试验装置。

在 FMTP 工业试验过程中,对催化剂的研究一直在进行,同时对反应产物丙烷脱氢转化 (PDH) 进行了研究,已完成小试评价。

FMTP 工业试验装置单产丙烯时总收率可达 77%,生产 1t 丙烯消耗甲醇为 3t;若以生产丙烯为主,适当生产乙烯,双烯总收率可达 88%,生产 1t 双烯消耗甲醇为 2.62t。乙烯/丙烯产量可在 0.02~0.85 范围内调节。

反应产物分离系统包括混合工艺气急冷压缩、吸收稳定和丙烯分离三个部分。

二、甲醇制丙烯工艺流程及主要设备

鲁奇公司开发的固定床 MTP 工艺流程如图 8-6 所示。该工艺同样将甲醇首先脱水为二甲醚。然后将甲醇、水、二甲醚的混合物进入第一个 MTP 反应器,同时还补充水蒸气。反应在 400~450℃、0.13~0.16MPa 下进行,水蒸气补充量为 0.5~1.0kg/kg 甲醇。此时甲醇和二甲醚的转化率为 99% 以上,丙烯为烃类中的主要产物。为获得最大的丙烯收率,还附加了第二和第三 MTP 反应器。反应出口物料经冷却,并将气体、有机液体和水分离。其中气体先经压缩,并通过常用方法将痕量水、CO_2 和二甲醚分离。然后清洁气体进一步加工得到纯度大于 97% 的化学级丙烯。不同烯烃含量的物料返至合成回路作为附加的丙烯来源。为避免惰性物料的累积,需将少量轻烃和 C_4、C_5 馏分适当放空。汽油也是本工艺的副产物,水可作为工艺发生蒸汽,而过量水则可在作专用处理后供农业生产用。

由于采用固定床工艺,催化剂需要再生。反应 400~700h 后使用氮气、空气混合物进行就地再生。

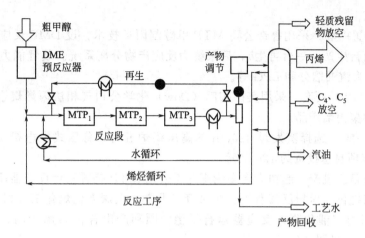

图 8-6　鲁奇 MTP 工艺流程

鲁奇公司的 MTP 工艺，其典型的产物分布（质量分数）：乙烷为 1.1%，乙烯为 1.6%，丙烷为 1.6%，丙烯为 71.0%，C_4 及 C_5 为 8.5%，C_6 为 16.1%，焦炭小于 0.01%。

三、中国 MTP 工业化示范项目

1. 大唐国际多伦 MTP 工业示范项目

2006 年 3 月大唐国际在内蒙古多伦开工建设世界第一套 MTP 大型工业示范装置。以褐煤为原料，采用 Shell 煤气化技术、鲁奇公司低温甲醇洗合成气净化技术以及鲁奇（Lurgi）公司的日产甲醇 5000t 的气冷水冷工艺和 MTP 技术；聚丙烯采用美国陶氏（DOW）化学公司气相法丙烯聚合技术，上述均为国际先进技术，示范工程建设起点高、规模大。MTP 示范项目主要产品产能为：甲醇（中间产品）$169 \times 10^4 t/a$、聚丙烯 $49 \times 10^4 t/a$、汽油 $18.22 \times 10^4 t/a$、LPG$3.64 \times 10^4 t/a$、硫黄 $3.8 \times 10^4 t/a$。

以主产品聚丙烯计算，1t 聚丙烯消耗甲醇为 3.45t，以聚丙烯、汽油和 LPG 三种产品计算，1t 产品消耗甲醇为 2.385t。

原料褐煤含水 34%，经二级破碎，再经干燥脱水，使煤含水量降至 6%，送至煤气化工序。项目主要生产装置和辅助装置包括：

① Shell 干粉煤气化装置三套　气化压力为 4.0MPa，每台气化炉消耗干燥煤 2800t/d，合成气（$CO + H_2$）产量为 $15.7 \times 10^4 m^3/h$。

② CO 变换装置三套　每套由两台变换炉串联组成，进口粗煤气为 $24.67 \times 10^4 m^3/h$，总气量为 $74 \times 10^4 m^3/h$，进气压力 3.8MPa，温度 230~260℃，变换温度 430~450℃。

③ 空分制氧装置三套　单套制氧能力为 $5.8 \times 10^4 m^3/h$，氧气纯度达 99.6%，由杭氧公司成套提供。

④ 煤气净化及硫回收装置一套　采用鲁奇公司低温甲醇洗技术，两台吸收塔、一台再生塔，用甲醇洗脱除原料气中 CO_2、H_2S 和 COS，净化后气体硫含量小于 0.1×10^{-6}（体积分数），CO_2 小于 20×10^{-6}，吸收塔在 -40℃ 温度下操作。硫回收采用克劳斯技术，副产固体硫黄。

⑤ 甲醇装置一套　由合成气压缩、甲醇合成和精馏等工序组成。采用鲁奇公司先进的气冷水冷双合成塔技术，合成压力为 8.1MPa，合成温度 225~240℃；甲醇精馏采用鲁奇公

司三塔精馏工艺。

⑥ MTP 装置一套　采用鲁奇公司 MTP 甲醇制丙烯技术，设 DME 反应器一台，MTP 反应器三台（两台生产，一台再生），后系统为反应产物分离系统。装置能力为丙烯 $47.4 \times 10^4 t/a$，副产品为汽油馏分和 LPG 等。

⑦ 聚丙烯（PP）两套　采用美国陶氏（Dow）化学公司气相法丙烯聚合技术。可生产均聚和共聚两种聚丙烯产品。

⑧ 热电站一座　选择蒸发量 420t/h 的高压锅炉五台，背压式发电机 100MW 两台和 80MW 一台。该项目总投资约 120 亿元。

目前，该项目已投产，起初大唐多伦煤化工公司 MTP 装置三台反应器所使用的催化剂全部由国外厂家提供，承担巨额费用。2014 年 7 月起，大唐多伦煤化工公司 MTP（甲醇制丙烯）装置投用国产催化剂，反应器运行平稳，顺利产出合格丙烯产品。大唐国际多伦 MTP 工艺流程简图见图 8-7。

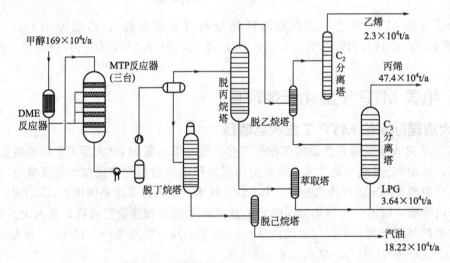

图 8-7　大唐国际多伦 MTP 工艺流程简图

2. 神华宁煤集团 MTP 工艺

神华宁煤集团也是以煤为原料，采用鲁奇 MTP 工艺技术的煤制烯烃项目，最终产品为聚丙烯。工艺流程如图 8-8 所示。

该项目位于宁夏宁东能源重化工基地，项目主要工艺技术采用德国西门子干煤粉气化工艺和鲁奇低温甲醇洗工艺、甲醇合成工艺、MTP 工艺、ABB 气相法聚丙烯工艺。2011 年 4 月 29 日，丙烯、聚丙烯及包装装置试车成功，产出最终产品；2011 年 5 月产品外运，标志着全球第一套工业化煤经甲醇制丙烯装置试车取得成功；2012 年，神华宁煤烯烃甲醇厂全年完成产量 85.3 万吨；同时生产 40.5 万吨聚丙烯、17.8 万吨混合芳烃、6.6 万吨液化气，3.4 万吨聚甲醛；2014 年 8 月 27 日，神华宁煤集团第二套年产 50 万吨甲醇制丙烯（MTP）项目试车成功，产出纯度 99.88% 的合格丙烯及牌号为 1102K 的合格聚丙烯产品。随着该项目的建成，神华宁煤在第一套 50 万吨/年煤制聚丙烯的基础上，具备了第二套 50 万吨/年 MTP 装置，使聚丙烯产能提高到了 100 万吨/年。至此，中国煤（甲醇）制烯烃已投产 9 套装置，总产能 446 万吨/年。

该工艺的主要设备包括 DME 预反应器一台，一、二、三段反应器各一台，丙烯分馏塔一台等。

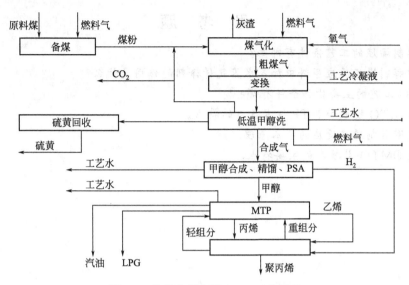

图 8-8　神华宁煤集团 MTP 工艺流程

四、MTO 和 MTP 技术比较

1. 技术条件

（1）MTO 技术特点　采用流化床反应器和再生器，连续稳定操作；采用专有催化剂，催化剂需要在线再生，保持活性；甲醇的转化率达 100%，低碳烯烃选择性超过 85%，主要产物为乙烯和丙烯；可以灵活调节乙烯/丙烯的比例；乙烯和丙烯达到聚合级。

（2）MTP 技术特点　采用固定床由甲醇生产丙烯，首先将甲醇转化为二甲醚和水，然后在三个 MTP 反应器中进一步转化为丙烯。催化剂系采用南方化学开发的改进 ZSM-5 催化剂，有较高的丙烯选择性。甲醇和 DME 的转化率均大于 99%，对丙烯的收率则约为 71%。产物中除丙烯外还将有液化石油气、汽油和水。

从技术上讲，MTO 和 MTP 技术已经成熟可行，具备工业化推广的条件。

2. 经济性对比

从最终产品上讲，MTP 产品为聚丙烯，副产汽油和液化石油气，其副产品附加值不高。MTO 产品为聚乙烯、聚丙烯，并且产品比例可根据市场进行调节，具有良好的市场灵活性。

根据神华 MTO 煤制烯烃项目和大唐 MTP 煤制烯烃项目的投资和最终产品方案和近年产品平均价格，以 180 万吨甲醇为基础作对比分析，见表 8-2。

表 8-2　180 万吨甲醇制烯烃经济性对比

工艺技术	总投资/亿元	最终产品	规模/(万吨/年)	平均价格/(吨/元)	销售总和/(万元/年)
MTO	116	聚乙烯	30	10000	647000
		聚丙烯	30	9900	
		丁烯/C_5	10	5000	
MTP	120	聚丙烯	49	9900	592140
		汽油	14	6000	
		液化气	7.2	3200	

思 考 题

1. 甲醇制烯烃的工艺条件有哪些?
2. 在甲醇制烯烃反应原料中加入水蒸气稀释剂的作用是什么?
3. MTO 工艺的主要操作条件有哪些?
4. 简述 MTO 技术和 MTP 技术各自的特点。
5. 简述甲醇制烯烃反应的基本原理。
6. 简述 DMTO-Ⅱ技术的主要特点。

第九章

煤制天然气

第一节 天然气概述

一、天然气

天然气是高热值清洁能源，同时又是重要的化工原料。长期以来，通用的"天然气"的定义是从能量角度出发的狭义定义，即指天然蕴藏于地层中的烃类和非烃类气体的混合物。天然气蕴藏在地下多孔隙岩层中，包括油田气、气田气、煤层气、泥火山气和生物生成气等，也有少量储于煤层。它是优质燃料和化工原料。

在石油地质学中，天然气通常指油田气和气田气，其组成以烃类为主，并含有非烃气体。

1. 天然气的理化性质

天然气不溶于水，密度为 $0.7174kg/m^3$（标准状况），相对密度（水）约为 0.45（液化），燃点为 650℃，爆炸极限为 5%～15%（体积分数）。天然气比空气轻，具有无色、无味、无毒之特性。

天然气主要成分为烷烃，其中甲烷占绝大多数，另有少量的乙烷、丙烷和丁烷，此外，一般含有硫化氢、二氧化碳、氮、水气、少量一氧化碳和微量的稀有气体，如氦和氩等。

甲烷燃烧方程式如下。

完全燃烧：$$CH_4 + 2O_2 \longrightarrow CO_2 + 2H_2O$$
不完全燃烧：$$2CH_4 + 3O_2 \longrightarrow 2CO + 4H_2O$$

2. 天然气的组成分类

① 天然气按在地下存在的相态可分为游离态、溶解态、吸附态和固态水合物。只有游离态的天然气经聚集形成天然气藏，才可开发利用。

② 天然气按照生成形式又可分为伴生气和非伴生气两种。伴生气是伴随原油共生，与原油同时被采出的油田气，通常是原油的挥发性部分，以气的形式存在于含油层之上，凡有原油的地层中都有，只是油、气量比例不同。非伴生气包括纯气田天然气和凝析气田天然气两种，在地层中都以气态存在。凝析气田天然气从地层流出井口后，随着压力的下降和温度

的升高，分离为气液两相，气相是凝析气田天然气，液相是凝析液，称为凝析油。若为非伴生气，则与液态集聚无关，可能产生于植物物质。世界天然气主要是气田气和油田气。

③ 依据天然气的蕴藏状态可分为构造性天然气、水溶性天然气、煤矿天然气三种，而构造性天然气又可分为伴随原油产出的湿性天然气、不含液体成分的干性天然气。

④ 天然气按成因可分为生物成因气、油型气和煤型气。

3. 天然气的基本特点

① 天然气是较为安全的燃气之一，它不含一氧化碳，也比空气轻，不易积聚形成爆炸性气体，安全性较高。

② 采用天然气作为能源，可减少煤和石油的用量，因而大大改善环境污染问题。天然气作为一种清洁能源，燃烧时能减少二氧化硫和粉尘排放量近100%，减少二氧化碳排放量60%和氮氧化合物排放量50%，并有助于减少酸雨形成，缓解地球温室效应，从根本上改善环境质量。天然气作为汽车燃料，具有单位热值高、排气污染小、供应可靠、价格低等优点，已成为世界车用清洁燃料的发展方向，而天然气汽车则已成为发展最快、使用量最多的新能源汽车。

4. 天然气的用途

天然气主要用作燃料，可制造炭黑、化学药品和液化石油气，由天然气生产的丙烷、丁烷是现代工业的重要原料。

（1）工业燃料　以天然气代替煤用于工厂采暖、生产用锅炉以及热电厂燃气轮机锅炉。天然气发电是缓解能源紧缺、降低燃煤发电比例、减少环境污染的有效途径，且从经济效益看，天然气发电的单位装机容量所需投资、建设工期短、上网电价较低，具有较强的竞争力。以天然气为基础气源，经过气剂智能混合设备与天然气增效剂混合后形成的增效天然气是一种新型节能环保工业燃气，燃烧温度能提高至3300℃，可用于工业切割、焊接、打破口，可完全取代乙炔气、丙烷气，可广泛应用于钢厂、钢构、造船行业。

（2）天然气化工　天然气是制造氮肥的最佳原料，具有投资少、成本低、污染少等特点。天然气占氮肥生产原料的比重，世界平均为80%左右。近年来，用天然气生产甲醇的工业装置也得到一定的发展。

（3）清洁燃料　天然气是优质高效的清洁能源，二氧化碳和氮氧化物的排放分别仅为煤炭的1/2和1/5左右，二氧化硫的排放几乎为零。以天然气代替汽车用油，具有价格低、污染少、安全等优点。国际天然气汽车组织的统计显示，天然气汽车的年均增长速度为20.8%，全世界共有大约1270万辆使用天然气的车辆，预测到2020年总量将达7000万辆，其中大部分是压缩天然气汽车。

二、煤制天然气

煤制天然气是指煤首先经过气化产生合成气，再经过甲烷化处理来生产代用天然气（SNG）。

1. 国外煤制天然气技术

（1）德国鲁奇公司甲烷化技术　20世纪70年代鲁奇公司与南非SASOL公司合作开发成功了合成气（$CO+H_2$）甲烷化制天然气技术，CO转化率达100%，CO_2转化率达98%，合成的天然气含甲烷95%以上。1984年美国北达科他州"大平原气化联合厂"，采用鲁奇公司煤气化制天然气技术，建成世界第一套大型煤制天然气装置，生产能力为$354\times10^4 m^3/d$天然气，年耗褐煤600多万吨。采用14台（4.27m Mark-4型）固定床鲁奇炉（12台开机，

2 台备用)，合成气通过甲烷反应器，在 5～7MPa 和 600～700℃条件下合成天然气。工艺路线采用耐硫耐油变换、低温甲醇洗净化以及高压甲烷化，同时副产氨、硫黄、焦油以及高纯度的二氧化碳等，其中二氧化碳供给加拿大油田用于提高石油采收率（EOR）。该厂建成至今，已正常运行 20 多年。

由于鲁奇炉煤气中含有 10％～12％的甲烷气，同时副产一部分焦油及酚、氨等，加之投资较低，合成甲烷的综合成本较低，故国内拟建的煤制气项目大多采用鲁奇气化炉。

（2）丹麦 TREMP™甲烷化技术　托普索公司于 20 世纪 70 年代后期开发了甲烷化循环工艺技术（TREMP™），甲烷化反应在绝热条件下进行，通过循环来控制第一反应器的温度，TREMP™工艺一般有三台反应器，第二、第三反应器的反应热用水移除并产生中压蒸汽。

（3）英国戴维（Davy）甲烷化技术（CRG）　英国燃气公司 20 世纪 80 年代初开发成功的 CRG 技术，其 CRG-H 型催化剂具有很好的高温活性，20 世纪 90 年代末 Davy 公司获得对外转让许可专有权，并对该技术和甲烷化催化剂进行改进，开发了 CRG-LH 新型催化剂，具有很好的高温活性。甲烷化第二反应器采用高温反应器，副产高压蒸汽。其催化剂具有变换反应功能，不需要调节合成气的 H/C 比，甲烷转化率高。催化剂可在 230～700℃范围内稳定操作，具有很高的活性。甲烷合成压力高达约 6.0MPa。CEG-LH 催化剂成功应用于美国大平原合成燃料厂甲烷化装置。

2. 我国的煤制天然气技术

西北化工研究院曾经在 20 世纪 80 年代开发过 RHM-266 型耐高温甲烷化催化剂，适用于城市煤气甲烷化，使其部分 CO 转变为 CH_4，从而达到提高热值和降低煤气中 CO 浓度的目的。该催化剂 1986 年通过化工部鉴定，已应用于北京顺义煤气厂城市煤气甲烷化固定床反应器，但是没有在大规模城市甲烷生产上使用过。

河南煤气化工程是 20 世纪 90 年代引进国外鲁奇加压煤气化技术，在义马煤矿坑口建设的利用劣质煤生产中热值城市煤气［热值≥14.7MJ/m³（标准状况）］的大型煤气工程，并且是采用长距离（＞200km）、大口径（DN400mm）、高压力（2.5MPa）的管道输送办法，向洛阳等大中城市集中输送城市燃气的大型输气管道工程。一期工程于 2001 年 2 月 11 日投入试生产，中热值煤气产能 $120×10^4 m^3/d$（标准状况）。该工程于 2006 年 8 月 12 日通过了国家验收，同年 9 月 18 日，产能 $180×10^4 m^3/d$（标准状况）的二期工程又顺利投入试生产，合计中热值净煤气产能约 $300×10^4 m^3/d$（标准状况）。

3. 国内煤制天然气概况

中国是天然气资源稀缺的国家，2015 年我国天然气进口依存度已经接近 32％，预计到 2020 年天然气需求量将达 $2500×10^8 m^3$，预计产量为 $1500×10^8 m^3$，该产量难以满足需求量快速增长的要求。因此，国内天然气供应将长期存在资源短缺、价格上涨以及能源安全等问题，这为发展煤制代用天然气（SNG）技术提供了历史机遇。它可以利用我国资源优势相对较大的煤炭，尤其是褐煤等劣质煤炭，通过煤气化产生合成气，再经过甲烷化，生产热值大于 $8000kcal/m^3$ 的代用天然气。我国煤炭资源大部分集中在经济欠发达的陕西、山西、内蒙古和新疆等西北地区，而东南沿海煤炭资源少。众所周知，经济发达地区对煤炭和天然气等能源有巨大需求，但是煤炭运输成本高昂。为保证我国的能源安全以及满足清洁环境和经济发展的双重需要，将富煤地区的煤炭就地转化成天然气，通过贯通全国的天然气管网，输送到全国各地，是煤炭科学利用的有效方式。因此，发展煤制气不仅能解决劣质煤炭不适合长距离运输的问题，促进煤炭的高效、清洁利用，而且可以利用已有的天然气管道，有效缓解天然气的供需矛盾，这也是对劣质煤炭资源进行综合利用的有力措施。

从经济技术的角度看，煤制天然气的能源转化效率较高，技术基本成熟，是今后生产石油替代产品的有效途径。相比于煤制油，煤制气流程更短、工艺更简单。其关键环节煤气化、低温甲醇洗、合成甲烷化均是成熟技术。煤制天然气的耗水量在煤化工行业中相对较少，过程用水污染物质少，对环境的影响也较小。因此，与耗水量较大的煤制油相比具有明显的优势，发展煤制合成天然气将是解决我国天然气供应紧张的有效途径之一。

近年来，煤制天然气正在成为我国煤化工的新热点。随着煤化工行业的蓬勃发展和天然气消费量的大幅增长，我国煤制天然气产业取得了一定的发展成果。截至 2017 年 3 月，包括刚刚投料试车成功、产出合格天然气的伊犁新天煤化工有限责任公司年产 20 亿立方米煤制天然气项目在内，全国共有 4 个投产的煤制气项目。此前，我国已投产的 3 个煤制天然气项目分别为大唐国际克旗煤制天然气有限责任公司 40 亿立方米/年煤制天然气项目、新疆庆华能源集团有限责任公司伊犁 55 亿立方米/年煤制天然气项目和内蒙古汇能煤化工有限公司鄂尔多斯 20 亿立方米/年煤制天然气项目。已投产 3 个项目的产能总规模为 31.1 亿立方米/年（大唐克旗 13.35 亿方、新疆庆华 13.75 亿方、内蒙古汇能 4 亿方）。

第二节　煤制天然气工艺

一、煤制代用天然气（SNG）技术概述

煤制代用天然气（SNG）的关键技术主要有两点：煤制合成气技术和甲烷化技术。

煤制合成气技术种类较多、技术成熟、可靠性高。以鲁奇加压固定床气化技术为代表的第一代煤气化技术以及德士古、壳牌为代表的第二代气流床等煤气化技术的大规模工业化应用，为煤制合成气技术提供了可靠的保障。但甲烷化技术直至 1960 年都一直应用于净化领域，主要用于脱除工艺气体（如 H_2 或氨合成气）的少量一氧化碳 [0.1‰～2‰（体积分数）]。另外，此技术也广泛应用于城市煤气化领域，用以脱除其中的有毒气体一氧化碳，同时可增加煤气热值。

1. 反应机理

一氧化碳加氢合成甲烷属于多相催化气相反应，其基本反应式如下。

$$CO+3H_2 \longrightarrow CH_4+H_2O \quad \Delta H=-206.4kJ/mol$$

该反应使用含钴或含镍催化剂，一氧化碳在 200～350℃下催化加氢生成甲烷，是 F-T 合成烃类的一种特殊情况。

生成的水与一氧化碳作用生成二氧化碳和氢气（变换反应）：

$$CO+H_2O \longrightarrow CO_2+H_2 \quad \Delta H=-41.5kJ/mol$$

当一氧化碳完全转化为氢和二氧化碳时，又反应生成甲烷和水，反应式为：

$$CO_2+4H_2 \longrightarrow CH_4+2H_2O \quad \Delta H=-164.9kJ/mol$$

上述反应的平衡随着温度的升高而向左移动，压力升高则向右移动。副反应主要有两个：一是一氧化碳的析碳反应；二是单质碳与沉积炭的加氢反应，反应式如下：

$$2CO \longrightarrow CO_2+C \quad \Delta H=-171.2kJ/mol$$

$$C+2H_2 \longrightarrow CH_4 \quad \Delta H=+73.7kJ/mol$$

在通常的甲烷合成温度下，单质碳与沉积炭的加氢反应达到平衡很慢——类似碳的蒸汽气化反应（吸热反应）。因此，在碳的沉积反应发生时，它几乎是不可逆的，沉积炭能堵塞

催化剂。为了避免积炭反应的发生，必须采取如添加水蒸气以使氢气适当过量、控制反应温度等措施。

离开反应室的气体混合物的热力学平衡组成取决于原料气的组成、压力和温度。

2. 反应条件

由于甲烷化反应是强放热反应，所以要非常重视甲烷化过程的热量移除问题，以防止催化剂在温度过高时，因烧结和微晶的增大引起催化剂活性的降低。同时，还要考虑当原料气中 H_2/CO 摩尔比较低时可能产生的析碳现象。因此，在甲烷化工艺过程中，在选择反应条件（特别是温度条件）时，应考虑以下因素。

① 在 200℃以上，活性的催化剂组分（主要是元素周期表第Ⅷ族的金属）有助于使一氧化碳加氢反应达到足够高的速度。

② 形成挥发性镍羰基化合物 $[Ni(CO)_4]$ 的最低反应温度由一氧化碳分压确定。由于一氧化碳能形成挥发性镍羰基化合物而带来催化剂的腐蚀问题，因此确定镍或钴催化剂的反应温度在 225℃以上。

③ 当压力不变而反应温度升高时，由于热力学平衡的影响，甲烷含量和气体质量下降。因此需要限制反应，或者反应宜根据温度分步进行。第一步在尽可能高的温度（350～500℃）下进行，以便最大限度利用反应热；主反应完成后，残余的转化在低温下进行，以便最大限度进行甲烷化反应。

④ 低温下被抑制的一氧化碳析碳反应，其速率 450℃以上不规则地增加，并能迅速导致催化剂失活。为了避免碳在催化剂上的沉积，应在原料气中加入蒸汽，使气体的温升减少，从而抑制析碳反应的发生。此外，由于一氧化碳转化率和平衡的移动有所增加（有利于甲烷的生成），对于富含一氧化碳的气体（如煤气化合成气），直接用于甲烷化时必须引入蒸汽。

⑤ 甲烷化过程的热效率随温度增加而增加。

⑥ 金属粒子和催化剂载体的热稳定性约在 500℃以上迅速下降，同时由于烧结和微晶的增大引起催化剂活性降低。镍催化剂的常用反应温度在 280～500℃。

除以上考虑因素以外，还有许多大幅度地限制反应条件变化的辅助条件需要考虑，这在技术和经济上是必需的。如较高的原料合成气的利用率，这与转化过程及反应热有关；避免消耗能量的工艺步骤，如压缩或中间冷却等；减少催化剂体积并延长其寿命等，以降低投资及操作费用。

提高压力有助于甲烷的合成，但这受制于煤制合成气的操作压力和净化过程（如变化、脱碳等）的限制，为了避免原料气的高能耗中间压缩过程，应尽可能提高煤制合成气的压力。

二、甲烷化工艺

1. 采用固态排渣气化法的合成工艺

固态排渣气化法生产合成原料气的工艺流程，如图 9-1 所示。

气化炉生产的粗煤气，温度为 450℃，通过喷冷器冷却到 190℃，重质焦油被冷凝下来。粗煤气经废热锅炉进一步冷却到 103℃，废热锅炉生产的水蒸气压力为 0.3MPa 或者 1.05MPa。

冷却后的粗煤气分为两部分，其中约 55%走旁通道并冷却到 38℃，其余部分进行一氧化碳变换，量值可根据合成原料气的组分 H_2/CO 比（体积比）为 3：1 进行控制调节。进行变换的煤气先通过两级热交换器，利用变换后的煤气温度将其加热到 450℃左右。变换后

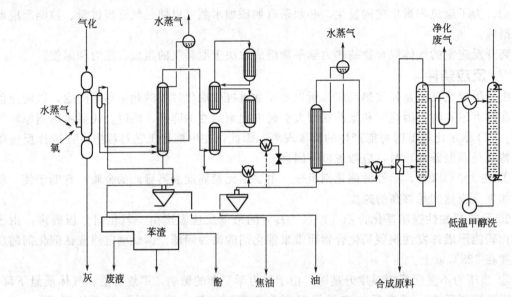

图 9-1   固态排渣气化法生产合成原料气工艺流程

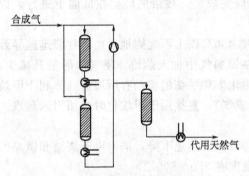

图 9-2   固态排渣气化法合成原料气
工艺流程简图

与旁通来的粗煤气重新汇合，用低温甲醇洗脱除粗煤气中的轻质油蒸汽、硫化氢和二氧化碳等杂质。

采用固态排渣气化法生产的合成气，其合成甲烷的方法有两种。

（1）固定床法　固定床法合成甲烷工艺流程如图 9-2 所示。由于甲烷化反应是一个强烈的放热反应，温度过高不利于甲烷的合成且在床内会产生积炭和催化剂熔结。故三台串联的固定催化床中，前两台催化床的入口温度为 320℃，控制煤气出口温度不大于 400℃。同时，在每一催化床后都装有废热锅炉，在降温回收反应热同时亦可产生一部分蒸汽。另外，为防止床层温度升高，采用一部分冷煤气（100℃左右）经压缩后进行循环。循环量与合成原料气之比为（1.1~1.3）∶1。为使甲烷合成率提高，需要在较低的温度下进行，一般控制温度在 120℃左右。

（2）流化床法　流化床法合成甲烷工艺流程如图 9-3 所示。第一个催化床采用流态化，第二个是固定床，采用雷尼（Raney）镍系催化剂。为了控制流化床内反应温度，除部分采用冷煤气循环外，另设置固体换热载体进行循环，以移除部分反应热至床外，降温以后用泵或者经压缩的煤气再送至床内。合成甲烷的反应为：

$$3H_2 + CO \longrightarrow CH_4 + H_2O$$

在固定床内，剩余的一氧化碳和部分二氧化碳以及全部 C_2 都进行合成甲烷反应：

$$CO + 3H_2 \longrightarrow CH_4 + H_2O$$
$$CO_2 + 4H_2 \longrightarrow CH_4 + 2H_2O$$
$$C_2H_6 + H_2 \longrightarrow 2CH_4$$
$$C_2H_4 + 2H_2 \longrightarrow 2CH_4$$

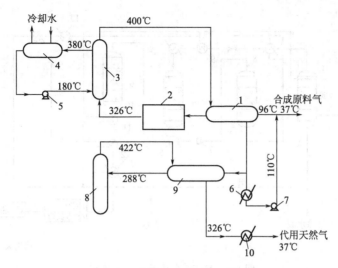

图9-3　流化床法合成甲烷工艺流程

1—热交换器；2—启动加热器；3—流化催化床；4—热交换器；5—泵；
6—冷却器；7—压缩机；8—固定催化床；9—热交换器；10—冷却器

甲烷总量中57%~65%是由催化反应产生的，其余的35%~43%是在加压气化炉内产生的。合成甲烷后，还需进一步干燥，脱去水分，即为代用天然气。按照根据美国能源研究中心提供的设计数据，各段煤气的组成如表9-1所示。

表9-1　代用天然气生产各工段的煤气组成　　单位：%（体积分数）

煤气组成	喷冷器后	净化前	净化后	代用天然气
H_2O	44.4	4.5	0.2	痕量
H_2	23.5	41.5	61.9	3.9
CO	8.1	12.6	18.8	0.1
CO_2	16.6	29.6	2.1	3.9
CH_4	6.0	10.3	15.3	90.9
C_2H_6	0.2	0.3	0.4	
C_2H_4	0.3	0.6	0.8	
H_2S	0.2	0.3	0.5	0.1
N_2	0.2			
NH_3	0.3			
焦油及轻质油	0.2			

注：气化原料为长焰煤。

2. 采用液态排渣气化法的合成工艺

采用液态排渣气化法制取代用天然气，主要有两种工艺路线：一种是煤气化→一氧化碳变换→脱硫化氢和二氧化碳→合成甲烷路线；另一种是煤气化→冷凝→脱硫化氢→甲烷化/变换→脱二氧化碳路线。前一种工艺路线由于液态排渣气化炉生产的煤气中一氧化碳含量高，水蒸气含量少，需在变换过程中再添加一部分水蒸气，因而影响到该气化方法的优越性。后一种工艺路线则弥补了上述缺点。在净化工艺中将一氧化碳变换与合成甲烷两道工序并在一起，成为一种新的合成甲烷工艺——高一氧化碳甲烷合成法（简称HCM法）。图9-4

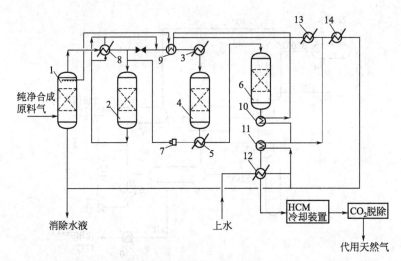

图 9-4   HCM 合成甲烷工艺流程

1—饱和器；2,4,6—甲烷合成塔；3—预热器；5,8,9—热交换器；7—透平；

10,11—热水交换器；12—锅炉；13,14—冷却器

为 HCM 合成甲烷工艺流程。

脱硫后纯净合成原料气在 350℃的温度下进入该装置，在饱和器内与热水逆向流动，从而添加了水蒸气。后相继进入三个串联的甲烷催化合成器，反应温度由产品气在循环和通过第一级合成原料气旁通道来控制。合成甲烷反应热由余热锅炉和热水交换器进行回收。其化学反应式为：

① CO 变换： $H_2O + CO \longrightarrow CO_2 + H_2$

② 合成甲烷： $3H_2 + CO \longrightarrow CH_4 + H_2O$

③ HCM： $2H_2 + 2CO \longrightarrow CH_4 + CO_2$

HCM 法采用的 H_2/CO 比为 1.0，并使用一种在高一氧化碳含量条件下合成甲烷所需的催化剂，在操作中通过添加一部分水蒸气，以降低一氧化碳的分压，可避免积炭现象。合成甲烷催化剂要求煤气必须脱硫至 10×10^{-6} 以下。

液态排渣气化炉采用 HCM 法生产代用天然气总工艺流程如图 9-5 所示。

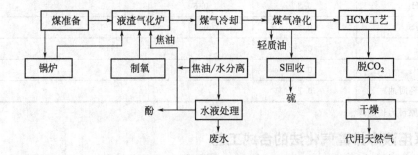

图 9-5   HCM 法制代用天然气工艺总流程（液态排渣气化炉）

气化炉生产的粗煤气先经冷凝脱去焦油，然后脱轻质油和硫化物（包括有机硫和无机硫），再经 HCM 工艺合成甲烷，最后脱去煤气中的二氧化碳和干燥处理，就制得代用天然气产品，一般在代用天然气组分中氢气少于 2%，一氧化碳含量在 0.1% 左右，二氧化碳含量在 1.5% 左右。

3. 代用天然气的生产工艺比较

代用天然气的生产有固态排渣气化、液态排渣气化、液态排渣气化 HCM 法三种工艺方案。其中固态排渣气化采用前变换净化合成工艺流程（当含硫量低的煤进行气化时，选用耐硫耐油的钴-钼系催化剂，一氧化碳变化可设置在净化之前，称为前变换工艺流程）；液态排渣气化工艺流程同样采用前变换工艺流程；而液态排渣气化 HCM 法工艺流程与上述两种相比，具有如下优点：

① 保留了液态排渣炉水蒸气耗用少（固态排渣的 1/2 左右）的特点。在粗煤气的净化过程中，由于没有一氧化碳变换工序，亦减少了变换耗用的水蒸气量。合成过程防止积炭所用的少量水蒸气可来自系统本身，故总水蒸气的消耗较低。

② 克服了固态排渣气化炉含酚废水处理量大的缺陷。需处理的废水量（包括气化煤中的水分）约为固态排渣的 1/6。

③ 出炉煤气中二氧化碳的浓度低，脱除硫化氢的工艺方法多，硫的回收率比较高。

④ 净化工艺流程简单，需脱除二氧化碳的煤气体积小，设备投资少。二氧化碳仅需一次脱除，且脱除的二氧化碳纯度高，可用来生产"干冰"。

⑤ 热利用效率高。

4. 其他甲烷化工艺

（1）匹兹堡能源技术中心甲烷合成工艺 共有三种工艺过程：高温气体循环法（hot gas recycle）、TWR 法（tube wall reactor）以及混合法（hybrid）。均采用具有高活性和甲烷合成选择性的雷尼镍催化剂，因此一氧化碳转化率高，催化剂层的压力损失也小，但耐硫性都很低。

高温气体循环法是将生成气体的一部分保持高温的情况下或加以冷却后，与原料气混合以降低原料气中一氧化碳的浓度来进行甲烷合成，因此催化剂层的温度易于控制。

TWR 法是将原料气通过内壁熔着雷尼镍催化剂的反应管来进行甲烷合成，此时的反应热用直接冷却剂由反应管外壁进行强制排热的方式移除。

混合法是高温气体循环法和 TWR 法的混合型。在和 TWR 法相同形状的反应管内部装备有 X 形的熔着雷尼镍催化剂的不锈钢钢板。反应温度由生成气的循环以及靠反应管外壁的导热油直接冷却来控制。

（2）流动床法甲烷合成工艺 流动床法甲烷合成工艺是美国煤炭研究所（BCR）开发，与煤气化的 BI-GAS 工艺过程相组合制造代用天然气。反应装置由气体分布区、反应区和分离区组成。气体分布区和反应区内装有翅片管式热交换器，用导热油循环进行排热。反应温度 $427\sim538℃$，操作压力约 7.0MPa。催化剂组成可使用镍或其他含钼的物质，以及 Ni-Co、Ni-Ru 的双金属组分。钼系催化剂对一氧化碳变换反应的选择性高，因而适用于处理 H_2/CO 比低的原料。

（3）液相流动床法甲烷合成工艺 液相流动床甲烷合成工艺是与气体工艺研究所（IGT）所开发的用于煤气化的 HY-GAS 过程相结合的工艺。由反应器下部通入原料气和流化用液体，受到流动床中悬浮的镍催化剂作用进行甲烷合成反应，其反应热被流化用液体吸收，其中一部分蒸发消耗。由于液体的热容量大，反应基本上在等温下进行。气化了的流化用液体和反应器出口气体一起在外部热交换器中冷却分离，液体再循环使用。

此法经进一步发展为 LPM/S 工艺（S：一氧化碳变换反应）。为使低 H_2/CO 比的原料气有效地制取代用天然气，原料气和蒸汽要一起送入反应管，同时发生甲烷合成反应和一氧化碳变换反应。液相流动床法工艺具有原料气 H_2/CO 比适用变动范围大、设备构造简单和反应速率快等优点。

(4) ICI甲烷合成工艺　帝国化学公司 (ICI) 的伍德沃德发表了可以处理含有高浓度一氧化碳原料气的工艺过程，由三个固定床甲烷合成管反应器串联而成，工艺流程简图如图9-6所示。

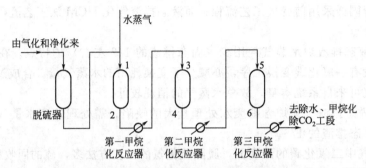

图9-6　ICI甲烷合成工艺流程简图

反应压力3.0MPa，在第一段中空速为$10000h^{-1}$。虽然仅在第一段向原料气中添入水蒸气，而催化剂温度还是上升到730℃。第一段和第二段反应管中，镍是采用含60%NiO的专作高温用的共沉淀催化剂，经2200h试验运作是成功的。

三、丹麦托普索 TREMP™技术

Topsøe（托普索）公司是唯一可将催化剂和过程技术相结合，并能为化工和石油化工业提供催化剂、工艺过程和工程设计的公司。该公司在国际上不仅有专利的催化剂产品，而且开发了专有的合成氨技术、自热式转化技术、合成甲醇技术、合成二甲醚技术以及煤制代用天然气技术（SNG）等，其工业化装置也在世界范围内不断地建设及投运。

1. 托普索公司煤制天然气工艺

托普索公司煤制代用天然气工艺如图9-7所示。

图9-7　托普索公司SNG工艺流程

将煤、焦炭或生物原料气化，生产富含氢气和一氧化碳的气体；通过调节转化率来调整氢气和一氧化碳的比例；通过净化工艺除去二氧化碳和硫化氢等酸气，并从除掉的酸气中回收硫，如通过湿法硫酸（WSA™）装置将其转化为浓硫酸；进行甲烷化，TREMP™（Topsøe's recycle methanation process）表示托普索甲烷化循环工艺。将一氧化碳和氢气合成为甲烷（SNG），然后将SNG产品干燥，根据实际压力情况考虑是否需要压缩，以适应管道运输；空分装置生产气化工艺所需的氧气。

2. TREMP™技术工艺描述

TREMP™技术流程如9-8所示。甲烷化装置上游工艺提供甲烷化反应需要的氢气和一氧化碳配比的气体。在一氧化碳和氢气反应甲烷化的过程中，还发生二氧化碳的甲烷化副作用。两者都是强放热反应，反应热的量为合成气热值的20%左右，因此需要对反应热有效回收。

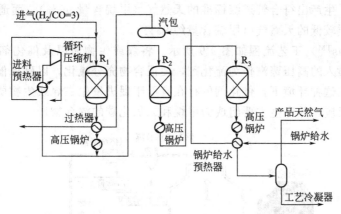

图 9-8　TREMP™技术流程

在 TREMP™工艺中，在绝热反应条件下，产生的热量导致了很高的温升，是通过循环来控制第一甲烷化反应器的温度。TREMP™工艺独特的托普索 MCR-2X 甲烷催化剂可以保证在很大的温度范围内（250～700℃）都具有很高且稳定的活性。MCR-2X 的特点如下。

① 反应热以高压过热蒸汽的方式进行回收，蒸汽直接用于汽轮机作为动力。

② 在甲烷化反应器中大幅度温升会降低循环比，节约了能源及降低了设备成本。

从第一个反应器排出的气体通过过热高压蒸汽产品冷却后，进入下一个甲烷化阶段。第二和第三绝热反应器可用一个成本稍高、但能够解决空间有限问题的沸水反应器（BWR）代替。

3. TREMP™甲烷化技术特点

① 回收过程低能耗；

② 生产高压过热蒸汽；

③ 生产符合管道系统规格的代用天然气产品；

④ 投资低。

目前，国内比较流行的 Topsøe 甲烷化工艺，与上述流程类似，在循环气抽出点的位置处略有区别。

四、美国巨点能源公司蓝气（Bluegas™）技术

巨点能源公司通过使用新型催化剂来"裂解"碳键，从而将煤转化成清洁的可燃甲烷（天然气）。这种一步法工艺称为"催化煤制甲烷化工艺"。

通过在煤气化系统中加入催化剂，巨点能源技术可以降低气化装置的操作温度，同时直接反应生成甲烷。在这种温和的"催化"条件下，使用投资相对较低的设备，以廉价的含碳物质（如褐煤、次烟煤、沥青砂、石油焦和渣油等）为原料，可以生产出管道级标准的天然气。

此外，巨点能源公司的"催化煤制甲烷化工艺"可解决除灰和排渣难题，设备维护工作量少，提高了热效率，也不需要配套空分装置（空分装置的投资一般占气化系统投资的20%左右），从而降低了整体投资。

1. 蓝气（Bluegas™）工艺描述

"蓝气"（Bluegas™）气化系统是一个优化的催化工艺。煤、蒸汽以及催化剂在加压反

应器中进行反应，生产出符合管道级标准的天然气（甲烷含量99%），而通过传统的煤气化技术只能生产品质较低的天然气（甲烷含量约95%）。

蓝气（Bluegas™）工艺流程如图9-9所示。将煤或生物质以及催化剂的混合物加入甲烷化反应器中。喷入的高压蒸汽作为流化剂，使混合物充分流化，以确保催化剂和含碳颗粒之间充分接触。在这种环境下，催化剂的存在有助于促进发生在煤或生物质表面的碳与蒸汽之间的多重化学反应，并产生主要组成为甲烷和二氧化碳的混合物。

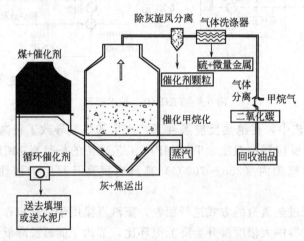

图9-9 蓝气（Bluegas™）工艺流程

催化气化反应式如下。

① 蒸汽-碳之间的反应： $C + H_2O \longrightarrow CO + H_2$

② 水蒸气-煤气变换反应： $CO + H_2O \longrightarrow H_2 + CO_2$

③ 氢-碳合成甲烷反应： $2H_2 + C \longrightarrow CH_4$

催化气化总反应式为： $2C + 2H_2O \longrightarrow CH_4 + CO_2$（C：煤或生物质）

专有的催化剂配方主要由丰富、廉价的金属材料构成，可以促进低温条件下气化反应的发生，如变换反应和甲烷化反应。同时催化剂还可以回收再利用。

作为整体催化气化反应的一部分气，蓝气（Bluegas™）工艺还可以回收煤中大部分的污染物并生成有用的副产品。

2. 蓝气（Bluegas™）技术的优点

① 在单个反应器中一步法生成甲烷。产品符合管道级天然气标准；不需配套变换装置和甲烷化装置；产生的二氧化碳可作为有用的副产品回收利用。

② 显著降低操作温度。设备投资及维护费用低；可靠性高；不需配套造价昂贵的高温冷却装置。

③ 只需蒸汽进行甲烷化，不需配套造价昂贵的空分装置。

④ 效率高。总效率达65%；温度适中的反应过程，不需配套整体发电装置。

第三节   甲烷化反应器及催化剂

一、甲烷化反应器

甲烷化反应器多采用固定床绝热式或列管式反应器，采用固定床绝热式或列管式反应器的工艺是将多台反应器（一般 3~4 台）串联，反应器之间设置换热器回收热量。这种工艺流程长、投资大、反应器进出口温差也大、催化剂易过热、热能回收率低。采用列管式反应器时，催化剂装管内，反应气走管程，壳程由导热油将反应热带走，导热油带出的热量产生蒸汽。该工艺反应器进出口温差小，催化剂不易过热。虽然甲烷化反应器数量少了，但增加了油回路和水回路，两次换热过程中降低了热能回收率，且不易大型化。

　　合成甲烷的反应也为强放热反应，反应过程中需不断带走热量。在合成甲烷的反应器设计上，均温型反应器和绝热型反应器均有采用，但两者流程相差较大。从反应器的结构特点和所配置的流程看，采用绝热反应器时需要在反应器外移走反应热，反应器设计时空速不可能太大，尤其是在反应器中增加气体循环回路时，会导致流程长、催化剂用量大、投资高、热能利用率低，但这种流程较为安全。采用均温型反应器流程短、催化剂空速大、投资低、热能回收率高，但对反应器的设计水平和加工制造要求较高。图 9-10 是均温型甲烷化列管式反应器的结构简图。

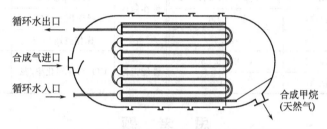

图 9-10　均温型甲烷化列管式反应器结构简图

二、甲烷化反应催化剂

　　甲烷化催化剂为 Al_2O_3 基或陶瓷基的镍催化剂。主要有英国 JMC 的 CRG-LH、德国 BASF 的 Cl-85、托普索的 MCR-ZX，其中 BASF 的 Cl-85 催化剂在南非 SASOL 工业化试验装置及美国大平原燃料气厂长期使用过，性能稳定。

　　Topsøe 公司的 MCR-2X 催化剂（图 9-11）可以在高温下使用，范围为 250~700℃，压降比较低，寿命为 45000h，已经取得实际生产的经验。

图 9-11　MCR-2X 催化剂

　　中国在合成氨生产中广泛应用甲烷化技术脱除氨中 CO，有丰富的设计和生产操作经验。西北化工研究院 1986 年开发了 RHM-266 型耐高温甲烷化催化剂，应用于北京顺义煤气厂城市煤气固定床甲烷化反应器装置，将部分 CO 转化为甲烷，提高煤气热值。大连市普瑞特化工科技公司开发的 M-249 型催化剂已进入国内市场。

　　西南化工研究设计院 2006~2010 年研究开发了煤层气、焦炉气制合成天然气的工艺及催化剂开发，研制的 CNJ-2 甲烷催化剂在甲烷化反应器中试装置上运行 1500h 以上，处理焦炉气量约 24000m^3/h，反应压力 0.3MPa，空速 2000h^{-1}，入口 CO＋CO_2 约 10℃，出口 CO＋CO_2＜50×10^{-6}。中试成果通过省级鉴定。

　　国内早期研究成果为 RHM-266 型号煤制人造天然气甲烷化催化剂，数据见表 9-2。目前，市场上另一个催化剂是大连普瑞特化工科技有限公司的 M-349，性能见表 9-3。

表 9-2　RHM-266 甲烷化催化剂的工艺条件

内　容	RHM-266 数据	内　容	RHM-266 数据
压力/MPa	常压～4.0	气体中的氧含量/%	＜0.5
操作温度/℃	280～650	气体中的总硫/($\mu L/L$)	＜0.1
空速/h^{-1}	1000～3000	气体中的总氯/($\mu L/L$)	＜1
汽/干气	适量		

表 9-3　M-349 甲烷化催化剂的工艺条件

	外观	淡绿色球状颗粒		还原温度/℃	400～450(通 H_2 预还原)
物性参数	粒度/mm	$\phi 3～4$、$\phi 5～6$(可按需要)	操作条件	操作温度/℃	280～400
	强度/(N/粒)	≥50,100		操作压力/MPa	0.1～6.0
	破碎率/%	≤0.5		操作空速/h^{-1}	1500～6000
	堆密度/(g/L)	0.95±0.05	性能指标	CO、CO_2 转化率/%	95～98
	使用寿命/年	≥1			

思　考　题

1. 简述国外煤制天然气的几种技术。
2. 简述液态排渣气化 HCM 法的优点。
3. 简述 $TREMP^{TM}$ 甲烷化技术及特点。
4. 美国巨点能源公司蓝气（$Bluegas^{TM}$）技术的优点。

第十章

煤制碳素产品

第一节　碳素产品概述

碳素制品又称碳素材料，是具有许多不同于金属和其他非金属材料的化学品，同时，也是工业生产和科技进步中不可缺少的一类重要非金属材料。无论在国内还是国外，碳素工业都是具有相当规模和水平的重要工业部门。

一、碳素产品的性质

1. 热性能

（1）耐热性　在非氧化气氛中，碳是耐热性最强的材料。大气压力下碳的升华温度高达 $3350℃±25℃$。碳的机械强度也随温度的增加不断提高，室温时平均抗拉强度约为 196kPa，2500℃时则增加到 392kPa。在 2800℃以上碳才会失去强度。

（2）导热性　石墨的导热能力很强，在平行于层面方向的热导率与铝接近，垂直方向的热导率与黄铜接近。

（3）热膨胀率　碳素材料膨胀系数为 $3×10^{-6}～8×10^{-6}℃^{-1}$，有的甚至只有 $1×10^{-6}～3×10^{-6}℃^{-1}$，故能耐急热急冷。

2. 电性能

人造石墨的电阻介于金属和半导体之间，电阻的各向异性很明显，平行于层面方向的电阻为 $5×10^{-5}Ω·cm$，垂直方向则比平行方向大 100～1000 倍。

3. 化学稳定性

石墨具有出色的化学稳定性，除了不能长期浸泡在硝酸、硫酸、氢氟酸和其他强氧化性介质中外，不受一般酸、碱和盐的影响，是优良的耐腐蚀材料。

4. 自润滑性和耐磨性

石墨对各种表面都有很高的附着性，沿解离面易于滑动，故有很好的自润滑性。同时由于各种石墨滑移面上的碳原子六方网状结构形成了保护层，所以又具有较高的耐磨性。

5. 减速性和反射性

石墨对中子有减速性和反射性。利用减速性可使慢中子变为热中子，后者最易使 U235

和 U233 裂变。反射性是指能将中子反射回反应堆活性区，可防止泄漏。每个碳原子对中子的俘获截面为 $3.7×10^{-27} cm^2$，而散射截面为 $4.7×10^{-24} cm^2$，后者是前者的 1270 倍，故中子的利用率很高。

二、碳素产品的种类和用途

碳素制品按产品用途可分为石墨电极类、炭块类、石墨阳极类、炭电极类、糊类、电炭类、碳素纤维类、特种石墨类、石墨热交换器类等；石墨电极类根据允许使用的电流密度大小，可分为普通功率石墨电极、高功率电极、超高功率电极等；炭块按用途可分为高炉炭块、铝用炭块、电炉块等；碳素制品按原料和生产工艺不同，可分为石墨制品、炭制品、碳素纤维、特种石墨制品等；碳素制品按其所含灰分大小，又可分为多灰制品和少灰制品（含灰分低于 1%）。

我国碳素制品的国家技术标准和部颁技术标准是按产品不同的用途和不同的生产工艺过程进行分类的。这种分类方法，基本上反映了产品的不同用途和不同生产过程，便于进行核算，故计算方法也采用此分类标准。

1. 炭和石墨制品

（1）石墨电极类　主要以石油焦、针状焦为原料，煤沥青作黏结剂，经煅烧、配料、混捏、压型、焙烧、石墨化与机加工而制成，是在电弧炉中以电弧形式释放电能对炉料进行加热熔化的导体。根据其质量指标高低，可分为普通功率、高功率和超高功率石墨电极。普通功率石墨电极允许使用电流密度低于 $17A/m^2$，主要用于炼钢、炼硅、炼黄磷等的普通功率电炉。表面涂覆一层抗氧化保护层的石墨电极，形成既能导电又耐高温氧化的保护层，可降低炼钢时的电极消耗。高功率石墨电极允许使用电流密度为 $18～25A/m^2$，主要用于炼钢的高功率电弧炉。超高功率石墨电极允许使用电流密度大于 $25A/m^2$，主要用于超高功率炼钢电弧炉。

（2）石墨阳极类　主要以石油焦为原料，煤沥青作黏结剂，经煅烧、配料、混捏、压型、焙烧、浸渍、石墨化与机加工而制成。一般用于电化学工业中电解设备的导电阳极。包括各种化工用阳极板与各种阳极棒。

（3）特种石墨类　主要以优质石焦油为原料，煤沥青或合成树脂为黏结剂，经原料制备、配料、混捏、压片、粉碎、再混捏、成型、多次焙烧、多次浸渍、纯化及石墨化、机加工而制成。主要包括光谱纯石墨，高纯、高强、高密以及热解石墨等，一般用于航天、电子、核工业部门。

（4）石墨热交换器　将人造石墨加工成所需要的形状，再用树脂浸渍和固化而制成的用于热交换的不透性石墨制品，是以人造不透性石墨为基体加工而成的换热设备，主要用于化学工业。有块孔式热交换器、径向式热交换器、降膜式热交换器、列管式热交换器等。

（5）炭电极类　以炭质材料如无烟煤和冶金焦（或石油焦）为原料、煤沥青为黏结剂，不经过石墨化而直接压制成型烧成的导电电极。主要包括多灰电极（用无烟煤、冶金焦、沥青焦生产的电极）；再生电极（用人造石墨、天然石墨生产的电极）；炭电阻棒（即碳素格子砖）；炭阳极（用石油焦生产的预焙阳极）；焙烧电极毛坯。该电极不适于熔炼高级合金钢的电炉。

（6）炭块类　以无烟煤、冶金焦为主要材料，煤沥青为黏结剂，经原料制备、配料、混捏、成型、焙烧、机加工而制成。包括高炉炭块、铝槽炭块（底部炭块及侧部炭块）及电炉炭块。高炉炭块作为耐高温抗腐蚀材料用于砌筑高炉内衬；而底部炭块、侧部炭块、电炉块则用于铝电解槽和铁合金电炉等。

（7）炭糊类 以石油焦、无烟煤、冶金焦为主要原料，煤沥青为黏结剂而制成。用于各种连续自焙电炉导电电极使用的电极糊、连续自焙式铝槽导电阳极使用的阳极糊或高炉砌筑的填料和耐火泥浆的粗缝糊和细缝糊。高炉用自焙炭块虽用途不同，但和糊类制品的生产工艺相仿，暂归在糊类制品内。

（8）非标准炭、石墨制品类 指用炭、石墨制品经过进一步加工而改制成的各种异型炭、石墨制品。包括铲型阳极、制氟阳极以及各种规格的坩埚、板、棒、块等异型品。

2. 碳素纤维

碳素纤维又称碳纤维（carbon fiber，CF），是由碳元素组成的一种特种纤维，被誉为"黑色黄金"，国际上称之为"第三代材料"。碳素纤维包括各种碳纤维、石墨纤维、预氧丝、炭布、炭带、炭绳、炭毡及其复合材料。碳素纤维具有一般碳素材料的特性，如耐高温、耐摩擦、导电、导热及耐腐蚀等，不同的是，其外形有显著的各向异性，柔软，可加工成各种织物，沿纤维轴方向表现出很高的强度。碳纤维除作绝热保温材料外，一般不单独使用，而作为增强材料加入到树脂、金属、陶瓷、混凝土等材料中，构成复合材料。碳纤维增强的复合材料可用作飞机结构材料、电磁屏蔽除电材料、人工韧带等身体代用材料以及用于制造火箭外壳、机动船、工业机器人、汽车板簧和驱动轴等。

3. 富勒烯

富勒烯（fullerene，C_{60}）是一种完全由炭组成的中空分子，形状呈球形、椭球形、柱形或管状。球型富勒烯也叫足球烯，音译为巴基球，我国通译为富勒烯，管状的叫碳纳米管或巴基管。富勒烯在结构上与石墨很相似，石墨是由六元环组成的石墨烯层堆积而成，而富勒烯不仅含有六元环还有五元环，偶尔还有七元环。

在富勒烯被发现之前，碳的同素异形体只有石墨、钻石、无定形碳（如炭黑和炭），它的发现极大地拓展了碳的同素异形体数目。巴基球和巴基管独特的化学和物理性质决定了其技术方面尤其是材料科学、电子学和纳米技术方面具有潜在的广阔的应用前景。

目前较为成熟的制备方法主要有电弧法、热蒸发法、燃烧法和化学气相沉积法等。电弧法是将电弧室抽成高真空，然后通入惰性气体如氦气。电弧室中安置有制备富勒烯的阴极和阳极，电极阴极材料通常为光谱级石墨棒，阳极材料一般为石墨棒，通常在阳极电极中添加铁、镍、铜或碳化钨等作为催化剂。当两根高纯石墨电极靠近进行电弧放电时，炭棒气化形成等离子体，在惰性气氛下小碳分子经多次碰撞、合并、闭合而形成稳定的 C_{60} 及高碳富勒烯分子，它们存在于大量颗粒状烟灰中，沉积在反应器内壁上，通过收集烟灰提取富勒烯。电弧法的缺点是高耗电、高成本，是实验室中制备空心富勒烯和金属富勒烯常用的方法。燃烧法是指将苯、甲苯在氧气作用下不完全燃烧的炭黑中存在的 C_{60} 或 C_{70}，通过调整压强、气体比例等来控制 C_{60} 与 C_{70} 的比例，是工业生产富勒烯的主要方法。

第二节 碳素产品的生产

一、电极炭

电极炭是碳素工业最主要的产品，主要应用于冶金和化工行业。

1. 原材料及其质量要求

制备电极炭的原材料主要包括用作骨料的固体原料，如沥青焦、石油焦、针状焦、无烟煤、天然石墨等和用作黏结剂的液体原料，如煤沥青和煤焦油等。此外，还需要一些辅助材料如焦粉、焦粒和石英砂等。

（1）骨料

① 沥青焦　沥青焦是生产各种石墨化电极和石墨化块等石墨制品以及预熔阳极和阳极糊等炭制品的主要原料，它是用高温焦油的沥青焦的沥青焦化而成的。焦化方法有焦炉法和延迟焦化法两种。其特点是含灰和硫少、气孔率低、机械强度高、容易石墨化。

② 石油焦　石油焦与沥青焦一样，也是生产石墨电极的主要原料，它是石油渣油经延迟焦化得到的固体产物。石油焦的质量与渣油组成和焦化条件有关。渣油中芳烃含量高，苯不溶物少，硫含量低，炼出的焦质量好，反之则差。含硫高的石油焦在石墨化时会发生异常膨胀，使制品开裂。为防止制品开裂，可在粉料混合时加入约2％的Fe_2O_3作抑制剂。

③ 针状焦　不管用煤焦油沥青还是石油渣油，如果在延迟焦化前进行合适的预处理，提高中间相前驱体的含量，同时控制适宜的焦化条件，可得到具有明显的针状乃至层状结构等特殊结构的针状焦。它在电子显微镜下观察有很好的光学各向异性，强度高，电阻率低，主要用于生产高功率和超高功率电炉炼钢用的石墨电极。针状焦和普通焦的比较如表 10-1 所示。

表 10-1　针状焦和普通焦性能比较

名称	电阻系数/($10^{-5} \cdot \Omega \cdot cm$)	弹性模量/MPa	室温下膨胀系数/($10^{-6} ℃^{-1}$)			$\alpha_{垂直}/\alpha_{平行}$
			$\alpha_{平行}$	$\alpha_{垂直}$	β	
针状焦 1	650	850	0.85	2.00	4.85	2.35
针状焦 2	730	760	1.12	2.16	5.44	1.93
普通焦	900	650	2.90	3.61	10.12	1.24

注：α—线胀系数；$\alpha_{平行}$—挤压成型方向；$\alpha_{垂直}$—与前一垂直方向；β—体胀系数。

④ 无烟煤　经1100～1350℃热处理的无烟煤是生产高炉炭块和碳素电极等制品的主要原料之一。要求灰分≤10％，含硫少，耐磨性好。使用时用块煤而不用煤粉，应与冶金焦或沥青焦掺合使用。

⑤ 天然石墨　天然非金属矿物，有显晶质石墨（鳞片状和块状）和隐晶质石墨（土状）之分，显晶质石墨常用于制造电刷、石墨坩埚和柔性石墨制品等，隐晶质石墨则用于生产电池炭棒和轴承材料等。还有石墨化碎屑，是碳素制品工厂生产各种石墨化制品时，在石墨化后或加工后的废品和碎污，可以以一定比例，如10％～20％返回到配料中。

（2）辅助材料　焦块和焦粉，要求灰分<15％，主要用于生产炭块、碳素电极和电极糊等多灰制品。

2. 黏合剂

黏合剂的作用是将固体骨料黏合成整体，以便加工成有较高强度和各种形状的制品。

（1）黏合剂的要求　①炭化后焦的产率高，对煤沥青通常为40％～60％；②对固体骨料有较好的润湿性和黏着性；③在混合和成型温度下有适度的软化性能；④灰和硫的含量尽量少；⑤来源充沛、价格便宜。

（2）常用的黏合剂　常用的黏合剂有煤沥青、煤焦油和合成树脂等，其中煤沥青应用最广，每生产1t用于炼铝的石墨电极约需 0.4t 中温沥青。煤沥青的质量标准如表 10-2 所示。

用石油醚和苯（或甲苯）可将沥青分为三个成分，即石油醚可溶的成分（γ-树脂）、苯可溶的 β 成分（β-树脂）和苯不溶的 α 成分（α-树脂或游离碳）。用喹啉可将后者进一步分为苯不溶喹啉可溶成分和苯不溶喹啉不溶成分。它们在沥青作为黏合剂时具有不同的作用，一般认为 γ 成分有稀释以及降低黏度和软化点的作用，使配料润滑和增塑，但结焦率低；β 成分有良好的黏结性，易产生中间相，容易石墨化；α 成分结焦率高，聚结力强，能增加机械强度和硬度。喹啉不溶成分有不良影响，应控制在规定范围内。

表 10-2 煤沥青的质量标准

指标名称	中温沥青		改质沥青	
	电极用	一般用	一级	二级
软化点(环球法)/℃	＞75.0~90.0	75.0~95.0	75.0~95.0	100~120
甲苯不溶物含量/%	15~25	＜25	28~34	＞26
喹啉不溶物含量/%	10		8~14	6~15
β-树脂含量/%			≥18	≥16
结焦值/%			≥54	≥50
灰分/%	≤0.3	≤0.5	≤0.3	≤0.3
水分/%	≤5	≤5	≤5	≤5

为了生产优质碳素制品，还可对普通的煤沥青进行改质处理。改质方法有氧化热聚法：340~350℃下通入适量压缩空气；加热聚合法：400℃左右加热 5h；加压热聚处理法：压力 1~1.2MPa，温度 385~425℃，连续处理 3~6h。

用作碳素制品黏合剂的一般是预先蒸馏至 270℃ 的高温焦油。合成树脂主要用于生产不透性石墨制品，用作黏合剂及浸渍剂。常用的合成树脂有酚醛树脂、环氧树脂和呋喃树脂三种。

3. 石墨化过程

广义上的石墨化是指固体炭进行 2000℃ 以上高温处理，使炭的乱层结构部分或全部转变为石墨结构的一种结晶化过程。但它不同于一般结晶化时所看到的晶核生成和成长过程，而是通过结构缺陷的缓解而实现的。石墨化的目的是提高制品的导热性和导电性；提高制品的热稳定性和化学稳定性；提高制品的润滑性和耐磨性；去除杂质，提高纯度；降低硬度，便于机械加工。

（1）石墨化的三个阶段

① 第一阶段（1000~1500℃）：通过高温热解反应，进一步析出挥发分。残留的脂肪链 C—H、C═O 等结构均断裂，乱层结构层间的碳原子及其他杂原子排出，但碳网的基本单元没有明显增大。

② 第二阶段（1500~2100℃）：碳网层间距小，逐渐向石墨结构过渡，晶体平面上的位错线和晶界逐渐消失。

③ 第三阶段（2100℃以上）：碳网层面尺寸激增，三维有序结构趋于完善。

（2）石墨化过程的影响因素

① 原始物料的结构　原始物料的结构有易石墨化炭和难石墨化炭之分。前者亦称软炭，有沥青焦、石油焦和黏结性煤炼出的焦炭等，后者又称硬炭，有木炭、炭黑等。

② 温度　2000℃以下，无定形碳的石墨化速度很慢，只有在2000℃以上时才明显加快。说明在石墨化过程中活化能不是恒定值而是逐渐增加的。

③ 压力　加压对石墨化有利，在1500℃左右就能明显发生石墨化。相反，在真空下进行石墨化则效果较差。

④ 催化剂　加入合适的催化剂可降低石墨化过程的活化能，节约能耗。催化剂有两类：

一类属于熔解-再析出机理，如 Fe、Co、Ni、等，它们能熔解无定形的碳，形成熔合物，然后又从过饱和溶液中析出形成石墨；另一类属于碳化物形成-分解机理，如 B、Ti、Cr、V 和 Mn 等，它们先与碳反应生成碳化物，然后在更高温度下分解为石墨和金属蒸气。其中，B 及其他化合物的催化作用最为突出，可在 2000℃下使无定形碳（包括难石墨化碳）石墨化。

（3）石墨化程度的测定

① 测定碳质材料石墨化后的真相对密度　越接近理想石墨的真相对密度值（2.266），石墨化程度越高，如超高功率石墨电极的真相对密度为 2.222。

② 测定材料的比电阻值　单晶石墨在室温时沿层面方向比电阻值约为 $5 \times 10^{-5} \Omega \cdot cm$。多数人造石墨的比电阻值约为上述数值的 20 倍。

③ 利用 X 射线测定晶格参数 C_0 和 α_0　C_0 为层面距离，为层面上菱形的边长。理想石墨 $C_0 = 0.035$，$\alpha_0 = 0.246$。人造理想石墨的 C_0 和 α_0 与其越接近，表示其石墨化程度越高。

4. 电极炭生产工艺过程

碳素制品生产的一般工艺流程如图 10-1 所示。

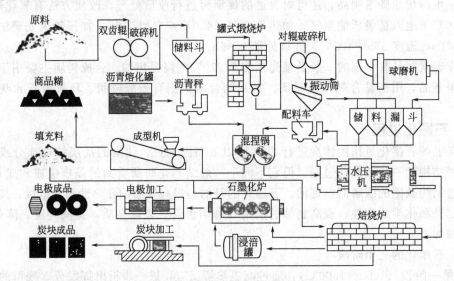

图 10-1　碳素制品的生产工艺流程

（1）原料的煅烧　煅烧是将骨料加热到 1100℃的热处理过程。除天然石墨、炭黑和单独使用沥青焦时不用煅烧外，其他如石油焦和无烟煤等骨料均需煅烧。其作用为：①析出挥发分，收缩物料体积，增大密度，减少成品的开裂和变形；②提高物料的机械强度；③便于破碎、磨粉和筛分；④提高焦的导电性和导热性；⑤提高抗氧化性。

煅烧温度应不低于 1100℃，为了脱除大部分的硫，煅烧温度通常需控制在 1400℃以上。煅烧炉不能在 700～800℃时停止升温或延长时间。所用的煅烧炉有罐式煅烧炉、回转炉和电热炉等。

① 罐式煅烧炉是用硅砖和黏土砌成，外部用火焰间接加热，适用于生产量大和产品纯度高的场合。煅烧时间 24h 左右。因挥发分高的石油焦易在炉内结块，故应掺入 20%～25%沥青焦，使混合焦的挥发分保持在 5%～6%。

② 回转炉是一种连续生产的旋转式高温炉，也称回转窑。炉身为衬有耐火材料的钢制圆桶，斜卧在钢制的托轮上，绕轴缓慢旋转。煤粉、气体燃料或液体燃料自低的一端与空气

一同喷入燃烧，废气自另一端排出。原料则沿着相反方向缓慢移动，煅烧停留时间不少于30min. 物料体积占炉内空间总容积的 6%～15%，料层最厚处为 20～30cm。炉身可分为三个区域：预热干燥区，温度 800～900℃；煅烧区，长 5～8m，最高温度约 1300℃；冷却区，位于炉头附近，长 2～5m。回转炉的优点是连续操作、自动化程度高、基建费用少；缺点是物料损失大（10%左右）、焦炭强度较低、灰分较高。

③ 电热炉是一种电阻炉，以受煅烧物料本身为电阻，耗电量大，适用于小批量生产。

（2）粉碎、筛分和配料

① 粉碎、筛分　煅烧后的物料接着进行粉碎和筛分，以便得到合适的干料粒度组成。

② 配料　配料主要考虑的因素有原材料种类、质量指标和配比、干料的粒度组成、黏结剂种类、质量指标和配比。原料的选择至关重要，为制造高纯度、较高热稳定性和较高机械强度的产品，如核石墨、冶炼用电极、发热和耐热元件等，要选用含灰低、机械强度高和易石墨化的原料，如沥青焦、石油焦和炭黑等；对纯度和石墨化程度要求不高的制品，如作为炉衬用的炭砖、铝电解槽的底块和侧块等，可采用无烟煤和冶金焦，不同种类的电动机上用的电刷的原料也各不相同，有炭黑、石油焦和鳞片石墨等。

（3）混合和成型

① 混合和混捏　碳素制品是由多组分的粉末原料、块状原料和液体黏合剂组成的均匀结构体，为形成宏观上均一的结构，在成型前必须进行充分混捏。添加少量表面活性物质有助于黏合剂的分散和对骨料的润湿与黏合。常用的表面活性物剂有磺基环烷酸和油酸等。

② 成型　为了制得不同形状、尺寸、密度和物理机械性能的制品，必须将混合料成型。模压成型可分为冷模压、热模压和温模压三种类型，适用于三个方向尺寸相差不大、密度均匀、结构致密的制品，如电刷、密封材料等。挤压成型用于压制棒材、板材和管材，如炼钢用的电极和电解槽用的炭板。振动成型用于大型制品的生产。等静压成型用于核石墨和宇航用石墨制品的生产。爆炸成型用于高密度的特殊石墨制品的生产。

（4）焙烧和石墨化

① 焙烧　焙烧是将成型的毛坯加热到 1300℃时的热处理过程。通过焙烧使黏合剂炭化为黏合焦，后者与骨料间形成物理和化学的结合。毛坯的体积缩小，强度提高，热导率和电导率则大大增加。

煅烧炉主要有连续多室环式焙烧炉、隧道炉和倒焰炉三种炉型。焙烧时需控制好升温速度和掌握好最终温度。不需要石墨化的炭块制品的焙烧温度一般不低于 1100℃，需石墨化的制品不低于 1000℃。升温速度与炉子大小和制品尺寸等许多因素有关，炉子容积大和制品尺寸大应采用较低的升温速度，以降低炉内和毛坯内外的温度差。对同一炉型和同一种毛坯讲，在不同的温度区，升温速度也不同。煤沥青的分解和缩聚反应在 370～420℃达到最高峰，所以在 350～600℃之间升温速度要慢。对多空环式焙烧炉，从开始加热到升温至 1300℃一般要 300～600h。

② 石墨化　石墨化是制品生产十分关键的一道工序。目前，工业石墨化炉都是电热炉，有直接加热法和间接加热法两种。直接加热是以焙烧后的半成品为电阻，通电加热；间接加热是以焦粒作电阻，用最高温焦粒加热上述半成品。

石墨化温度与原料性质和产品的质量要求有关，普通石墨电极的最高温度为 2100～2300℃。而特殊高纯石墨制品则需 2500～3000℃。

（5）浸渍　经过石墨化的制品属于多孔固体，易渗透气体和液体，在高温和酸性介质中耐氧化性差，质地较脆，所以在石墨化后应浸渍。目的是降低孔隙率，提高视密度和机械强度，提高导热性和导电性，制取不透性材料，赋予制品特殊性能。浸渍时制品应预热至规定温度以除去吸附在微孔中的气体和水分，抽真空以进一步减少微孔中的气体，在外压力下将浸渍剂压入制品的气孔中并保持一段时间，然后将浸渍品迅速冷却。

浸渍剂合成树脂主要用于生产不透性石墨，用作化工设备结构材料和机械密封材料，而合金（Pb95％、Sn5％）和巴氏合金（Sn85％、Sb10％、Cu5％）等金属浸渍剂用于活塞环、轴密封和滑动电接触点等。煤沥青主要用于各种电极的浸渍，溶有石蜡的煤油和硬脂酸铅的机油溶液主要用来提高制品的抗磨性能。

5. 碳电极和不透性石墨材料

（1）碳电极　碳电极广泛用于生产合金钢、铝、铁合金、电石、黄磷以及氯碱工业。

电炉炼钢技术发展的一个重要方向是提高电炉的生产能力，包括扩大电炉容积和缩短冶炼时间两个方面，而这些都离不开电功率的提高。因此，需要一种超高功率电极。超高功率电极的主要骨料是针状焦，用硬沥青作黏合剂，石墨化温度控制在 2500℃ 以上，其特点是：①比电阻低，比电阻只有 $5\sim6\mu\Omega\cdot m$（普通电极的比电阻一般为 $8\sim11\mu\Omega\cdot m$）。②机械强度高，抗折强度则达到 $13\sim14MPa$（普通电极的抗折强度为 8MPa 左右）。③允许的电流密度高，对 $\phi300\sim400mm$ 电极，前一种为 $19A/cm^2$，后一种为 $28\sim30A/cm^2$。

（2）不透性石墨　不透性石墨（impervious graphite）是指对气体、蒸汽、液体等流体介质具有不渗透性的石墨制品，可分为浸渍石墨、压型石墨、浇铸石墨和复合（增强）石墨等。其耐腐蚀性除强氧化性介质如硝酸、浓硫酸、铬酸、次氯酸、双氧水、强氧化性盐类溶液及某些卤素外，可耐绝大多数酸、碱、盐类溶液、有机溶剂等的腐蚀。除添加有氟塑料的材料外，其耐腐蚀性主要取决于添加成分。如应用最广的酚醛树脂浸渍石墨和挤压石墨耐酸不耐碱、呋喃树脂浸渍石墨耐非强氧化性酸又耐碱、水玻璃浸渍石墨耐碱不耐稀酸等。

不透性石墨最广泛用于化工过程中腐蚀严重的环节，绝大多数用于需要对腐蚀性物料进行加热或冷却（冷凝）场合，也用于腐蚀性物料的洗涤、吸收、反应、焚烧等单元操作。主要用于制造各种类型的石墨设备，也用于制造管道、管件、密封元件或衬里砖、板等零部件。在化工、冶金、轻工、机械、电子、纺织、航天等工业部门及众多行业的"三废"治理中，不透性石墨制品正发挥着愈来愈重要的作用。

二、活性炭

活性炭是用煤炭、木材、果壳等含炭物质通过适当的方法成型，在高温和缺氧条件下活化制成的一种黑色粉末或颗粒状、片状、柱状的炭质材料。活性炭中 80％～90％是碳，还有未完全炭化而残留在炭中或者在活化过程中外来的非碳元素与活性炭表面化学结合的氧和氢。活性炭具有非常多的微孔和巨大的比表面积，通常 1g 活性炭的表面积可达 500～1500m²，因而具有很强的物理吸附能力，能有效地吸附废水中的有机污染物。在活化过程中，活性炭表面的非结晶部位上形成一些含氧官能团，如羧基（—COOH）、羟基（—OH）等，使活性炭具有化学吸附和催化氧化、还原的性能，能有效地去除废水中一些金属离子。

活性炭最早是在木炭应用的基础上发展起来的。公元前 550 年，埃及就把木炭用于医药。李时珍《本草纲目》中也介绍用果核炭治疗腹泻和肠胃疾病。中国长沙马王堆出土的汉墓棺椁中也利用了木炭的吸附和防腐作用。

20 世纪 20 年代以后，活性炭的应用范围不断扩大，从最初的制糖工业应用的脱色炭，扩大到其他产品的净化和精制，如化学制药、植物油、矿物油等。活性炭的原料已扩大到果壳、果核、泥炭、煤等。随着活性炭技术的发展，新产品、新工艺也在不断出现。

近年来，开发、生产了活性炭纤维、球形活性炭、碳分子筛等新产品，传统产品的品位不断提高，高苯、高 CCl_4 活性炭和低灰活性炭相继投入使用。活性炭工业得到更好的发展。

1. 活性炭的种类

按原料不同可分为木质活性炭、果壳类活性炭（椰壳、杏核、核桃壳、橄榄壳等）、煤基活性炭、石油焦活性炭和其他活性炭（如纸浆废液炭、合成树脂炭、有机废液炭、骨炭、血炭等）。

按外观形状可分为粉状活性炭、颗粒活性炭和其他形状活性炭（活性炭纤维、活性炭布、蜂窝状活性炭等），颗粒活性炭又分为破碎活性炭、柱状炭、压块炭、球形炭、空心球形炭、微球炭等。

根据用途不同可分为气相吸附炭、液相吸附炭、工业炭、催化剂和催化剂载体炭等。

按制造方法可分为气体活化法炭、化学活化法炭、化学物理法活性炭。

煤基活性炭是以合适的煤种或配煤为原料制得的活性炭。相对于木质和果壳活性炭，其原料来源更加广泛，价格也更为低廉，可减少森林资源的制炭损失，因而成为产量最大的活性炭产品。随着生产技术的进步，煤基活性炭的产品性能有了很大的提高，应用领域越来越广，产量也逐年增加。我国煤炭资源丰富，具有活性炭生产的天然优势。随着工业技术的进步，煤基活性炭将会成为未来最有发展前途的一种活性炭产品，具有广阔的发展前景。

2. 活性炭的结构与性质

（1）活性炭的结构　活性炭不同于一般的木炭和焦炭，它具有非常好的吸附能力，原因就在于它的表面积大，孔隙结构发达，同时表面还含有多种官能团。

活性炭的孔隙包括从零点几纳米的微孔到肉眼可见的大孔，基本上呈连续分布。杜比宁把半径小于 2nm 的称为微孔，2～100nm 的称过渡孔，大于 100nm 的孔称大孔。为了测定方便，一般规定半径的上限到 $7.5\mu m$ 为止。

孔隙形状多种多样，有近于圆形的，如裂口状、沟槽状、狭缝状和瓶颈状等。此外，两种相同比表面积和孔容的活性炭，孔径分布不同，常常有明显不同的吸附特性。

（2）吸附特性　活性炭可以使水中一种或多种物质被吸附在表面而从溶液中去除，其去除对象包括溶解性的有机物质、微生物、病毒和一定量的重金属离子，并能够脱色、除臭。活性炭经过活化后，碳晶格形成形状和大小不一的发达细孔，大大增加了比表面积，提高了吸附能力。

活性炭的吸附特性不仅取决于它的孔隙结构，而且取决于其表面化学性质。化学性质主要由表面的化学官能团的种类与数量、表面杂原子和化合物确定，不同的表面官能团、杂原子和化合物对不同吸附质的吸附有明显差别。

在活性炭的制备过程中，孔隙表面一部分被烧掉，化学结构会出现缺陷或不完整。由于灰分及其他杂原子的存在，使活性炭的基本结构产生缺陷和不饱和价键，使氧和其他原子吸附于这些缺陷上与层面和边缘上的碳反应形成各种键，最终形成各种表面功能基团，使活性炭具备了各种各样的吸附性能。对活性炭吸附性质产生重要影响的化学基团主要是含氧官能团和含氮官能团。Boehm 等又把活性炭表面官能团分成三组：酸性、碱性和中性。酸性基团为羧基（—COOH）、羟基（—OH）和羰基（—C=O），碱性基团为—CH$_2$ 或—CHR基，能与强酸和氧反应，中性基团为醌型羰基。

3. 催化性能

活性炭作为接触催化剂可用于各种聚合、异构化、卤化和氧化反应中。它的催化效果是由活性炭特殊的表面结构和表面性质以及灰分等共同决定的。一般活性炭都具有较大的比表面积，在化学工业中常用作催化剂载体，并将有催化活性的物质沉积其上面，来实现催化作用的。球形活性炭不但具有独特形状，在各种装填状态下均具有良好的流动力学性能，还具有良好的吸附性，很适合作催化剂载体。其作用不仅仅局限于催化剂的负载和实现助催化，还对催化剂的活性、选择性和使用寿命都有重大的影响。

4. 活性炭的制备

（1）原料　常用的原料有煤、木材与果壳、石油焦和合成树脂等。各类煤都可作为活性炭的原料。煤化程度较高的煤（从气煤到无烟煤）制得的活性炭微孔发达，适用于气相吸附、净化水和作为催化剂载体。煤化程度较低的煤（褐煤和长焰煤）制成的活性炭，过渡孔比较发达，适用于液相吸附（脱色）、气体脱硫以及需要较大孔径的催化剂载体。由于在炭化和活化中，煤的重量大幅度降低，灰分成倍浓缩，故原料煤的灰分越低越好，最好低于10％。此外，煤的黏结性对生产工艺也至关重要。各种木材、锯屑和果壳（椰子壳和核桃壳等）、果壳都是生产活性炭的优质原料。石油焦、泥炭、合成树脂（酚醛树脂和聚氯乙烯树脂等）、废橡胶和废塑料等，均可制得低灰分的产品。

（2）炭化　炭化是活性炭制造过程中的主要热处理工序之一，是指在低温下（500℃左右）煤及煤沥青的热分解、固化以及煤焦油中低分子物质的挥发。炭化过程中大部分非碳元素，如氢、氧等因原料的高温分解首先以气体形式被排出，而获释的碳原子则组合成通称为基本石墨微晶的有序结晶生成物。严格的炭化应是在隔绝空气的条件下进行。

炭化炉是最主要的炭化设备，包括立式移动床窑炉、外热型卧式螺旋炉、耙式炉、回转炭化炉等。其中，回转炭化炉是目前我国煤基活性炭生产中使用最广泛的炭化设备，根据加热方式的不同可以分为外热式和内热式。内热式回转炭化炉中，物料直接与加热介质接触，主要通过燃烧室中的温度来控制物料的炭化终温，而物料入口（炉尾）温度和炉体的轴向温度梯度分布则主要依靠加料速度、炉体长度、转速及烟道抽力来调节，因而物料氧化程度高，但其热效高，产品具有较高的收率和强度。国内的活性炭生产企业大多采用此炉型。内热式回转炉炭化的工艺流程如图10-2所示。

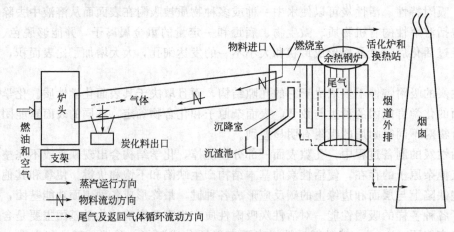

图10-2　内热式回转炉炭化的工艺流程

注：换热器出口蒸汽 3.0t/h，温度 194℃；外排烟道温度 250～450℃；炉尾温度 350℃；
表面温度 300℃左右（350～380℃）；炉头温度 550℃（550～650℃）；中间温度 450～500℃

外热式回转炭化炉主要是通过辐射加热物料，物料氧化损失较小，设备自动化程度高，维护及操作简单，温度控制稳定，活化反应速率稳定，尾气产生量少且易于处理回收，连续化生产运行稳定。

物料流程：成型颗粒经运输机提升直接加入回转炉的加料室内，借助重力作用落入辊筒内，沿着辊筒内螺旋运动被带到抄板上，靠筒体的坡度和转动物料由炉尾向炉头方向移动。物料首先经过温度为 200℃ 的预热干燥阶段，进入 350～550℃ 炭化的阶段，期间通过炭粒与热气流接触而实现炭化，排出水分及挥发分，最后经卸料口卸出。

气体流程：尾气在燃烧室中燃烧后，一部分返回到炉头，进入辊筒与逆流而来的炭粒直接接触进行炭化；另一部分进入余热锅炉进行换热，换热后的烟道气从烟筒排出。余热锅炉产生的蒸汽部分送到活化工序和换热站，部分返回炉头与尾气混合后进入炭化炉。

（3）活化

① 活化方法　活性炭的活化按其活化方法的不同可分为物理活化法、化学活化法和物理化学联合活化法。

a. 化学活化法：化学活化法是把化学药品加入原料中，然后在惰性气体介质中加热，同时进行炭化和活化的一种方法，通常采用 $ZnCl_2$、KOH 及 H_3PO_4 等试剂进行活化。与物理活化相比，化学活化温度较低、产率较高，通过选择合适的活化剂控制反应条件可制得高比表面积活性炭。但化学活化法对设备腐蚀性很大，污染环境，活性炭中残留有化学药品活化剂，应用受到一定的限制。

$ZnCl_2$ 与 H_3PO_4 活化法可促进热解反应过程，形成基于乱层石墨结构的初始孔隙；活化剂充满在形成的孔内，避免了焦油的形成，清洗后可除去活化剂得到孔结构发达的活性炭。通过控制活化剂用量及活化温度，可控制活性炭的孔结构。KOH 活化法是将煤焦与 KOH 混合，在氩气流中进行低温、高温二次热处理，此法制备的活性炭比表面积更高，微孔分布集中，孔隙结构可以控制，吸附性能优良，因此常用来制备高性能活性炭或超级活性炭。

b. 物理活化法：物理活化法是指原料先进行炭化，然后在 600～1200℃ 下对炭化物进行活化，利用二氧化碳、水蒸气等氧化性气体与含碳材料内部的碳原子反应，通过开孔、扩孔和创造新孔的途径形成丰富微孔的方法。它的主要工序为炭化和活化炭化，炭化就是将原料加热，预先除去其中的挥发成分，制成适合于下一步活化用的炭化料。炭化过程分为 400℃ 以下的一次分解反应，400～700℃ 的氧键断裂反应，700～1000℃ 的脱氧反应等三个反应阶段，原料无论是链状分子物质还是芳香族分子物质，经过上述三个反应阶段获得缩合苯环平面状分子而形成三向网状结构的炭化物。活化炭化阶段通常是在 900℃ 左右将炭暴露于氧化性气体介质中，先是除去吸附质并使被阻塞的细孔开放；进一步活化使原来的细孔和通路扩大；最后由于炭质结构反应性能高的部分的选择性氧化，而形成微孔组织。

c. 物理化学联合活化法：物理化学联合活化法是将化学活化法和物理活化法相结合制造活性炭的一种两步活化方法，一般先进行化学活化后再进行物理活化。选用不同的原料和采用不同化学法和物理法的组合对活性炭的孔隙结构进行调控，从而可制得性能不同的活性炭。

② 活化工艺　活化反应一般通过以下三个阶段达到活化造孔的目的。

第一阶段，开放原来的闭塞孔。即高温下，活化气体首先与无序碳原子及杂原子发生反应，将炭化时已经形成但却被无序的碳原子及杂原子所堵塞的孔隙打开，将基本微晶表面暴露出来。

第二阶段，扩大原有孔隙。暴露出来的基本微晶表面上的碳原子与活化气体发生氧化反应被烧失，使得打开的孔隙不断扩大、贯通及向纵深发展。

第三阶段，形成新的孔隙。微晶表面上的碳原子的烧失在同炭层平行方向的烧失速率高于垂直方向,微晶边角和缺陷位置的碳原子即活性位更易与活化气体反应。同时,在活化反应过程中,新的活性位暴露于微晶表面又能同活化气体进行反应,这种不均匀的燃烧不断地导致新孔隙的形成。

③ 活化设备 活化设备是煤质活性炭生产过程中的核心设备,目前应用较多的活化炉有耙式炉、斯列谱炉和回转活化炉。我国煤基活性炭生产采用的主要是斯列谱炉,如图10-3所示。该炉型引进于苏联,经过我国的不断改进和完善,工艺技术已非常成熟,具有投资低、产品调整方便等特点。

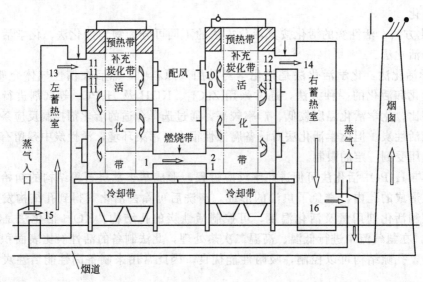

图 10-3 斯列谱活化炉

斯列谱活化炉本体自上而下分为四个带,分别为预热带、补充炭化带、活化带和冷却带。

预热带由普通耐火黏土砖砌成,可装炭化料22t左右。预热带的作用一是装入足够的炭化料,以便活化炉定时加料操作;二是预热炭化料,使其缓慢升温。

补充炭化带由特异形耐火砖砌成。在这里炭化料与活化剂不直接接触,而是靠高温气流加热异形砖后将热量辐射给炭化料,使其补充炭化。

活化带由60层特异形耐火黏土砖叠成。炭化料与活化剂在此直接接触活化,活化剂通过气道扩散渗入炭层中,与炭发生一系列化学反应,使炭形成发达的孔隙结构和巨大的比表面积。

冷却带也是由特异形耐火黏土砖叠成。在此高温炭材料不再与炉气接触,而是逐步降温冷却,防止卸出炉外的炭料在高温下与空气发生燃烧反应而影响炭的质量和活化收率。

物料流程:物料进入加料槽后,借重力作用沿着产品道缓慢下行,依次经过预热带、补充炭化带、活化带、冷却带,完成全部活化过程,最后由下部卸料器卸出。炭化预热段利用炉内热量预热除去水分。在补充炭化段,炭化料被高温活化气体间接加热使炭的温度不断提高进行补充炭化。在活化段,活化道与活化气体道垂直方向相通,炭与活化气体直接接触进行活化。在冷却段,用循环水对活化料进行冷却或采用风冷,活化料温度可降到60℃以下,可直接进行筛分包装。

气体流程:左半炉烟道闸阀关闭,右半炉烟道闸阀开启,水蒸气从左半炉蓄热室底部进入,经格子砖加热变成高温蒸汽,从上连烟道进入,蒸汽与物料反应后产生的水煤气与残余蒸汽依次经过左半炉上、中、下烟道进入右半炉。在右半炉内混合气体经过下、中、上烟道进入右半炉蓄热室顶部，然后通过格子砖往下流动，同时加热格子砖，尾气冷却，进入烟道排出完成循环。第二次循环与上述循环相反。循环每半小时切换一次，从而使活化过程连续不断地进行。

5. 煤质活性炭的主要品种和规格

近年来，我国煤制活性炭发展很快，主要品种的技术标准和测定方法已有国家标准。表 10-3 为我国煤质颗粒活性炭的主要技术指标。

表 10-3　煤质颗粒活性炭的主要技术指标

项目	净化水炭	防护用炭	脱硫炭	回收溶剂炭	催化剂载体	净化空气炭
水分/%	≤5.0	≤5.0	≤5.0	≤5.0	≤5.0	≤5.0
强度/%	≥85	≥85	≥90	≥90	≥90	≥90
装填密度/(g/L)	≥380	430~530	400~550	≥350	360~600	450~600
pH 值	6~10	6~10	8~10	8~10	8~10	8~10
硫容量/(mg/g)			≥800			≥50
四氯化碳吸附率/%				≥54	≥54	≥50
碘吸附质/(mg/g)	≥800					
苯酚吸附值/(mg/g)	≥140					
苯蒸气防护时间/min		≥40				
氯乙烷蒸汽防护时间/min		≥25				
着火点/℃				≥350		
水容量/%			≥62		≥66	
粒度/mm	>2.50,≤2%	>2.50,≤2%	>5.60,≤5%		>6.30,≤5%	>6.30,≤5%
	1.25~2.50,≥83%	1.25~2.50,≥87%	2.50~5.60,≥79%		3.15~6.30,≥80%	3.15~6.30,≥90%
	1.00~1.25,≤14%	1.00~1.25,≤10%	1.00~2.50,≤15%		1.00~1.25,>20%	<3.15,≤5%
	<1.00,≤1%	<1.00,≤1%	<1.00,≤1%		<2.50,≤5%	

注：摘自 GB/T 7701.1~3—2008。

6. 活性炭的再生

活性炭的再生就是用物理或化学方法在不破坏原有结构的前提下，去除吸附于活性炭微孔中的吸附质，恢复其吸附性能，以便重复使用的过程。再生方法主要有如下五种。

（1）加热再生法　活性炭的加热再生是通过加热对活性炭进行热处理，使其吸附的有机物在高温下炭化分解，最终成为气体逸出，使活性炭得到再生。加热再生在除去有机物的同时，还可以除去沉积在炭表面的无机盐，使炭表面有新微孔生成，活性得到根本的恢复。热再生法是目前工艺最成熟、工业应用最多的活性炭再生方法。

（2）湿式氧化再生法　湿式氧化再生法是指在高温高压的条件下，用氧气或空气作为氧化剂，在液相状态下将活性炭上吸附的有机物氧化分解成小分子的一种处理方法。该法再生条件一般为 200~250℃，3~7MPa，再生时间多在 60min 以内。湿式氧化再生时，吸附在活性炭表面上的有机、无机污染物在水热环境中脱附，从活性炭内部向外部扩散，进入溶液；而氧从气相传输进入液相，通过产生羟基自由基氧化脱附出来的物质。由于湿式氧化高温高压条件较为苛刻，因此可引入高效催化剂，以提高氧化反应的效率。

（3）溶剂再生法　溶剂再生法是利用活性炭、溶剂与被吸附质三者之间的相平衡关系，通过改变温度、溶剂的 pH 值等条件，打破吸附平衡，将吸附质从活性炭上脱附下来的方法。根据所用溶剂的不同可分为无机溶剂再生法和有机溶剂再生法。一般采用无机酸（H_2SO_4、HNO_3、HCl 等）或碱（$NaOH$）等作为再生溶剂。再生操作可在吸附塔内进行，活性炭损失较小，但该法再生不太彻底，微孔易堵塞，影响吸附性能的恢复，多次再生后吸附性能会明显降低。

（4）电化学再生法　电化学再生法是一种正在研究的新型活性炭再生技术。是将活性炭填充在 2 个主电极之间，在电解液中，加以直流电场使活性炭在电场作用下极化，两端分别呈阳性和阴性，形成微电解槽，在活性炭的阴极部位和阳极部位可分别发生还原反应和氧化反应，吸附在活性炭上的物质大部分因此而分解，小部分因电泳力的作用发生脱附。此方法操作方便且效率高、能耗低，其处理对象所受局限性较少，可避免二次污染。

（5）超临界流体再生法　该法是利用许多物质在常压常温下对某些物质的溶解能力极小，而在亚临界状态或超临界状态下溶解能力异常大的特点实现再生。在超临界状态下，稍改变压力，溶解度会产生数量级的变化。利用这种性质，可以把超临界流体作为萃取剂，通过调节操作压力来实现溶质的分离，即超临界流体萃取技术。超临界流体的特殊性质和其技术原理决定了它用于再生活性炭的可能性。二氧化碳的临界温度近于常温（31℃），临界压力不是很高（7.2MPa），具有无毒、不可燃、不污染环境以及易获得超临界状态等优点，是超临界流体萃取技术应用中首选的萃取剂。超临界流体（SCF）再生法温度低，吸附操作不改变污染物的化学性质和活性炭的原有结构，在吸附性能方面可保持与新鲜活性炭一样；活性炭无任何损耗，可以方便地收集污染物，便于重新利用或集中焚烧，切断了二次污染；且 SCF 再生可以将干燥、脱除有机物连续操作，一步完成。

7. 活性炭的应用及发展

活性炭作为一种优质吸附剂，广泛用于食品、化工、石油、纺织、冶金、造纸、印染等工业部门以及农业、医药、环保、国防等诸多领域中，被大量应用于脱色、精制、回收、分离、废水及废气处理、饮用水深度净化、催化剂、催化剂载体以及防护等各个方面。其需求量随着社会发展和人民生活水平的提高，呈快速上升趋势，尤其是近年来随着国家环境保护要求的不断提高，使得国内外活性炭的需求量越来越大。我国有丰富的煤炭资源，还有大量的石油焦、工业有机废物等。因此，活性炭在国内的发展具有很大的市场潜力。

除了传统的粉末和颗粒活性炭外，新品种开发的进展也很快，如珠球状活性炭、纤维状活性炭、活性炭毡、活性炭布和具有特殊表面性质的活性炭等。此外，煤加工过程中的固体产品或残渣，如热解半焦、超临界抽提残煤、褐煤液化残渣也可以加工成活性炭或其代用品，它们生产成本低，用于煤炭加工利用过程的"三废"处理也很适宜。

三、碳分子筛

碳分子筛（CMS）是一种孔径分布比较均一、含有接近分子大小的超微孔结构的特种活性炭，具有筛分分子的作用，可用于分离某些气体混合物，如 N_2 和 O_2、H_2 和 CH_4 等。虽然碳分子筛的工业生产和实际应用只有 30 多年的历史，但发展速度却很快。目前，碳分子筛在空气分离制氮气；回收、精制氢气和其他工业气体；气相和液相色谱分析；微量杂质的净化及催化剂载体等领域均有应用。它的出现也使微分子筛系列产品增加了一个新品种。

1. 碳分子筛分离原理

碳分子筛用于空气分离，不是它对氧和氮的分子直径或平衡吸附量不同，而是由于它们的扩散速率不同。氧和氮在碳分子筛中的扩散系数的比值随温度的升高而降低，如 0℃时，比值为 54；35℃时，降为 31。这种扩散属于活性扩散，其活化能分别为 $(19.6\pm1.3)kJ/mol$ 和 $(28\pm1.7)kJ/mol$。碳分子筛正是利用了氧的扩散速率远高于氮的扩散速率的条件，在远离平衡条件下使氮得到富集。

碳分子筛从焦炉煤气中分离氢与上述分离氧和氮的原理不同。焦炉煤气总的成分都在可被吸附之列，由于氢的分子量最小，其吸附量最低，故直接穿过吸附塔，而其他成分，如 CH_4、CO、CO_2 等则被吸附。随着碳分子筛应用范围的扩大，不同成分的分离机理还正在进一步研究中。

2. 碳分子筛的特点

碳分子筛与活性炭在化学组成上无本质区别，主要区别是孔径分布和孔隙率不同。理想的碳分子筛孔径全部为微孔，孔径集中在 0.4～0.5nm，孔隙率低于活性炭，而活性炭的孔径分布从微孔到大孔都有。

3. 碳分子筛的制备

（1）制备方法 碳分子筛常用的制备方法有以下几种。

① 热分解法 是将活性炭、焦炭和萨兰树脂碳等含有细孔的炭材在惰性气氛中用 1200～1800℃的高温煅烧，使孔隙收缩。如偏二氯乙烯炭化物经过 1400℃煅烧，对分子直径 0.5nm 的异丁烷有分子筛作用。

② 气体活化法 是一种扩孔的方法，利用某些活化剂（如二氧化碳、水蒸气）与碳反应，使孔扩大到所需范围。活化方法同活性炭活化，关键是控制好活化程度。

③ 浸渍覆盖法 是一种堵孔的方法，在微孔浸渍含合成树脂或焦油之类的高分子物质，然后加热，热分解碳覆盖于孔壁上，以减小孔隙的直径。

④ 蒸发附着法 又称气相热解堵孔法，也是堵孔的方法。将多孔性碳素材料在 400～900℃下加热，并使其与含乙烯、苯、甲苯等烃类化合物的惰性气体接触数分钟，由于热分解碳蒸发附着在孔壁上，使孔隙直径缩小。为了使热分解碳蒸发附着于碳素材料的孔壁上，对烃类化合物的种类、使用量、加热处理等条件的控制是该制备办法的关键。

⑤ 等离子体法 以椰壳炭、各种煤为原料制成的炭化料及活性炭为原料。用高频电场通入甲苯、乙烷、木焦油等烃类化合物来产生等离子体。高速运动的等离子体，撞击碳素材料的多孔表面，改善表面的孔结构特征，并在表面聚合，形成一层固体薄膜结构，以改善原料孔隙结构、制取碳分子筛。

⑥ 液化抽提法 该法不同于以上热分解造孔。是借用煤的加氢液化原理，把煤在高温高压及催化剂存在的条件下，进行适度的加氢反应，使煤分子骨架上的某些结合键发生断裂，使某些侧链和官能团与氢作用生成小分子化合物。然后，用溶剂抽提的方法把这些小分子抽提出来，使原来小分子所占的空间成为孔隙。抽余煤的骨架再通过热收缩法或其他调整孔径的方法，制成碳分子筛。

（2）制备工艺 碳分子筛制备工艺和活性炭大致相近，主要包括原料煤粉碎、加黏结剂捏合、成型、炭化。根据原料煤的不同，有的只要炭化，不需活化，有的炭化后则要轻微活化（扩孔），而有些煤在炭化、活化后还要适当堵孔。德国煤矿研究公司用黏结性烟煤生产碳分子筛的流程如图 10-4 所示。

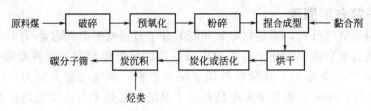

图 10-4　黏结性烟煤生产碳分子筛工艺流程

① 预氧化　黏结性烟煤需要预氧化，以破除黏结性和有利于形成均一微孔。一般用流化床空气氧化法，温度 200℃左右，时间数小时。煤化程度较高的煤经预氧化后所得最终产物的性能也有所提高，但对高挥发分不黏煤进行预氧化反而有害。

② 捏和、成型　乳合剂有煤焦油和纸浆等，添加量与生产活性炭基本相同。也可用挤条法和成球法成型。捏和好坏对产品的质量影响很大。

③ 炭化　是关键工序。炭化温度（大多在 700～900℃）一般高于生产活性炭温度，以有利于生成微孔。通过高温反应在形成新微孔的同时，原来较大的孔也可能收缩而变为微孔。慢速升温速度有利于挥发分均匀地逸出，一般控制在 3～50℃/min。此外，温度分段上升比一次直线上升效果要好。在炭化时通入少量惰性气体，有利于带出挥发分，提高产品质量。

④ 孔径调整　在加工工艺中对孔径做必要的调整。使产品的孔径均一，并保持在适当的孔径范围内。

4. 碳分子筛的应用

目前，碳分子筛主要作为变压吸附（PSA）的吸附剂，用于工业气体的分离提纯中。气体组分在升压时吸附，降压时解吸，不同组分由于其吸附和解吸特性不同，在压力周期性的变化过程中实现分离，即变压吸附分离过程。

与其他气体分离技术相比，变压吸附技术具有能耗低、装置压力损失小、工艺流程简单、无需复杂的预处理系统、一步或两步即可实现多种气体的分离等特点。目前，变压吸附技术已经推广应用到了氢气、二氧化碳的提纯，可直接生产食品级二氧化碳、一氧化碳的提纯、变换气脱除二氧化碳、天然气的净化、空气分离制氧、空气分离制氮、瓦斯气浓缩甲烷以及浓缩和提纯乙烯等领域。

四、碳素纤维

碳素纤维，又称碳纤维，是一种含碳量大于 90% 的具有很高强度和模量的纤维，主要用于生产高级复合材料。虽然全世界产量不大（各种碳素纤维的年产量之和约 4×10^4 t），但由于其许多独特的性能而受到广泛的重视，发展前景良好。

碳纤维的起源可追溯到 19 世纪后期，美国人爱迪生（Edson）用碳丝制作灯泡的灯丝，从而发明了电灯，给人类社会带来了光明。但是在 20 世纪初期，美国通用电器公司的库里基（Coolidge）发明了用钨丝取代碳丝作为灯丝，并一直沿用至今。这使得碳丝一度退出了历史舞台。直到 20 世纪 50 年代，为了解决战略武器的耐高温和耐烧蚀材料，碳纤维再次进入人们的视线。并自此以后，在材料科学领域掀起了碳纤维研究与开发热潮，各种有机纤维被用来尝试制备碳纤维。

目前生产碳纤维的原料有人造丝、聚丙烯腈和沥青三种。其中沥青基碳纤维具有原料丰富、价格便宜、纤维的产率高和加工工艺简单等优点而发展较快。

1. 碳素纤维的种类和性能

(1) 碳素纤维的分类 按生产原料的不同，碳素纤维主要可分为聚丙烯腈碳纤维（原料为聚丙烯腈纤维）、沥青基碳纤维（原料为石油沥青和煤焦油沥青）及以纤维素、人造纤维、聚乙烯醇纤维和聚酰亚胺纤维等为原料加工而成的碳纤维以及气相裂解碳纤维等。

按石墨化程度不同可分为石墨化碳纤维和非石墨化碳纤维。

按使用性能可分为高性能类（高强度、高弹性模量和高强度兼有高弹性模量）、通用类（机械性能较低）、活性炭纤维（具有活性炭的性能）、特殊功能类（如导电碳纤维）。

(2) 碳素纤维的性能 碳素纤维的结构类似于人造石墨，是乱层石墨结构，除具有一般碳材料的共性外，还具有以下特性。

① 力学性能 碳素纤维在所有材料中比模量最高，比强度也很高，其抗拉强度和玻璃纤维相近，而弹性模量则比后者高 4～5 倍，高温强度尤其突出。用碳纤维制成的增强复合材料密度比铝合金和玻璃钢轻，只有钢密度的 1/5，钛合金密度的 1/3，而其比强度则是玻璃钢的 2 倍，高强度钢的 4 倍，比模量则是后两者的 3 倍。

② 形成层间化合物 碳素纤维在高温下能和许多金属氧化物、卤素等反应生成层间化合物。引入金属可使碳素纤维的导电性增加 20～28 倍，而纤维的形态和力学性能可基本保持不变。

③ 化学稳定性 不经任何处理的碳纤维在空气中的安全使用温度为 300～350℃，浸渍某种化合物或经气相沉积了热解石墨或其他化合物后，其安全使用温度可提高到 600℃，可在惰性气氛中加热到 2000℃ 以上无变化，其热稳定性超过其他任何材料；碳素纤维在大多数腐蚀性介质中很稳定，沥青基各向同性碳纤维除对 60% 的硝酸（60℃）和铬酸（常温）不够稳定外，对其他酸和碱都很稳定。

④ 热性质 比热容不大，但随温度升高而增加。270℃ 时比热容为 $0.67J/(g \cdot K)$，2000℃ 时增加到 $2.09J/(g \cdot K)$，故可作为高温烧蚀材料。

2. 工艺流程

沥青基碳素纤维有高性能和低性能之分，前者由中间相沥青纤维加工而成，后者则由各向同性沥青纤维制得。其制备工艺流程如图 10-5 所示。

(1) 沥青预处理 生产碳素纤维的沥青主要是煤焦油沥青、石油沥青和合成沥青（如以聚氯乙烯热聚合制得的沥青）等。煤沥青在 N_2 中于 384℃ 下加热 1h，然后在 270℃ 减压蒸馏出低沸点馏分。向减压残渣中加入 6.7% 的过氧化二异丙苯，最后再在 280℃ 和 N_2 气氛下加热 4h，所得沥青即可纺丝生产低性能碳素纤维。

(2) 熔融纺丝 采用合成纤维工业中常用的纺丝法，如挤压式、喷射式和离心式等进行纺丝，后立即进入下一道不熔化处理工序。

(3) 不熔化处理 不熔化处理是为了消除沥青原纤维的可熔性和黏性。有气相氧化、液相氧化和混合氧化三种方法。气相氧化剂如有空气、氧气、臭氧和三氧化硫等，一般多用空气。气相氧化温度一般为 250～400℃，应低于沥青纤维的热变形温度和软化点。液相氧化剂为硝酸、硫酸和高锰酸钾溶液等。氧化时在热反应性差的芳香结构中引入反应活性高的含氧官能团，可形成氧桥键使缩合环相互交联结合，在纤维表面形成不熔化的皮膜。通常随着纤维中氧含量的增加，纤维的力学性能逐渐提高。

(4) 炭化 炭化温度通常为 1000～2000℃，为防止高温氧化，需要在高纯 N_2 的保护下进行。炭化时，芳烃大分子间发生脱氢、脱水、缩合和交联反应。由于非碳原子不断地被脱除，故炭化后纤维中的 C 含量可达 95% 以上。炭化停留时间为 0.5～25min。不同原料纤维

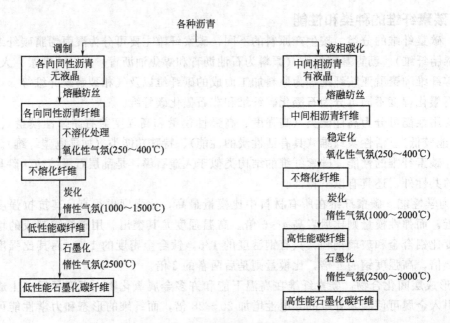

图 10-5　沥青基碳素纤维制备工艺流程

的炭化收率见表 10-4。

表 10-4　不同原料纤维的炭化收率

原料	C 含量/%	炭化收率/%	碳纤维中 C/原料中 C
聚丙烯腈纤维	68	49~69	60~85
沥青基纤维	95	80~90	85~95
纤维素纤维	45	21~40	45~55
木质基纤维	71	40~50	55~70

（5）石墨化　在高纯 N_2 保护下，将上述所得碳纤维加热至 2500℃或更高温度，停留时间约几十秒，炭化纤维就转化为具有类似石墨结构的纤维。同种原料制得纤维其力学性能与处理温度高低关系很大，温度低时，强度高而弹性模量低；温度高时则相反。

对纤维进行不熔化、炭化和石墨化处理时，需 PAN 基纤维施加一定的牵伸力，以防止纤维收缩，这有利于石墨微晶的轴向取向，增加碳纤维的强度和弹性模量。

（6）后处理　高性能的碳纤维和石墨纤维主要用于生产复合材料，为提高纤维和基体之间的黏结力，还必须进行表面处理。主要的处理方法有表面清洁法、空气氧化法、液相氧化法和表面涂层法等。其作用主要是：①消除表面杂质；②在纤维表面形成微孔或刻蚀沟槽，以增加表面能；③引入具有极性的活性官能团以及形成和树脂作用的中间层等。

五、炭黑

炭黑是烃类不完全燃烧制得的，具有高度分散性的，主要是由碳元素组成的黑色粉状物质，其微晶具有准石墨结构。

我国是世界上生产炭黑最早的国家，远在几千年前我国劳动人民就发明了炭黑的制造方法，国外以工业方式生产炭黑起源于 19 世纪中期。1920 年由于偶然原因发现炭黑对橡胶制品特别是汽车轮胎有很好的补强作用，从此炭黑生产迅猛发展。目前全世界炭黑产量已超过 700 万吨，仅橡胶用炭黑的品种就有 50 多种。我国的炭黑工业是在改革开放后得到快速发展，已从炭黑进口国变为主要出口国之一。

1. 炭黑的组成、结构和性质

（1）组成和结构　炭黑的元素组成随品种不同略有变化，主要是碳（91%～99%），其次有氧（0.1%～8.0%）、氢（0.1%～0.7%）和硫（0～0.7%）。另外炭黑中还有少量灰分，在0.1%左右。

炭黑的结构有一次结构与二次结构之分。一次结构为球形、椭球形和纤维形或其他不规则形状的聚熔体，粒径从10μm（高色素炭黑）到500μm（热裂解炭黑）不等，二次结构为一次结构粒子以范德华引力结合而成的更大的但不很牢固的粒子系统。上述两种结构的总和称为总结构或结构性。一般可将炭黑定性地分为低结构、正常结构和高结构三种类型，其值以吸油值大小表示。吸油值是每克炭黑所吸附的邻苯二甲酸二丁酯（DBP）的毫升数，其值越大，表明结构性越高。

（2）性质　与炭黑的使用性能关系密切的性质指标很多，见表10-5。炭黑的主要物理性质有比表面积、密度、结构性、表面性质、导热性、导电性和光学性质等，主要化学性质有氧化、接枝和硫化等反应性以及催化作用、消除自由基作用和抗老化作用等。

表 10-5　橡胶物理机械性能和炭黑性质的关系

物理机械性能	炭黑粒径减小时	结构性吸油值增加时	表面性质	
			氧含量增加时	氢含量增加时
门尼黏度	增加	增加		
压出收缩	减小	减小		
定伸强度	增加到最大然后下降	增加	降低	增加
拉伸强度	增加	降低		
伸长率	降低至最小然后增加	降低	增加	降低
撕裂强度	增加			
硬度	增加	增加		
耐磨性	增加	增加		
回弹率	减小		无影响	无影响
生热	增加	缓慢增加		

2. 炭黑的分类及用途

（1）按炭黑生产方法　分为接触法炭黑、炉法炭黑、热解法炭黑。接触法炭黑是使原料气的燃烧火焰与温度较低的收集面接触，让裂解产生的炭黑冷却并附着在其上加以收集即得，属于这类炭黑的有槽法炭黑和滚筒炭黑。炉法炭黑是以气态烃或液态烃为原料并通入适量空气，在特制的裂解炉内，在一定温度下燃烧、裂解，经冷却后收集得到炭黑，此法是炭黑最主要的生产方式。热解法炭黑是以天然气或乙炔气为原料，在已预热的反应炉内隔绝空气，在1600℃左右进行间歇或连续热裂解产生的炭黑。

（2）按炭黑用途　分为橡胶炭黑、色素炭黑、导电炭黑。橡胶炭黑是最主要的炭黑品种，占炭黑总产量的90%左右；炭黑对橡胶的补强作用在于加入炭黑后橡胶制品的模量、硬度、耐磨性和抗撕裂性等都有提高；一般将橡胶炭黑分为硬质和软质两大类，前者的补强能力好，后者的补强能力差，主要起填充作用。色素炭黑主要用于油墨和油漆中作黑色颜料，按粒度和黑度分为高色素炭黑、中色素炭黑和色素炭黑。导电炭黑主要是乙炔炭黑，因其导电性好，用于生产导电橡胶、导电塑料和电子元件等。

3. 生产炭黑的原料

可用于生产炭黑的原料很多，主要有油类——煤焦油和石油系原料油，天然气和煤气层，焦炉煤气和炼厂气，乙炔气等。我国有丰富的煤焦油资源，目前我国炭黑工业用油中有3/4来自煤焦油，煤焦油系原料油主要是高温煤焦油加工得到的重质馏分油，有蒽油、一蒽油、二蒽油和防腐油等。无焦油加工的小型炼焦厂，现在还提供未经加工的煤焦油给炭黑厂作掺混原料。另外，低温和中温干馏煤焦油和气化焦经蒸馏获取相应的馏分也是优质原料油。煤焦油炭黑原料油的组成和性质见表10-6。

表 10-6　煤焦油炭黑原料油的组成和性质

指标		蒽油	一蒽油	二蒽油	沥青馏出油	防腐油
20℃密度/(g/cm³)		1.0660	1.1190	1.1329	1.1296	1.1130
沸点范围/℃		220~480	220~380	220~460	260~420	210~240
凝固点/℃		18	29	35	32	—
族组成 W/%	烷烃-环烷烃	0.0	0.0	0.0		0.12
	单环芳烃	0.0	1.1	0.0		0.0
	双环芳烃	52.6	25.6	13.2	12.1	1.6
	蒽及同系物	4.0	0.1	5.3	4.2	80.8
	菲及同系物	35.7	50.1	60.5	64.5	80.8
	三环杂原子化合物	1.0	6.9	5.0	3.3	80.8
	酚类	1.2	3.5	6.6	4.5	11.2
	吡啶类	3.5	5.0	0.4	3.0	11.2
	胶质	2.0	1.8	9.0	7.9	—
元素组成 W/%	C	91.00	91.18	91.20	90.00	91.50
	H	5.29	6.01	5.58	5.70	5.95
	S	0.61	0.36	0.94	0.60	0.66
	N	—	1.65	1.30	1.30	0.51
	O	—	0.80	0.98	2.40	1.38
残碳值/%		0.74	0.95	3.56	2.09	—

4. 炭黑生产工艺

如前所述，炭黑生产工艺有炉法、接触法和热裂解法三类，其中炉法因为生产橡胶炭黑，故其产量远远超过后两种，在炭黑生产中占主体地位。

(1) 炉法　炉法工艺根据进料不同可分为气炉法、油炉法和油气炉法，这里仅介绍最常用的油炉法。用蒽油生产中超耐磨炭黑的工艺流程如图10-6所示。蒽油由油库泵送至储油槽，加温至85℃左右，静置脱水。脱水后的原料油用齿轮油泵升压，经蒸汽夹套油管将油温提高到110~130℃，再经喷燃器内的油嘴雾化喷射到用耐火材料砌成的反应炉内。由罗茨鼓风机送来的空气经孔板流量计进入第三级空气预热器，预热后达到350~400℃离开第一级空气预热器，进入喷燃器，与油雾充分混合后进入反应炉内。一部分原料油与一定量的助燃空气进行燃烧反应，使反应炉温维持在1300~1600℃，另一部分原料油在此高温下裂解，产生炭黑，炉温通过调节风油比来控制。反应后的炭黑与燃烧废气离开反应炉后立即喷淋冷水急冷至900~1000℃，以终止反应。急冷后的烟气再经两级废热锅炉冷却至600~650℃，随后进入列管式冷却器，使烟气冷却至450~550℃，接着进入三级空气预热器，烟气温度由450~550℃降低到200~250℃，空气温度由30~45℃上升到350~400℃，两者逆向流动。从空气预热器流出的烟气送到三级旋风分离器，在此分离出大部分炭黑，尾气经风冷器冷却到 80～140℃后进入脉冲袋滤器，经过滤后，尾气由抽风机抽吸到烟囱排放。由旋风分离器和脉冲袋过滤器收集的炭黑，在风力输送系统内除去杂质后，经造粒机的旋风分离器分离，经压缩机压缩后由造粒机造粒包装出厂。

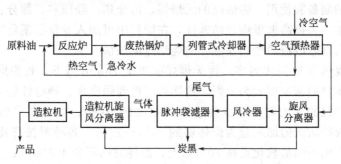

图 10-6　用蒽油生产中超耐磨炭黑的工艺流程

　　（2）接触法　接触法工艺是炭黑生产的经典工艺。它是让烃类的火焰在没有完成整个燃烧过程前与温度较低的冷却面接触。这样燃烧过程就中断，火焰内部灼热炭粒受到冷却并沉积在冷却面上，收集来即得炭黑。该工艺按原料和冷却形势不同，又可分为槽法炭黑、混气炭黑和滚筒炭黑三种，所生产的炭黑用于橡胶外，更多用作油墨、涂料和塑料的原料。

　　（3）热裂解法　该工艺是在隔绝空气和无火焰的条件下，原料（天然气、煤焦油和乙炔等）经高温热解而生产炭黑。它可分为热裂解法炭黑和乙炔法炭黑两大类。

　　① 热裂解法　该法生产的炭黑粒径最粗，是橡胶的优良填充剂，赋予胶料高弹性、高伸长率、低定伸强度和低硬度。主要用于内胎和无内胎轮胎的气密层中，另外也用于耐油和减震制品中。生产装置主题为两台立式裂解炉，炉内用耐火砖砌成花格，增加蓄热。生产时一台用燃气加热，另一台通入天然气裂解，交替使用。裂解温度约 1300℃，炭黑产率为 120～180g/(h·m³)，尾气含氢气 85%，可用作热源或天然气的稀释气。

　　② 乙炔法　乙炔气一般来自电石。这种炭黑的特点是比电阻小，10MPa 压力下，其比电阻为 0.15Ω/cm，故适用于生产干电池和导电橡胶等，生产 1t 乙炔炭黑需消耗电石 3.5～4.2t，炭黑收率约 1kg/m³ 乙炔。

　　此外，直接用高挥发分煤作原料热解制炭黑已得到世界许多国家的重视。实验室试验表明，以挥发分 45%的原料煤在气流床反应器中热解，当反应器温度 1200～1650℃和停留时间＜1s 时，炭黑收率达到 20%（对原料煤），其余为焦屑（收率 50%）和煤气。由煤直接生产炭黑是煤加工利用的一条新途径，值得进一步开发。

六、碳素糊类制品

　　碳素糊类制品分为两大类：一类为导电材料，有阳极糊、电极糊；另一类是用于砌筑炭块时的黏结填料，有底部糊、粗缝糊和细缝糊等。

　　阳极糊全部由石油焦及沥青焦等少灰原料制成，用于铝电解槽作为阳极导电材料使用。由于阳极糊的原料中没有煤炭，故本节不作介绍。

1. 电极糊

　　（1）制备电极糊的原料　制造电极糊的原料为煅烧无烟煤和冶金焦作骨料，沥青和焦油作黏结剂。其中要求无烟煤的灰分小于 8%，挥发分小于 5%，含硫量低，比电阻大于 1000μΩ·m，热强度指数大于 60%。无烟煤需经 1200℃以上高温煅烧，以脱除挥发分。要求冶金焦的灰分小于14%，要求沥青的软化点为60～75℃，灰分小于0.3%，水分不大于0.5%，挥发物为60%～65%，游离碳含量不大于20%～28%。要求焦油的密度为1.16～1.20g/cm³，水分不大于2.0%，灰分不大于0.2%，游离碳含量不大于9%。也可用焦油馏分蒽油调整软化点。

（2）电极糊的制备和使用　将煅烧的无烟煤、冶金焦，经破碎、筛分、配料加入煤沥青混捏后即成电极糊。为提高电极糊烧结速度，在配料中可加入少量石墨化冶金焦、石墨碎或天然石墨，以提高自焙电极的导热性能，使烧结速度加快。

配料中无烟煤约占50%或更多，将无烟煤破碎至20mm以下，焦炭磨成粉加入。粒度组成的控制要以颗粒的密实度大为原则，这样可以得到强度大、导电性好的电极。两种粒度混合时，要求大颗粒的平均粒至少为小颗粒粒度的10倍；混合料中的小颗粒数量应为50%～60%。一般黏结剂的加入量为固体料的20%～24%。各种料按配比称量后加入混捏机中，混捏温度要比黏结剂软化点高70℃以上，搅拌时间不少于30min。

电极糊就使用性质而言，是一种自焙电极，是生产铁合金和电石的重要消耗性材料。每生产1t产品，电极糊的消耗量一般为：45%的硅铁约25kg、75%的硅铁约45kg、硅铬合金约30kg、硅锰合金约30kg、碳素铬铁约25kg、中低碳铬铁约50kg、碳素锰铁约40kg、电石约30kg。

2. 底部糊

砌筑铝电解槽的底部炭块时，先在槽底部铺一层底部糊，放入底炭块后在每行炭块之间也填上经过捣碎及加热至软化的底部糊，再用风镐捣实。有些小型铝电解槽及熔炼某些金属的电炉，其炉底及炉壁不用炭块或其他耐火材料砌筑，而完全用底部糊捣制而成。由于铝电解槽底部用作阴极，因而底部糊又称阴极糊。

生产底部糊的原料为煅烧无烟煤（生产半石墨糊，则用1800～2100℃的电煅无烟煤）、冶金焦、石墨碎，黏结剂是煤沥青和蒽油，生产工艺与电极糊相同。

3. 粗缝糊和细缝糊

砌筑高炉炭块时，炉底找平和炉壁膨胀缝等需用炭糊充填。这种填塞高炉炭块间较宽缝隙的炭糊称为粗缝糊，而填塞较小缝隙（1～2mm）的炭糊称为细缝糊。粗缝糊和细缝糊生产工艺和电极糊相同。

思 考 题

1. 简述碳素制品的定义、分类和性质。
2. 简述电极炭的制备工艺。
3. 简述活性炭的机构特点及其应用。
4. 简述煤制活性炭的工艺过程。
5. 简述碳分子筛的结构特点及其应用。
6. 简述碳纤维的性能及应用领域。
7. 简述炭黑的分类及用途。

第十一章

煤化工过程污染与控制

第一节 煤化工过程污染物来源

煤化工是以煤为原料的化学加工过程，由于煤本身的特殊性，在其加工、原料和产品的储存运输过程中都会对环境造成污染，污染来源主要为废水、废气、废渣的排放以及生产过程中产生的粉尘、噪声等。这些污染物会对环境及人体造成危害。因此，解决煤化工在发展过程中的环境污染问题，是关系到煤化工产业可持续发展的重大课题。

一、煤焦化过程污染物来源

煤制焦过程中，在炼焦、煤气净化等生产过程中及燃料燃烧时会排放出各种有害物质，包括废气、废水、废渣、粉尘等，对环境造成严重污染。

1. 焦化过程废气来源及其组成

焦化生产过程产生的大气污染物主要发生在备煤、炼焦、化产回收和精制过程。备煤阶段产生的污染物主要为煤尘。煤料在高温条件下与空气接触燃烧生成炭黑，形成大量黑烟、烟尘、荒煤气及对人体健康有害的多环芳烃。炼焦时，废气一方面来源于化学转化过程中未完全炭化的细煤粉及其析出的挥发组分、焦油、飞灰和泄漏的粗煤气，另一方面来源于出焦时灼热的焦炭与空气接触生成的 CO、CO_2、NO_x 等，主要污染物包括苯系物（如苯并芘）、酚、氰、硫氧化物以及烃类化合物等。化产回收过程和精制过程中主要排放出酚、氰化氢、硫化氢及少量的芳香烃、吡啶、苯并芘等污染物。生产 1t 焦炭将产生 400m³ 左右的废气，大量的粉尘和有毒气体被排放到大气中。

煤焦化过程所产生的废水数量与组成随工艺和精制产品加工深度的不同而不同。废水主要来自炼焦过程中的备煤、湿法熄焦、焦油加工、煤气冷却、脱苯脱萘等工序，主要包括除尘废水、蒸氨废水、粗苯分离废水、精苯分离水、古马隆废水、煤气水封水等，其中剩余氨水占废水总量的 50%～70%，是焦化废水处理的主要来源。焦化生产工艺流程及废水来源见图 11-1。

焦化废水通常含有无机污染物和有机污染物两大类。无机污染物一般有氨氮、氰化物、硫氰化物、硫化物等。有机物除酚类化合物外，还包括脂肪族化合物、杂环类化合物和多环

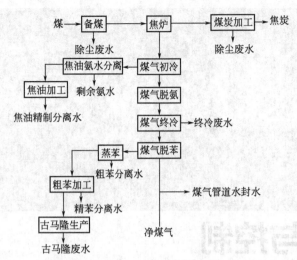

图 11-1   焦化生产工艺流程及废水来源

芳香烃。其中，易降解有机物主要是酚类化合物和苯类化合物，可降解的有机物有吡咯、萘、呋喃类，难降解的有机物主要有吡啶、咔唑、联苯、三联苯等。废水中含有大量有机物组分和多种有害难降解成分，有毒及抑制性物质多，生化处理过程中难以实现有机污染物的完全降解，严重污染环境。由于煤的种类、工艺流程和控制指标不同，焦化废水的水质也不尽相同。

2. 焦化过程废液废渣来源及组成

焦化生产过程中的废液废渣主要来自回收和精制过程，主要有焦油渣、酸渣和洗油再生残渣等。另外，生化脱酚过程有过剩的活性污泥，洗煤过程会有矸石产生。

(1) 焦油渣   焦化过程产生的焦油渣的数量与煤料的水分、粉碎程度、无烟装煤的方法和装煤时间有关。一般焦油渣占炼焦干煤的 0.05％～0.07％，采用蒸汽喷射无烟装煤时，可达 0.19％～0.21％，采用预热煤炼焦时，焦油渣的数量更大，为无烟装煤的 2～5 倍。

(2) 酸渣   焦化过程产生的酸渣主要来自硫酸铵生产过程和粗苯酸洗过程。在硫酸铵生产过程中产生的酸焦油的数量变动范围很大，通常取决于饱和器的母液温度和酸度、煤气中不饱和化合物和焦油雾的含量。此外，吸收用的硫酸的纯度及氨水中杂质含量也影响酸渣的数量。一般酸渣的产率约占炼焦干煤重量的 0.013％。此过程产生的酸渣，约含 50％的母液，其中硫酸铵 46％、硫酸 4％。在粗苯酸洗过程中产生的酸渣主要含有硫酸、磺酸、乙酰树脂、苯族及苯族烃等物质，其平均组成为硫酸 15％～30％、苯族烃 15％～30％、聚合物 40％～60％。

(3) 洗油再生残渣   洗油再生残渣是洗油的高沸点组分和一些缩聚产物的混合物。高沸点组成物有芴、苊、萘、二甲基萘、甲基苯乙烯、联亚苯基氧化物等；洗油中的各种不饱和化合物和硫化物，如苯乙烯、古马隆及其同系物、环戊二烯和噻吩等可缩聚形成聚合物。缩聚生成物数量随洗油加热温度、粗苯组成、油循环状况等因素而定，并与送进洗苯塔的洗油量有关，一般占循环油的 0.12％～0.15％。聚合物的指标为密度 1.12～1.15g/cm³ (50℃)、灰分 0.12％～2.40％、甲苯溶物 3.6％～4.5％、固体树脂产率 20％～60％。

二、煤气化过程污染物来源

煤气化过程中产生的污染物种类和数量随工艺条件的不同而不同，主要产生废气、废水及煤气化后的废渣。

1. 煤气化废气来源及组成

在煤气化过程中，废气的来源主要是以下几个方面。

① 粉尘污染。主要是煤仓、煤堆表面粉尘颗粒飘散及原料煤的破碎、筛分扬起的粉尘。

② 生产过程中泄漏、排放的有害气体。气化炉开车过程、非正常停车而产生的煤气逸散，炉内的排放气形成部分废气、固定床气化炉的卸压废气、粗煤气净化工序中的部分尾气、硫和酚类物质回收装置的尾气及酸性气体、氨回收吸收塔的排放气等。这些废气的主要

成分包括碳氧化物、硫氧化物、氨气、苯并［α］芘、CO、CH₄等，有些还夹杂了煤中的砷、镉、汞、铅等有害物质，对环境及人体健康有较大的危害。

③ 冷却净化过程中，有害物质飘逸在沉淀池和凉水塔周围，这些有害物质主要是酚类和氰化物。

2. 煤气化废水来源及组成

煤气化废水是在制造煤气的过程中所产生的废水，主要来源于煤气洗涤、冷凝和分馏工段，以循环氨水污染最为严重，这类废水外观呈深褐色，黏度较大，pH 在 7~11，泡沫较多，组成也十分复杂，主要包括酚类、氨氮、焦油、氰化物、多环芳烃、含氧多环和杂环化合物等多种难降解的有毒、有害物质。废水的水质和水量取决于所采用的工艺和生产操作条件。煤的品质越低，水质越恶劣。

由于粗煤气的组成受到原料煤种类、成分、气化工艺及操作条件的影响，废水中污染物浓度也会有所不同。通常，用烟煤和褐煤作原料时废水的水质较差，含有大量的酚类、焦油和氨等。不同的气化过程中，固定床气化炉的水质较差，COD 质量浓度高，在 3500mg/L 以上，最高达 23000mg/L；流化床废水中氨的质量浓度较高，稳定在 9000mg/L。气流床的水质为三者中最好的。

3. 煤气化废渣来源

煤气化过程中，在气化炉中高温条件下与气化剂反应，煤中的有机物转化成气体燃料，而煤中的矿物质形成灰渣。灰渣是一种不均匀金属氧化物的混合物。

三、煤液化过程污染物来源

煤液化分为直接液化和间接液化两大类。煤直接液化时，煤经过加氢反应，所有异质原子基本被脱除，也无颗粒物，回收的硫可变成元素硫，氮大多转化为氨。间接液化时，催化合成过程中排放物不多，未反应的尾气（主要是 CO）可以在燃烧器中燃烧，排出的 NO_x 和硫很少，没有颗粒物生成。因此煤液化过程对环境影响不大，主要污染物是煤转化过程中产生的 CS_2、COS、H_2S、NH_3 及苯族化合物。

四、煤燃烧过程污染物来源

在煤化工过程中，通过煤的燃烧可以提供生产过程所需要的热能、电能，同时排放烟尘、烟气、粉尘和炉渣等。烟尘中含有煤中矿物质、伴生元素转化而来的飞灰和未燃烧的颗粒；烟气中含有二氧化硫、二氧化碳、一氧化碳、氮氧化物及多环芳烃等有毒有害物质；炉渣内含有多种有害物质，在堆放的过程中会流出多种重金属离子的酸性废水，从而污染环境。

第二节　废水处理技术及工艺

一、废水处理技术

废水处理就是利用物理、化学和生物的方法对废水进行处理，使废水净化，减少污染，实现废水的回收、复用，从而充分利用水资源。

1. 废水主要污染指标

水质污染的常规分析项目主要有化学需氧量（COD）、生化需氧量（BOD）、氨氮（TN）、色度、pH、酚类、氰化物、油分和悬浮固体（SS）等。以下重点介绍前三项。

(1) 化学需氧量（COD）　化学需氧量（COD）表示在强酸条件下用强氧化剂如重铬酸钾、高锰酸钾氧化 1L 污水中还原性物质时所需要的氧量。COD 是表示水中还原性物质多少的一个指标，以 mg/L 表示。水中的还原性物质包括各种有机物、亚硝酸盐、硫化物及亚铁盐等，但主要是有机物。因此，COD 往往作为衡量水中有机物质含量的多少、表示水体有机污染物的一项重要指标，能够反映出水体污染的程度。COD 值越大，说明水体受有机物污染越严重。

(2) 生化需氧量（BOD）　许多有机物在水体可成为微生物的营养源而被消化分解，在分解过程中要消耗水中的溶解氧。生化需氧量（BOD）是指在一定期间内，微生物分解一定体积水中的某些可被氧化物质，特别是有机物质，所消耗的溶解氧的数量，以 mg/L 或百分率、μL/L 表示。它是反映水中有机污染物含量的一个综合指标。由于不同有机化合物的稳定性不同，所以完全降解需要的时间也不相同。如果进行生物氧化的时间为 5d，就称为 5d 生化需氧量（BOD_5），相应地还有 BOD_{10}、BOD_{20}。

(3) 氨氮（TN）　氨氮是指污水中各种形态无机和有机氮的总量。包括 NO_3^-、NO_2^-、NH_4^+ 等无机氮和蛋白质、氨基酸、有机胺等有机氮，以 mg/L 表示。氨氮（TN）指标可用来表示水体受营养物质污染的程度。

2. 废水处理基本方法

通过对废水进行处理，使废水中的污染物以某种方法分离出来，或者将其分解转化为无害稳定物质，从而使废水得到净化。废水处理一般要达到防止毒物和病菌的传染、避免有异味和恶臭感的可见物的目的，以满足不同用途的要求。一般废水处理的方法依据原理不同可分为物理法、化学法、物理化学法、生物法四类。

(1) 物理法　利用物理作用来分离废水中呈悬浮状态的污染物，如固体颗粒、油膜油珠等，在处理过程中，不改变物质的化学性质，具体可分为以下几种：

① 重力沉降法　污染物依靠重力作用而实现沉淀分离。利用悬浮物密度比水大而借助于重力作用下沉的原理，从而达到液固分离的目的。重力沉降又可分为自然沉降、混凝沉降和化学沉降三类，在沉淀池中进行。

② 过滤法　污染物依靠粒状滤料的吸附、凝聚等作用而被分离。

③ 上浮法　指通过气泡的浮升作用，将污染物随气泡上浮而分离。向污水中通入空气，以微小气泡为载体使污水中微细的疏水性悬浮颗粒黏附在气泡上，随气泡浮到水面，形成泡沫层，然后用机械方法撇除。

④ 阻力拦截法　污染物依靠格栅、筛网等器械或介质的阻碍作用而被截留。常用的筛滤介质有钢条、筛网、砂、布、塑料等；设备主要有格栅、砂滤池、微滤机等。

⑤ 离心分离法　污染物依靠施加离心力而分离。由于悬浮颗粒（乳化油）和污水受到的离心力不同，从而达到分离的目的。常用的离心设备有旋流分离器和离心分离器等。

(2) 化学法　利用化学反应来分离污水中的溶解物质或胶体物质。可用来除去水中的金属离子、细小的胶体有机物、无机物、酸、碱等。化学法主要包括中和法、混凝法、氧化还原法、化学沉淀法等。

① 中和法　向污水中投加酸性或碱性物质，将污水的 pH 值调至中性范围内。

② 混凝法　向污水中投加药剂，使水中难以自然沉降的胶体物质产生凝聚和絮凝而相互聚合，形成沉淀，投加的药剂称为混凝剂。常用的混凝剂有无机类和有机类两大类，无机类的如硫酸铝、聚合氯化铝、活性硅酸等；有机类的如表面活性剂十二烷基苯、羧甲基纤维素钠盐、水溶性脲醛树脂、聚丙烯酰胺等。

③ 氧化还原法　向污水中投入氧化剂或还原剂，使之与水中的污染物发生氧化还原反应，将其转化为无毒害的新物质。如氧化反应可使污水中的部分有机物分解，具有消毒杀菌的作用，还原反应可使高价有毒离子转化为无毒离子。常用的氧化剂有臭氧、氯气、重铬酸钾、高锰酸钾、双氧水等，还原剂有 Fe、Zn、Al、H_2S 等。

④ 化学沉淀法　向污水中投入化学沉淀剂，使之与溶解性污染物生成难溶的沉淀物，然后分离。

（3）物理化学法　利用物理化学作用来分离污染物质。

① 吸附法　利用多孔性固态吸附剂，使水中的污染物吸附在固体表面而被去除。常用的吸附剂有活性炭、磺化煤、矿渣、硅藻土、黏土、腐殖酸等。

② 离子交换法　利用离子交换剂中可交换的离子与废水中同性离子的交换反应来去除水中离子态的污染物质。离子交换树脂是常用的离子交换剂，主要有阳离子交换树脂和阴离子交换树脂两类。

③ 膜分离法　利用膜的某些特性使溶剂（通常是水）与溶质或微粒分离的方法。主要有扩散渗透、电渗析、超过滤和反渗透四项处理工艺。

（4）生物法　通过微生物的作用，使废水中呈溶解、胶体及细微悬浮状态的有机物污染物被降解转化为稳定的、简单的、无害的物质的方法。根据作用微生物的不同，生物处理法又可分为需氧生物处理和厌氧生物处理两种类型。废水生物处理广泛使用的是需氧生物处理法，按传统需氧生物处理法又分为活性污泥法和生物膜法两类。

3. 污水处理的分级

一般根据污水的水质、数量、排放标准，常用的这些污水处理方法在实际应用过程中，往往联合使用，依靠多种技术方法综合应用达到净化污水的目的。按处理进度，废水处理一般分为三级，即一级处理、二级处理、三级处理。一般以一级处理为预处理，二级处理为主体，根据排放要求，必要时进行三级处理。表 11-1 为常用的污水处理方法及所去除污染物种类。

表 11-1　常用的污水处理方法及所去除污染物种类

类别	处理方法	主要去除污染物
一级处理	格栅分离	粗粒悬浮物
	沉砂	固体沉淀物
	均衡	不同的水质冲击
	中和(pH 调节)	调整酸碱度
	油水分离	浮油、粗分散油
	气浮或凝结	细分散油及微细的悬浮物
二级处理	活性污泥法	微生物可降解的有机物，降低 BOD、COD
	生物膜法	
	氧化沟	
	氧化塘	
三级处理	活性炭吸附	嗅、味、颜色、细分散油、溶解油，使 COD 下降
	灭菌	细菌、病毒
	电渗析	盐类、重金属
	离子交换	盐类、重金属
	反渗透	盐类、有机物、细菌
	蒸发	盐类、有机物、细菌
	臭氧氧化	难降解有机物、溶解油

从表 11-1 中可以得出以下结论。

(1) 一级处理   其主要任务是从废水中去除呈悬浮状态的固体污染物。一般经过一级处理后，悬浮固体的去除率为 70%～80%，而生化需氧量（BOD）的去除率只有 25%～40%，废水的净化程度不高。

(2) 二级处理   其主要任务是大幅度地去除废水中的有机污染物，以 BOD 为例，一般通过二级处理后，废水中的 BOD 可去除 80%～90%，如城市污水处理后水中的 BOD 含量可低于 30mg/L。需氧生物处理法的各种处理单元大多能够达到这种要求。

(3) 三级处理   其主要任务是进一步去除二级处理未能去除的污染物，其中包括微生物未能降解的有机物、磷、氮和可溶性无机物。

三级处理是高级处理的同义语，但两者又不完全一致。三级处理是经二级处理后，为了从废水中去除某种特定的污染物，如磷、氮等，而补充增加的一项或几项处理单元；高级处理则往往是以废水回收、复用为目的，在二级处理后所增设的处理单元或系统。三级处理耗资较大，管理也较复杂，但能充分利用水资源。处理的方法主要有混凝、过滤、离子交换、超滤、反渗透、消毒等。

二、煤化工典型废水处理工艺

煤化工废水是煤化工生产过程中的主要排放物，其主要来源一是排放的冷却水，二是生产过程中排放的工艺废水，三是排放的洗涤废水。如煤焦化过程中排放的洗涤水和冷却水，煤气化排放的洗涤水、洗气水，蒸汽分馏后的分离水和储罐排水，气化灰水槽排出的灰水，变换废水，酸性气体脱除废水，煤液化催化剂制备排污水等。污水中的主要成分有酚类、氰化物、氨、废酸碱、油和多环芳烃等。

这些废水的危害作用主要表现在以下几方面：

(1) 对人体的毒害作用   煤化工废水中含有的酚类化合物可导致人体细胞失去活力，甚至引起组织损伤或坏死。水体中的芳烃具有致癌、致突变、致畸形的特性，危害人体健康。

(2) 对水体和水生物的危害   煤化工废水中含有大量的有机物，如焦化污水、气化废水。这些有机物在降解过程中需要消耗水中溶解氧。当氧浓度低于某一限值时，水生动物的生存就会受到影响。当氧消耗殆尽时，使水质严重恶化。污水中的其他物质如油、悬浮物、氰化物等对水体与鱼类也都有危害，含氮化合物能导致水体富营养化，严重破坏水产资源。

(3) 对农业的危害   用未经处理的废水直接灌溉农田，将使农作物减产、霉烂、枯死。用未达到排放标准的污水灌溉，收获的粮食和果菜有异味。同时，污水中的油类物质会堵塞土壤孔隙，含盐量高的浓水会使土壤盐碱化，间接危害人体健康。

1. 焦化废水处理

(1) 焦化废水水质   由于煤的种类、工艺流程和工艺操作条件不同，焦化废水的水质也不尽相同。焦化废水的水质特点是 COD、NH_3-N 浓度较高；有机物复杂，主要有酚类化合物，多环芳香族化合物，含氮、氧、硫的杂环化合物及脂肪族化合物，氨氮和 COD 是焦化废水的主要污染物。氨氮是导致水体富营养化的重要因素，当含有大量氨氮的污水流入湖泊时，会加快藻类和微生物的繁殖生长，造成水体缺氧，使水质恶化变臭，传统废水处理工艺对氨氮的去除率极低。国家颁布的《污水综合排放标准》（GB 8978—1996）和《钢铁工业污染物排放标准》（GB 13456—2012）中，对焦化工业排放废水中的氨氮和 COD 提出了更高要求（见表 11-2）。

表 11-2 氨氮、COD 排放标准

氨氮/(mg/L)			COD/(mg/L)		
一级	二级	三级	一级	二级	三级
15	25		100	200	1000

焦化废水中污染物成分复杂，主要含有挥发酚、多环芳烃和氧硫氮等杂环化合物，属于难生化降解的高浓度有机工业废水。焦化废水中，氮主要以氨氮、有机氮、氰化物、硫氰化物的形式存在，其中，氨氮占总氮的 60%～70%，氰化物、硫氰化物及大部分有机氮能在微生物的作用下转化为氨氮。

焦化废水一般采用生物脱氮的方法进行处理。生物脱氮的基本原理是在有机氮转化为氨氮的基础上，通过硝化反应将氨氮转化为亚硝态氮、硝态氮，再通过反硝化反应将硝态氮转化为氮气从水中逸出，从而达到脱氮的目的。常用的生物脱氮方法主要有活性污泥法、生物膜法、A/O（缺氧-好氧）及 A/A/O（厌氧-缺氧-好氧）工艺、SBR 生物脱氮工艺等，其中活性污泥法应用最为广泛。

目前，国内焦化厂的废水处理系统一般由预处理、生物脱氮及后处理三部分组成。预处理阶段，从高浓度污水中回收利用污染物，其工艺包括蒸氨法脱氨、萃取脱酚、隔油等，使焦化废水中的酚类、氰化物、氨等有效去除。预处理后的废水进行生物脱氮，一般采用 A/O 生物脱氮工艺和 SBR 生物脱氮工艺，将废水中的氨氮脱除。经生化处理后，焦化废水大部分污染物，如氨氮、酚、氰等污染物指标可以达到国家和地方的有关污染物排放标准。但是 COD 和色度很少能达标。为了使焦化废水全面稳定达标排放及实现综合利用，一般还要进行后续处理，采用混凝沉淀、过滤、臭氧氧化、活性炭过滤、超滤等工艺。

（2）焦化废水典型处理工艺　典型的焦化废水处理由三部分组成，即预处理、生化处理和后处理。

① 预处理　含高浓度氨氮的焦化废水经过溶剂萃取脱酚和蒸氨处理后，进行气浮法或隔油处理，以除去焦油等污染物，避免这类污染物对生化系统中微生物的抑制和毒害。

a. 脱酚　焦化废水的脱酚一般采用萃取脱酚，是利用与水互不相溶的溶剂，从废水中回收酚。在含酚废水中加入萃取剂，使酚溶入萃取剂。含酚溶剂用碱液反洗，酚以钠盐的形式回收，碱洗后的溶剂循环使用。萃取剂对混合物中各组分应有选择性的溶解能力，并且易于回收，对于萃取脱酚工艺来说，通常选用重苯溶剂油或 N-503 煤油。

b. 脱氨　氨氮含量高是焦化废水的一个重要特点。高浓氨氮会抑制生物降解过程，降低生物处理的效果，因此必须回收。一般采用蒸氨法以回收液氨或硫酸铵，常用的设备为泡罩塔和栅板塔。废水在进入蒸铵塔之前，应经预热分解去除 CO_2、H_2S 等酸性气体。

c. 除油　焦化废水脱酚脱氨后，经调节池调节水质后进入隔油池去除废水中所含的大量焦油。隔油池一般采用平流式隔油池和旋流式隔油池，对于乳化油和胶状油可采用溶气气浮法去除，如需进一步提高除油效率，可投加混凝剂。

② 生化处理（生物脱氮）　生化处理是焦化废水处理的核心环节，一般采用 A/O 生物脱氮工艺和 SBR 生物脱氮工艺。

a. A/O 生物脱氮工艺　A/O 脱氮工艺，又称前置反硝化生物脱氮工艺，可分为外循环和内循环两种形式，如图 11-2 和图 11-3 所示。其特点是废水先经缺氧池，再进好氧池，并将经好氧池硝化后的混合液回流到缺氧池（外循环）；或将经好氧池硝化后的污水回流到缺氧池，而将二沉池沉淀的硝化污泥回流到好氧硝化池（内循环）。

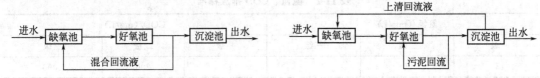

图 11-2   A/O（外循环）生物脱氮工艺流程   图 11-3   A/O（内循环）生物脱氮工艺流程

b. SBR 生物脱氮工艺   SBR 是序批式活性污泥法的简称，它是基于以悬浮生长的微生物在好氧条件下对污水中的有机物、氨氮等污染物进行降解的废水生物处理活性污泥法的工艺，是按时序以间歇曝气方式运行，改变活性污泥生长环境，被全球广泛认同和采用的污水处理技术。它的主要特征是在运行上的有序和间歇操作，SBR 技术的核心是 SBR 反应池，该池集均化、初沉、生物降解、二沉等功能于一池，无污泥回流系统。它由五个阶段组成，即进水、反应、沉淀、排水、闲置，从污水流入开始到待机时间结束算一个周期，在一个周期内，一切过程都在一个设有曝气或搅拌装置的反应池内进行，周而复始，反复进行。SBR 基本运行模式如图 11-4 所示。

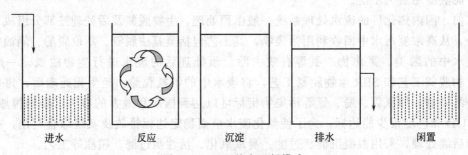

进水   反应   沉淀   排水   闲置

图 11-4   SBR 基本运行模式

③ 后处理   通过后处理，使废水能够达标排放或实现回收利用。

a. 混凝沉淀   混凝沉淀处理的对象主要是水中微小悬浮物和胶体杂质。经生化处理后的焦化废水中会残留一些微小的固体悬浮物，造成 COD 和色度不能达到国家或地方规定的排放标准。采用混凝沉淀方法进行后处理，可使这两个污染指标得到有效降低，从而实现焦化废水处理指标全面达标。

混凝沉淀是由混凝和沉淀两个过程构成。混凝过程是自药剂与水均匀混合直至大颗粒絮凝体形成为止。一般采用投加混凝剂，如聚合铝、聚合铝铁、聚丙烯酰胺等，再通过强度渐次递减的机械搅拌，使小颗粒杂质聚集成大颗粒絮状物（俗称矾花）。沉淀过程一般是混凝后废水进入沉淀池，吸附了悬浮物和胶体杂质的矾花沉降，通过形成底泥来与水分离，从而实现水体澄清的过程。

b. 粉煤灰吸附   粉煤灰是一种多孔性松散固体集合体，比表面积较大（2500～5000cm^2/g），主要成分是 SiO_2、Al_2O_3、Fe_2O_3、FeO，占 70% 左右，CaO、MgO 含量较低。从粉煤灰的物理化学性能来看，粉煤灰处理废水主要是通过吸附作用即物理吸附和化学吸附来进行的，通常情况下，两种吸附作用同时存在。粉煤灰具有显著的去除 COD 和脱色效果，这是由于粉煤灰较大的比表面积和静电吸附共同作用的结果。利用粉煤灰的物理化学特性，在适宜的操作条件下，将其作为吸附剂用于焦化废水的深度处理具有较好的脱色效果，同时，COD 和悬浮物也可以得到进一步去除，使焦化废水经处理后达到排放和回用标准。

2. 煤气化废水处理

煤气化工艺不同，废水水质也不尽相同。废水中所含有机物主要有苯酚、喹啉、苯类、吡啶、吲哚及萘等，种类众多而且含量差别很大，总体性质表现为酚类及油浓度高、有毒及抑制性物质多、对环境构成严重污染，是一种典型的高浓度、高污染、有毒、难降解的工业有机废水。由于废水成分复杂，污染物浓度高，不能用简单的方法将其完全净化，在处理过程中，首先要将有利用价值的物质回收，然后考虑杂质处理和废水的无害化处理。煤气化废水的处理方法，可分为物理化学法和生物处理法两大类。

① 物理化学法　包括蒸氨、除油、溶气气浮、溶剂萃取脱酚、碱性氰化法、次氯酸钠氧化法、活性炭吸附法和混凝沉淀等方法，每种方法都是有选择地去除或回收废水中某一种或几种污染物质。该方法工艺简单、处理效率高，但成本和处理费用较高。因此，物理化学法常常需要几种方法联合使用。

② 生物处理法　生物处理法是利用微生物新陈代谢作用，使废水中的有机物被降解并转化为无害物质。生物处理法应用广泛、处理能力大、高效且容易操作，但对水质要求严格，废水的 pH 值和含酚量对处理效果影响较大。与物理化学法相比，生物处理法具有运行费用低、操作简便、适用范围广等特点。

煤气化废水处理通常包括预处理、二级处理和后处理。预处理主要是有利用价值的物质回收，如酚、氨的回收；二级处理主要是生化处理，主要有活性污泥法、低氧曝气-好氧曝气-接触氧化三级生化法、SBR 工艺等；后处理即深度处理，普遍应用的方法有混凝法、活性炭吸附法和臭氧氧化法。

（1）预处理

① 酚回收　煤气化过程中，煤的部分含氧化合物在 250～300℃开始分解，酚便是其中的主要产物，它随着粗煤气的流动进入煤净化系统。含酚废水的主要来源一是制气原料煤未完全分解，随煤气夹带出来的系统冷凝废液；二是粗煤气在冷却、洗涤过程中产生的过剩废水。目前，我国通常采用溶剂萃取法或稀释法使生化处理前的废水中酚含量不超过 200～300mg/L。萃取剂普遍采用重苯溶剂油，设备多采用脉冲筛板塔。当溶剂溶解了较多的酚后，可用碱洗或精馏的方法得到酚钠盐或酚。萃取剂可循环使用，一般萃取脱酚的效率在 90%～95%。

② 氨回收　目前对氨的回收主要采用水蒸气汽提-蒸氨的方法。废水经汽提，析出可溶性气体，再通过吸收器，氨被磷酸铵溶液吸收，从而使氨与其他物质分离，再将此富氨溶液送入汽提塔，使磷酸铵溶液再生，并回收氨。

脱酚蒸氨后的废水，酚和氨的浓度大大降低，可以送去进行二级处理。

（2）生化处理　煤气化废水的生化处理，目前采用较多的是二段或三段活性污泥法。昆明理工大学施水生等人开发的低氧曝气-好氧曝气-接触氧化三级生化法处理煤加压气化废水也被广泛应用。如图 11-5 所示。

图 11-5　低氧曝气-好氧曝气-接触氧化法生化阶段工艺流程

在此工艺中，经预处理的煤加压气化废水，首先进入低氧曝气池，在低氧浓度下，利用兼性菌特性改变部分难降解有机物的性质，使一部分环状、链状高分子变成短链低分子物质，从而在低氧状态下降解一部分有机物，同时也可促进其在好氧状态下易于被降解。进入好氧曝气池后，在好氧段去除大部分易于降解的有机物，使有机物浓度降低。在接触氧化池中，经过充氧的废水以一定流速流经装有填料的滤池，使废水与填料上的生物膜充分接触而得以将难降解的有机物去除。一般情况下，接触氧化池出水的 COD 可达到 150～300mg/L。

（3）后处理　接触氧化池出水经过进一步混凝沉淀池处理后可达标排放或废水回用。

第三节　煤化工废气治理技术及工艺

大气污染物按其存在状态可分为气溶胶态污染物和气体状态污染物两大类。气溶胶态污染物是指悬浮在气体介质中的固体或液态颗粒所组成的气体分散体系。气体状态污染物，主要包括无机物和有机物两类，无机污染物有硫化物（SO_2、H_2S、SO_3 等）、含氮化合物（NH_3、NO_x 等）、碳的氧化物（CO、CO_2）；有机污染物包括烃类化合物（烃、芳烃、稠环芳烃等）、含氧有机物（酚、醛、酮等）、含氮有机物（芳香胺类化合物）、含硫有机物（硫醇、噻吩、二硫化碳等）、含氯有机物（氯代烃、氯醇等）。

煤化工大气污染物主要来源于煤的焦化、气化、液化及燃煤等过程。在煤化工生产过程中，产生煤尘、烟尘、雾等气溶胶态污染物及氮氧化物、碳氧化物等气体状态污染物。这些大气污染物如不加处理直接排放，可以通过各种途径降到水体、土壤和作物中影响环境，并通过呼吸、皮肤、食物、饮用水等进入人体，会危害人体健康、破坏生态环境。因此，必须采取措施有效管理污染物排放。为了减少大气污染，除了采取必要的环境治理措施、有效管理污染物的排放和治理外，根本的措施是采用无污染或少污染的先进生产工艺、改进设备、提高机泵设备和管道设备的密闭性、积极开展废气的回收综合利用。

一、煤化工废气治理基本方法

对含有污染物的废气，采用的处理方法主要有分离法和转化法两大类。分离法是利用物理方法将污染物从废气中分离出来，如除尘、除雾等；转化法是使废气中的大气污染物发生某些化学反应，转化成其他物质，从而回收、转化或利用有害气体，如烟气的脱硫、脱硝等。

煤化工生产过程中产生的粉尘、烟尘、雾滴和尘雾等颗粒状气溶胶态污染物一般采用除尘、除雾法去除；产生的二氧化硫（SO_2）、氮氧化物（NO_x）等气体污染物，可利用其物理化学性质，采用冷凝、吸收、吸附、燃烧、催化等方法处理，实现回收利用或转化为无害物质抛弃。

（1）除尘　从含尘气流中将粉尘分离出来并加以捕集的装置称为除尘装置或除尘器。煤化工过程中，除了扬尘、煤尘可以用粉尘抑制剂进行治理外，生产性粉尘主要依靠除尘器进行除尘。除尘是气溶胶污染物治理的常用方法。除尘器大体上可分为两大类，即干式除尘设备和湿式除尘设备。

① 干式除尘设备：指不对含尘气体或分离的尘粒进行润湿的除尘设备，主要有重力除尘器、惯性除尘器、旋风分离器、过滤式除尘器、干法电除尘器等。

② 湿式除尘设备：指用水或其他液体，使含尘气体或分离的尘粒进行润湿的除尘设备，如洗涤塔、泡沫除尘器、水膜除尘器、旋流板除尘器、文氏管除尘器等。

（2）吸收法　是气体污染物治理最常用的方法。它是采用适当的液体作为吸收剂，将含有害物质的废气与吸收剂接触，废气中的有害物质被吸收于吸收剂中，从而使气体得到净化的方法。可用于处理含有 SO_2、NO_x、NH_3、汞蒸气、酸雾、沥青烟和有机蒸气的废气。常用的吸收剂有水、碱性溶液、酸性溶液、氧化剂溶液和有机溶剂。由于吸收是将气体中的有害物质转移到了液体中，因此对吸收液必须进行处理，否则将导致资源的浪费或引起二次污染。常用吸收设备种类很多，主要有表面吸收器，如液膜吸收器以及填料塔等；鼓泡式吸收器，如鼓泡塔和各种板式吸收塔；喷洒式吸收器，如喷淋塔和文丘里吸收器。

（3）吸附法　使废气与大表面、多孔性固体物质接触，将废气中的有害组分吸收在固体表面，使其与气体混合物分离，从而达到净化的目的。主要用于处理废气中低浓度污染物质，并用于回收废气中的有机蒸气及其他污染物。最常用的是固定床吸附器、流化床吸附器、移动床吸附器和旋转式吸附器。吸附法净化效率高，可以达到很高的净化要求，适用于排放标准要求很严格的有害物质的处理。由于吸附剂的吸附能力有限，吸附法不适宜用于处理高浓度与大气量的有害气体。

（4）冷凝法　利用降低温度或提高压力，使一些易于凝结的有害气体或蒸气态的污染物冷凝成液体并从废气中分离出来的方法。通常用于高浓度废气的一级处理以及除去高温废气中的水蒸气。根据流程中冷凝方法的不同，一般可分为接触冷凝器和表面冷凝器两类，回收高浓度有机蒸气和汞、砷、硫、磷等无机物。

（5）燃烧法　是指对含有可燃有害组分的混合气体进行氧化燃烧或高温分解，从而使这些有害组分转化为无害物质的方法。通常用于处理含有机污染物的废气，如有机溶剂、一氧化碳等含碳污染物。通过直接燃烧、催化燃烧或热力燃烧，使其转化为二氧化碳和水，一方面能回收热量，另一方面可使废气得到净化。

二、煤化工过程中的典型废气治理技术

1. 焦化过程除尘控制

（1）装煤除尘　焦炉在装煤过程产生的烟尘量占焦炉产生烟尘总量的60％以上。当焦炉装煤时，煤中水分转化成的水蒸气和煤中的挥发分使焦炉炭化室压力突然上升，形成大量烟尘，从机侧炉门、上升管和装煤孔等处逸出。逸出的气体中含有较多的多环芳烃，严重污染环境，影响操作工人的健康。国内外装煤消烟除尘主要有两种方式。

① 装煤除尘无地面站式工艺　该除尘系统由管网、除尘器和风机组成，风机将粉尘通过管网抽入除尘器，废气中的粉尘颗粒被分离下来，干净气体由烟囱排放。鞍山钢铁集团公司对焦耐60型焦炉采用装煤除尘无地面站式工艺，除尘效率为97.1％，粉尘排放浓度符合《大气污染物综合排放标准》（GB 16297—1996）。

② 干式除尘装煤车工艺　该装煤车采用烟气不燃烧、干式除尘方式。该装煤车通过PLC控制、变频调速、液压传动、螺旋给料、电磁启炉盖、自动放煤，使除尘系统的除尘捕集率大于90％，除尘净化率可达到99％。此项除尘专利为济南钢铁公司所有。

（2）出焦除尘　焦炉出焦时，拦焦机与熄焦车处产生阵发性烟尘，其组成既有废气又有烟尘，对环境产生严重污染。焦炉焦侧除尘装置可收集和净化正常出焦时散发的烟尘。常见的出焦除尘系统有焦侧固定式集尘大棚、移动集尘车、干式出焦除尘地面站等，其中，干式出焦除尘地面站是目前公认的烟尘治理效果最好的。

（3）熄焦除尘　熄焦过程可分为干法熄焦和湿法熄焦。湿法熄焦，是将从炭化室推出的焦炭迅速送至熄焦塔下用水喷洒80～120s，将红焦熄灭。在湿法熄焦的过程中，也会产生烟尘和有害气体。因此，熄焦时一要严格禁止采用含酚废水熄焦；二要在熄焦塔顶安装铁丝网、挡板或捕尘器，减少焦粉排入大气；三要将普通熄焦车改为走行熄焦车。目前，随着国家环保要求的不断提高，干法熄焦技术正在被广泛推广。干法熄焦，是从炭化室推出的焦炭用惰性气体或非助燃性气体吹熄，此法对减少熄焦烟尘、回收利用红焦余热、改善大气环境

起到了积极作用。

2. 二氧化硫治理技术

近年来，大气中的 SO_2 的排放量逐年上升，其来源主要是化石燃料燃烧和含硫物质的工业生产过程，其中，燃煤排放的 SO_2 占总排放量的 80% 以上。SO_2 是我国最主要的大气污染物，SO_2 可在空气中部分氧化为 SO_3，并与空气中的水生成硫酸与亚硫酸，除直接污染大气外，还会随降水落到土壤、湖泊中，对农作物和其他生物造成危害。煤燃烧过程中产生的烟气中 SO_2 浓度一般在 2% 以下，称为低浓度 SO_2 废气。当前二氧化硫废气治理主要指的就是这部分含硫废气。

（1）含二氧化硫废气治理的基本方法　控制二氧化硫的排放可从三个环节进行控制，即煤燃烧前脱硫、燃烧中脱硫、燃烧后脱硫。燃烧前脱硫是针对原料煤的脱硫，从而控制二氧化硫的产生；燃烧中脱硫是煤燃烧时同时向炉内喷入脱硫剂脱硫，燃烧后脱硫就是烟气脱硫，实现回收利用。

① 燃烧前脱硫——原料煤脱硫　原料煤脱硫技术是通过选煤部分去除原煤中所含的硫分、灰分和其他杂质，从而达到脱硫的目的。

a. 物理法　煤中的硫 60% 以硫化铁存在，将煤破碎后用高梯度磁分离法或重力分离法将硫化铁除去。该法经济简单但脱硫效率低。

b. 化学法　利用某些化学药品与煤中的硫反应后将硫脱除，一般用于高硫煤的脱除。如用碱液浸泡煤后，通过微波照射，使硫化物生成 H_2S 与碱反应而被除去。

c. 气化法　指用水蒸气、氧气或空气将煤进行热分解，转化为含有 H_2、CO、CH_4、CO_2，煤中的硫转化为 H_2S，可在吸收塔中与 Na_2CO_3、$Fe(OH)_2$ 等溶液反应而脱除。

d. 液化法　煤在加氢液化时，可使煤中的硫转变为硫化氢，在除去酸性气体时脱除。

② 燃烧中脱硫——燃烧脱硫　一般采用在燃烧过程中加入石灰石（$CaCO_3$）或白云石（$CaCO_3 \cdot MgCO_3$）粉作为脱硫剂，它们在燃烧过程中受热分解生成的 CaO、MgO，与烟气中的 SO_2 结合生成硫酸盐被排出炉外，从而减少 SO_2 的排放。

根据石灰石等脱硫剂加入方式的不同，燃烧过程脱硫又可分为型煤固硫、流化燃烧脱硫、炉内喷钙三种技术。

a. 型煤固硫　用石灰、沥青、电石渣、造纸黑液等作为固结剂，再掺入一定的黏结剂，将粉煤挤压成型即为型煤。型煤燃烧时可固硫 $50\% \sim 70\%$，减少烟尘 60%，但脱硫剂利用率较低。

b. 流化燃烧脱硫　把粒径 3mm 左右的煤屑、煤粒和脱硫剂（小于 1mm 的石灰石粉）送入循环流化床锅炉的燃烧室，从炉底鼓风使床层处于流化状态进行燃烧和脱硫反应。

c. 炉内喷钙　将石灰石粉磨至 150 目左右，用压缩空气喷射到炉内最佳温度区，并使脱硫剂石灰石与烟气有良好的接触和反应时间，石灰石受热分解成氧化钙和二氧化碳，再与烟气中二氧化碳反应生成亚硫酸钙和硫酸钙，最终被氧化成硫酸钙。

③ 燃烧后脱硫——烟气脱硫　烟气脱硫是回收利用烟气中的二氧化硫的主要方法。其脱硫的主要机理是利用各种碱性物质作为 SO_2 的吸收剂捕集烟气中的 SO_2，使之转化为稳定的、易分离的硫化物或单质硫，从而达到脱硫的目的。

按照硫化物吸收剂及副产品的形态，脱硫技术可分为干法、半干法和湿法三种。

a. 干法脱硫　主要是利用固体吸收剂去除烟气中的 SO_2。一般把石灰石细粉喷入炉膛中使其受热分解成 CaO，吸收烟气中的 SO_2，生成的 $CaSO_3$ 与飞灰一起在除尘器收集或经烟囱排出。干法脱硫的最大优点是治理中无废水、废酸的排出，减少了二次污染；缺点是脱硫效率低、设备庞大。

b. 湿法脱硫　是采用液体吸收剂吸收烟气中的 SO_2。系统所用设备简单、运行稳定可靠、脱硫效率高。湿法脱硫采用液体吸收剂洗涤烟气以除去 SO_2，所用设备比较简单、操作容易、脱硫效率高；但脱硫后烟气温度较低，设备的腐蚀较干法严重。

c. 半干法脱硫　指脱硫剂在干燥状态下脱硫、在湿状态下再生或者在湿状态下脱硫、在干状态下处理脱硫产物的烟气处理技术。该技术既有湿法脱硫反应速率快、脱硫效率高的优点，又有干法无污水废酸排出、脱硫产物易于处理的优势。

（2）典型烟气脱硫工艺　按照脱硫剂的种类划分，烟气脱硫技术可分为以 $CaCO_3$ 为基础的钙法、以 NH_3 为基础的氨法、以 Na_2SO_3 为基础的钠法、以 MgO 为基础的镁法、活性炭吸附法等。

① 石灰/石灰石法　石灰/石灰石法脱硫工艺，占湿法烟气脱硫安装容量的 70% 以上，是应用最多的一种烟气脱硫工艺。该工艺是采用石灰石（$CaCO_3$）、石灰 [$Ca(OH)_2$] 或白云石（$CaCO_3 \cdot MgCO_3$）等作为脱硫吸收剂脱除废气中的 SO_2，其中石灰石应用的最多。石灰石料源广泛、价格低廉，到目前为止，在各种脱硫方法中，以石灰/石灰石法运行费用为最低。石灰/石灰石法所得副产品可以回收，也可以抛弃。

a. 干法石灰/石灰石脱硫　将石灰石直接喷入锅炉炉膛的气流中，炉膛内的热量将吸收剂燃烧成具有活性的 CaO 粒子，这些粒子的表面与烟气中的 SO_2 反应生成 $CaSO_3$ 和 $CaSO_4$，脱硫产生的硫酸钙与锅炉灰渣一起抛弃。反应机理为

$$CaCO_3 \longrightarrow CaO + CO_2$$
$$Ca(OH)_2 \longrightarrow CaO + H_2O$$
$$CaCO_3 \cdot MgCO_3 \longrightarrow CaO + MgO + 2CO_2$$
$$CaO + SO_2 + \frac{1}{2}O_2 \longrightarrow CaSO_4$$

炉内喷钙还可以脱除氯化物和氟化物。炉内喷钙主要适用于燃煤发电厂中小型锅炉脱硫，其优点是投资省，但该法也存在严重不足，即脱硫率低、反应产物可能形成污垢沉积在管束上、增大系统阻力、降低电除尘器的效率等。

b. 湿法石灰/石灰石脱硫　该工艺使用石灰 $Ca(OH)_2$ 或石灰石（$CaCO_3$）浆液吸收烟气中的 SO_2，脱硫产物亚硫酸钙 $\left(CaSO_3 \cdot \frac{1}{2}H_2O\right)$ 可用空气氧化生成石膏（$CaSO_4$），脱硫率达到 95% 以上。吸收过程主要反应为：

$$CaCO_3 + SO_2 + \frac{1}{2}H_2O \longrightarrow CaSO_3 \cdot \frac{1}{2}H_2O + CO_2 \uparrow$$
$$Ca(OH)_2 + SO_2 \longrightarrow CaSO_3 \cdot \frac{1}{2}H_2O + \frac{1}{2}H_2O$$
$$CaSO_3 \cdot \frac{1}{2}H_2O + SO_2 + \frac{1}{2}H_2O \longrightarrow Ca(HSO_3)_2$$

氧化过程：$$CaSO_3 \cdot \frac{1}{2}H_2O + \frac{1}{2}O_2 + \frac{3}{2}H_2O \longrightarrow CaSO_4 \cdot 2H_2O$$
$$Ca(HSO_3)_2 + \frac{1}{2}O_2 + H_2O \longrightarrow CaSO_4 \cdot 2H_2O + SO_2 \uparrow$$

典型的湿法石灰/石灰石脱硫工艺包括五大系统：烟气系统、吸收系统、吸收剂制备系统、石膏脱水及储存系统、废水处理系统及公用系统（工艺水、电、压缩空气等）。湿法石

灰/石灰石脱硫工艺流程见图 11-6。烟气先进入除尘器除去粉尘，经风机进入吸收塔。在吸收塔内，在向上流动的过程中，SO_2 与从上部喷出的吸收剂混合接触反应，生成 $CaSO_3$。净化后的烟气经除雾器除去随烟气带出的细小液滴再经换热器加热后经烟囱排放大气。$CaSO_3$ 在吸收塔底部与送入的压缩空气中的氧发生反应生成石膏（$CaSO_4$）。脱硫石膏浆经脱水装置脱水后回收或抛弃。

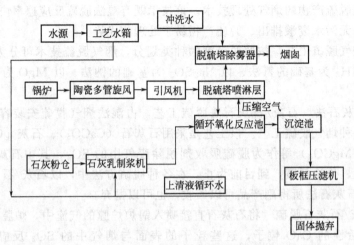

图 11-6 湿法石灰/石灰石脱硫工艺流程

② 氨法脱硫 氨的碱性强于钙基吸收剂，是一种良好的碱性吸收剂。氨法主要是以 $(NH_4)_2SO_3$、NH_4HSO_3 溶液洗涤含 SO_2 的废气，吸收液经压缩空气氧化生产硫酸铵，再经加热蒸发结晶析出硫酸铵，过滤干燥后得到产品。氨法脱硫经过以下三个步骤进行：

a. 吸收 在吸收塔中，烟气中的 SO_2 与氨吸收剂接触后，发生如下反应：

$$NH_3 + H_2O + SO_2 \longrightarrow NH_4HSO_3$$
$$2NH_3 + H_2O + SO_2 \longrightarrow (NH_4)_2SO_3$$
$$(NH_4)_2SO_3 + H_2O + SO_2 \longrightarrow 2NH_4HSO_3$$

在吸收过程中，当 NH_4HSO_3 比例增大、吸收能力降低时需要补充氨，即进行吸收液的再生，将 NH_4HSO_3 转化为 $(NH_4)_2SO_3$，以保持吸收液的吸收能力。

$$NH_3 + NH_4HSO_3 \longrightarrow (NH_4)_2SO_3$$

湿式氨法吸收实际上是利用 $(NH_4)_2SO_3$ 和 NH_4HSO_3 不断循环的过程来吸收烟气中的 SO_2。补充的 NH_3 并不是直接用来吸收 SO_2，只是保持吸收液中 $(NH_4)_2SO_3$ 的浓度比例相对稳定。

b. 氧化 氧化过程是用压缩空气将吸收液中的 $(NH_4)_2SO_3$ 转变为 $(NH_4)_2SO_4$ 的过程。主要反应如下：

$$(NH_4)_2SO_3 + \frac{1}{2}O_2 \longrightarrow (NH_4)_2SO_4$$
$$NH_4HSO_3 + \frac{1}{2}O_2 \longrightarrow NH_4HSO_4$$
$$NH_4HSO_4 + NH_3 \longrightarrow (NH_4)_2SO_4$$

c. 结晶 氧化后的吸收液经加热蒸发形成饱和溶液，硫酸铵 $(NH_4)_2SO_4$ 从溶液中结晶析出，过滤干燥后得到副产品硫酸铵。

③ 双碱法脱硫 该法以碳酸钠或氢氧化钠溶液作为吸收剂吸收烟气中的 SO_2。然后再

用石灰石或石灰作为第二碱对吸收液进行再生，再生后的吸收液送回吸收塔循环使用。由于在吸收和吸收液处理中使用了两种不同类型的碱，故称为双碱法。该工艺的脱硫产品为石膏。双碱法脱硫的化学反应如下：

$$Na_2CO_3 + SO_2 \longrightarrow Na_2SO_3 + CO_2$$

$$2NaOH + SO_2 \longrightarrow Na_2SO_3 + H_2O$$

再生过程的第二种碱多用石灰，反应如下：

$$Na_2SO_3 + Ca(OH)_2 + H_2O \longrightarrow 2NaOH + CaSO_3 \cdot H_2O$$

由于存在氧气，还会发生如下反应：

$$Na_2SO_3 + Ca(OH)_2 + H_2O + \frac{1}{2}O_2 \longrightarrow 2NaOH + CaSO_4 \cdot H_2O$$

再生的氢氧化钠、碳酸钠循环使用。

双碱法技术具有以下优点。

a. 以钠碱为吸收剂，系统一般不会产生沉淀物；

b. 吸收剂的再生和脱硫渣的沉淀发生在脱硫塔外，避免塔的阻塞和磨损；

c. 吸收液吸收 SO_2 速度快，可用较小的气液比达到较高的脱硫率；

d. 对脱硫除尘一体化技术而言，提高了石灰的利用率。

④ 氧化镁法脱硫　氧化镁法烟气脱硫工艺是以 MgO 作为浆液吸收剂吸收气体中的 SO_2，生产 $MgSO_3 \cdot xH_2O$ 结晶。该法根据最终产物的不同，可分为两种：一种是将亚硫酸镁结晶经分离、干燥及焙烧分解处理后，再生的 MgO 返回系统循环使用，放出的 SO_2 富气可加工成硫酸或硫黄等产品；另一种是将亚硫酸镁强制氧化生成硫酸镁，分离干燥后生成固体硫酸镁。氧化镁法化学反应如下：

$$MgO + H_2O \longrightarrow Mg(OH)_2$$

$$Mg(OH)_2 + SO_2 \longrightarrow MgSO_3 + H_2O$$

$$MgSO_3 + H_2O + SO_2 \longrightarrow Mg(HSO_3)_2$$

$$MgO + Mg(HSO_3)_2 \longrightarrow 2MgSO_3 + H_2O$$

$$MgSO_3 \cdot xH_2O \longrightarrow MgO + xH_2O + SO_2 \uparrow$$

$$MgSO_3 + \frac{1}{2}O_2 \longrightarrow MgSO_4$$

⑤ 活性炭吸附脱硫　用活性炭吸附废气中的 SO_2 在工业上已有较成熟的应用。活性炭吸附法是利用活性炭吸附烟气中的 SO_2 使烟气净化，然后将饱和的活性炭再生得到浓 SO_2 或其他产品。该工艺的基本原理是在氧气和水蒸气存在的条件下，活性炭同时吸附 SO_2 和水蒸气，在过量 O_2 存在下，在活性炭表面上发生化学反应生成硫酸，反应式为：

$$SO_2 + H_2O + \frac{1}{2}O_2 \longrightarrow H_2SO_4$$

由于活性炭表面被稀硫酸覆盖致使吸附能力下降，因此需使活性炭再生。再生的方法有两种，一种是水洗再生，即用水冲淋再生，水洗再生得到的产品是稀硫酸；另外一种是将活性炭加热使炭与硫酸发生反应，使硫酸还原为 SO_2，从而使活性炭再生，同时使 SO_2 富集。加热再生后得到的浓 SO_2 可用于制硫酸或硫黄。

3. 氮氧化物废气治理技术

煤燃烧过程中产生的氮的氧化物主要是一氧化氮（NO）和二氧化氮（NO_2），还有少量的氧化亚氮（N_2O）等，统称为氮氧化物（NO_x）。

(1) 氮氧化物的危害　氮氧化物对人体及环境的危害主要表现为：①导致人体及动物中毒，引起支气管炎或肺气肿等病变；②与烃类化合物反应，形成光化学烟雾，影响人体健康；③导致酸雨酸雾的产生，使土壤酸化；④破坏臭氧层。过去，我国大部分厂家对烟气中的氮氧化物基本不作处理直接排放大气，随着国家对环境保护越来越重视，烟气脱硝已被国家列为防治大气污染的重点，强制要求氮氧化物必须达标排放。

(2) 含氮氧化物废气治理基本方法　控制含氮氧化物废气的排放重点是对燃料燃烧的过程及排放物进行治理。主要包括两种方法，一是改变燃烧条件，二是烟气脱硝。改变燃烧条件，就是要采用低 NO_x 燃烧技术，如降低过量空气系数，使煤粉在缺氧条件下燃烧；降低燃烧温度，防止产生局部高温区；缩短烟气在高温区的停留时间等方法，控制或减少燃料燃烧过程中氮氧化物的生成，脱氮率可达到 $30\% \sim 60\%$。烟气脱硝，就是对完全燃烧后的烟道气用化学还原、物理吸附、化学吸收、生物降解等方法，达到降低烟气中氮氧化物的目的，使烟气达标排放。这里重点介绍烟气脱硝技术。

烟气脱硝是 NO_x 控制措施中最重要的方法，是对燃烧后烟气中的 NO_x 进行治理。净化处理烟气中 NO_x 的方法按治理工艺可分为干法脱硝和湿法脱硝。干法脱硝主要有催化还原法、活性炭吸附法、等离子法等，湿法脱硝主要有以各种液体（水、酸、碱液、氧化剂等）的吸收法。烟气脱硝法分类如表 11-3 所示。这里仅介绍选择性催化还原法（SCR 法）、选择性非催化还原法（SNCR 法）和尿素脱硝法。

表 11-3　烟气脱硝法分类

分类		脱硝原理	特　点
干法	催化还原法	选择性催化还原法（SCR 法）以氨或尿素为还原剂，在催化剂作用下 320～420℃在反应器反应生成 N_2 和 H_2O	优点：脱硝装置结构简单，无副产品，运行方便、可靠性高，脱硝效率高，一次投资相对较低，二次污染小、净化效率高、技术成熟；缺点：设备投资高、关键技术难度较大，要求烟气温度高、不能脱硫、烟气易结露腐蚀后续设备和管道。适合排气量大、连续排放源
		选择性非催化还原法（SNCR 法）以氨或尿素为还原剂，在 900～1100℃ 温度条件下，氨与 NO_x 反应生成 N_2 和 H_2O	不用催化剂，设备和运行费用少；NH_3 用量大，有二次污染，难以保证反应温度和停留时间；要求烟气温度高；不能脱硫；烟气易结露、腐蚀后续设备和管道。适合排气量大、连续排放源
	吸附法	分子筛法：以分子筛为吸附剂，当 NO_x 通过筛床时，由于 H_2O、NO_2 分子极性较强，就有选择地被吸附在分子筛表面生成 HNO_3，放出 NO。放出的 NO 与烟气中的 O_2 反应生成 NO_2，再次被吸附，如此反复进行	具有较强的吸附选择性，在高温、低分压下也有很强的吸附能力
		活性炭吸附法：活性炭对 NO_x 的吸附能力高于分子筛和硅胶	可用于硝酸尾气的处理，回收 NO_x
	等离子法	电子束照射法（EBA）：烟气在受到电子束照射并添加氨，生成硫酸铵和硝酸铵，达到脱硝目的	不产生废水、废渣，可同时实现烟气脱硫脱硝
		脉冲电晕法（PPCP）：利用纳秒级窄脉冲放电产生非平衡低温等离子体，生成强化性自由基，在有氨存在情况下发生化学反应，将 SO_2、NO_x 转化为硫酸铵和硝酸铵	运行费用低，无废水处理及二次污染问题，可同时脱硫和脱硝
湿法	水吸收法	用水作吸收剂对 NO_x 进行吸收	吸收效率低，仅用于气量小，净化要求低的场合。不能净化含 NO 为主的 NO_x
	稀硫酸吸收法	用稀硫酸作吸收剂对 NO_x 进行物理、化学吸收	可回收 NO_x，但动力消耗大

分类		脱硝原理	特　点
湿法	碱性溶液吸收法	用 $NaOH$、Na_2SO_3、$Ca(OH)_2$、$NH_3 \cdot H_2O$ 等碱性溶液作吸收剂,对 NO_x 进行化学吸收	对于含 NO 较多的 NO_x 烟气,净化效率低
	配位吸收法	利用配位剂如 $FeSO_4$、$Fe(II)$-EDTA、$Fe(II)$-EDTA-Na_2SO_3 等直接同 NO 反应,NO 生成的配合物加热时重新释放出 NO,从而使 NO 能够富集回收	
	氧化吸收法	用浓 HNO_3、O_3、$NaClO$、$KMnO_4$ 等作氧化剂,将 NO_x 中的 NO 部分氧化成 NO_2,然后用碱溶液吸收,使净化效率提高	
	液相还原吸收法	NO_2 与 $(NH_4)_2SO_3$、NH_4HSO_3、Na_2SO_3 反应,NO_x 被还原成 N_2。净化效果比单纯碱液吸收法好	可同时脱硫和脱硝
	微生物净化法	在好氧、厌氧、缺氧条件下,利用有机质脱硝	实验室阶段

① 选择性催化还原法（SCR 法）　选择性催化还原法（selective catalytic reduction, SCR）是干法脱硝工艺,是指在一定温度下将液氨（NH_3）作为还原剂喷入废气中,在较低温度和催化剂的作用下,还原剂 NH_3 有选择性地与烟气中 NO_x 发生还原反应,生成无害的 N_2 和 H_2O,随烟气排入大气中,从而达到脱除的目的。该反应中,NH_3 只与 NO_x 反应而不与 O_2 反应。该法脱氮率可达 $80\% \sim 90\%$。主要反应如下:

$$8NH_3 + 6NO_2 \longrightarrow 7N_2 + 12H_2O$$
$$NO + NO_2 + 2NH_3 \longrightarrow 2N_2 + 3H_2O$$
$$4NO + 4NH_3 + O_2 \longrightarrow 4N_2 + 6H_2O$$

在 SCR 脱硝反应中,影响选择性脱硝的因素有如下几方面。

a. 反应温度　反应温度不仅决定反应速率,而且决定催化剂的反应活性。研究表明,反应温度低于 $200℃$ 时,可能生成硝酸铵和有爆炸危险的亚硝酸铵,严重时会堵塞管道;反应温度在 $350℃$ 以上,发生 NH_3 分解为 N_2 和 H_2,或 NH_3 被氧化为 NO 的反应,使还原剂减少;超过 $450℃$,反应变得更加剧烈。因此,在 SCR 脱硝反应中,温度控制极为重要。综合反应物加热、催化剂的适宜温度范围,SCR 最佳温度为 $320 \sim 420℃$,这时仅有主反应能够进行。

b. 催化剂　SCR 反应如果没有催化剂,只能在很窄的温度范围内进行（$980℃$ 左右）,而采用催化剂可以使反应温度大幅降低。目前大多选用非贵金属作催化剂,如二氧化钛为载体的钒钨催化剂、三氧化二铝为载体的铜铬催化剂,催化的作用是降低分解反应的活化能,使其反应温度降低至 $150 \sim 450℃$。

c. 还原剂用量　还原剂 NH_3 的用量一般用 NH_3/NO_x 的摩尔比来衡量,不同催化剂有不同的 NH_3/NO_x 摩尔比范围。当这个比值过低时,反应不完全,NO_x 脱除率低;比值过高时,对 NO_x 脱除率无影响,但未反应的 NH_3 对环境造成二次污染。理论上,NH_3/NO_x 比值为 1 时,可以达到 95% 以上的脱硝效率,同时可以维持排气中残氨浓度在较低水平。

d. 空间速度　空间速度是 SCR 的关键参数,是烟气在反应器内发热停留时间,在一定程度上决定反应物是否完全。空速过小,催化剂和设备利用率低;空速过大,烟气和催化剂的接触时间短,反应不充分,NO_x 脱除率低。一般对于固态排渣高灰布置的 SCR 反应器,空速一般控制在 $2500 \sim 3500h^{-1}$。

SCR 系统布置有三种方式，即高尘布置、低尘布置、尾部布置。SCR 系统布置在省煤器和空气预热器之间的，是高尘布置；布置在除尘器和空气预热器之间的，是低尘布置；布置在除尘器和烟气脱硫之后的，为尾部布置。各种布置方式及特点见表 11-4。

表 11-4 SCR 系统布置方式及特点

布置形式	反应器位置	特点
高尘布置	SCR 系统布置在省煤器和空气预热器之间,除尘器上游	烟气温度为催化剂最佳反应温度,但烟气粉尘高,催化剂容易堵塞,寿命受到影响,催化剂用量大
低尘布置	SCR 系统布置在除尘器和空气预热器之间	烟尘减少,烟气温度偏低,催化剂用量减少
尾部布置	SCR 系统布置在除尘器和烟气脱硫之后	烟气温度低,催化剂不受烟尘污染,但需要外加热源提高催化剂的活性温度,运行费用增加

② 选择性非催化还原法（SNCR） 选择性非催化还原法（SNCR）脱硝技术是把炉膛作为反应器，将氨或尿素等还原剂直接喷入炉膛 900～1100℃温度区域。在该温度下，NH_3 与烟气中的 NO_x 反应生成 N_2，脱氮率一般可达到 30%～50%。SNCR 系统中，氨或尿素与 NO 的还原反应如下：

$$2NO + 2NH_3 + \frac{1}{2}O_2 \longrightarrow 2N_2 + 3H_2O$$

$$2NO + CO(NH_2)_2 + \frac{1}{2}O_2 \longrightarrow 2N_2 + CO_2 + 2H_2O$$

在该还原反应中，要加入过量的还原剂，理论上，1mol 的尿素和 2mol 氨可以除去 2mol 的 NO_x；实际操作中，一般控制还原剂 NO_x 为 1.5 左右。

SNCR 技术具有系统简单、投资小、阻力小、占地面积小的优点，但由于还原剂消耗量较大、脱氮率不高，目前应用较少。目前，新开发出的混合 SNCR-SCR 工艺克服单一技术的缺点，具有脱硝效率高、催化剂用量小、系统阻力小等优点，值得推广。

③ 尿素法脱硝——还原吸收法 还原吸收法就是利用尿素、Na_2SO_3、$(NH_4)_2SO_3$ 等还原剂，还原吸收 NO_x，生成 N_2。尿素法脱硝，就是以尿素溶液作为还原剂，将 NO_x 还原为 N_2，总反应方程式如下：

$$NO_2 + NO + CO(NH_2)_2 \longrightarrow 2N_2 + CO_2 + 2H_2O$$

该方法可同时脱除 SO_2。通过技术改进，在反应过程中加入添加剂，该法脱硫效率可达 90%，脱氮效率达 40%～60%。

4. 二氧化碳排放控制及利用

煤、天然气、石化燃料燃烧产生的二氧化碳气体排入大气，是造成温室效应的主要原因。以 CO_2 为主的温室气体引发的厄尔尼诺、拉尼娜等全球气候异常以及由此引发的世界粮食减产、沙漠化等问题已经引起全世界的关注。

控制 CO_2 的排放，一是提高能源的利用效率，减少单位能量所产生 CO_2 的排放；二是回收利用大气中 CO_2；三是改变能源结构，积极探索发展低碳能源和新能源。

（1）提高能源利用率，实现 CO_2 减排 中国能源结构以煤为主，燃煤二氧化碳的减排是关键。首先，通过洗选提高煤炭的燃烧效率进而减少二氧化碳的排放；其次，发展洁净煤技术和煤炭转化技术，如循环流化床锅炉、煤炭气化和液化技术以及整体联合气化循环发电技术（IGCC）等，提高能源利用率，减少二氧化碳气体的排放。此外，我国正在大力发展天然气利用，降低煤在能源消费中的比例，对提高总体能源利用效率、减缓二氧化碳排放和改善局部区域环境有积极的作用。同时，积极开发可再生能源，如水能、风能、生物质能、太阳能等，发展核电，扩大装机容量，这些能源具有环境污染小、基本不存在二氧化碳排放的优点，发展潜力巨大。

（2）二氧化碳回收技术　回收和提纯的二氧化碳作为一种资源在多个领域有广泛的应用前景。一是生产有机化工产品，如用二氧化碳可生产的有机产品有碳酸丙烯酯、碳酸乙二醇酯水杨酸等；二是用作焊接保护气，二氧化碳保护焊接是一种高效率、低污染、低成本、省时、省力的焊接方法；三是饮料添加剂，二氧化碳可用作汽水、啤酒、可乐等碳酸饮料的充气添加剂；四是应用于石油开采，二氧化碳作为石油开采中的驱油剂，广泛用于石油开采的二次、三次采油，使原油的采收率提高 $15\%\sim20\%$；五是用作灭火介质，二氧化碳作为灭火介质广泛地应用于消防领域；六是作为制冷剂，二氧化碳作为制冷剂之一，有其优良的环保特性、良好的传热性、较低的流动阻力及相当大的单位容积制冷量。因此回收利用废气中的二氧化碳不仅是保护环境的需要，也是化工生产的需要。

二氧化碳废气回收技术主要针对大规模的 CO_2 发生源，主要是化石燃料燃烧及各种工业生产过程排放。气流中 CO_2 气体的含量和分压对回收效率起决定作用。CO_2 的减排和回收可以通过以下几个方面进行。

① 燃烧后回收　从烟气中分离、回收 CO_2，可采用吸收法、变压吸附法和膜分离法。

② 燃烧前回收　在煤燃烧前将煤气化，用物理和化学的方法将气体的 CO_2 分离出去，然后将气体用于燃烧发电。由于参与燃烧的燃料主要是 H_2，从而使燃料在燃烧过程中不产生 CO_2。该技术应用的典型案例是整体煤气化联合循环系统（IGCC）。

③ 富氧燃烧技术　通过烟气再循环装置与富氧气体混合，重新回注燃烧炉，提高烟气中 CO_2 的浓度，从而有利于 CO_2 回收。

有数据分析表明，煤燃烧烟气中 CO_2 的浓度比较高，因此，燃煤烟气中 CO_2 的回收是排放控制的重点。

（3）典型 CO_2 回收技术

① 胺吸收法　胺吸收法是利用胺类溶剂吸收烟道气中的 CO_2，然后将 CO_2 从溶液中分离出来。胺吸收法被认为是目前最适合于燃烧后回收 CO_2 的方法，这种方法具有较高的回收率以及较低的能耗和经济成本。通常使用的胺类吸收剂为乙醇胺。

② 低温甲醇法　利用甲醇对酸性气体如 H_2S、CO_2、COS 具有很好的选择吸收性，可以将这些酸性气体比较容易地从煤气中分离出来的特性，来净化煤气。此工艺常常被煤化工用于生产过程中的脱碳。

第四节　煤化工废液废渣污染物处理与利用

煤化工在生产过程中，会产生大量的废液废渣，如焦化过程产生的焦油渣、沥青渣、酸焦油、再生酸、洗油再生残渣等，煤气化过程产生的灰渣，燃煤过程产生的炉渣等。这些废液废渣一般均采取堆放处理，不仅占用土地，还会造成水体污染及空气污染，其中一些有毒物质会造成人体危害。因此，必须对废液废渣进行处理。对于废液废渣污染控制，关键在于解决好废物的处理、处置和综合利用。在控制废弃物污染方面一般采用以下途径：一是改革生产工艺，减少废液废渣的产生，实现清洁生产；二是发展循环利用工艺，变废为宝，循环利用废液废渣中有用物质和能源，减少废物排放；三是进行综合利用，回收废弃物中有用成分；四是进行无害化处理与处置，通过化学法、生物处理法、填埋、焚烧等措施进行处理，改变有害物质性质，使有害变无害或达标排放。

一、废液废渣常见的处理方法

对废液废渣的处理，是指通过各种物理、化学、生物等方法将废弃物转变成便于运输、利用、储存的过程。常见的处理方法有：

① 焚烧法　将可燃废弃物置于高温炉内，使其中可燃成分充分氧化，回收利用废弃物内潜在的能量。

② 化学法　通过化学反应如中和法、氧化还原法、化学浸出法等使废弃物变成安全稳定的物质。此法适用于有毒、有害的废渣处理。

③ 固化法　通过物理或化学法，使废弃物固定或包含在坚固的固体中，以降低或消除有害成分溶出。

④ 生物法　利用微生物对有机废弃物进行分解使其无害化。如活性污泥法、堆肥法、沼气化法等。

二、煤化工过程废液废渣综合利用

1. 焦化废液废渣的回收利用

焦化过程产生焦油渣、酸焦油、洗油再生残渣、酚渣、脱硫废液、生化污泥等废液废渣。这些废液废渣可以实现循环利用。

① 焦油渣　焦油渣是一种很好的炼焦添加剂，回配到煤料中炼焦，可以增大焦炭块度，增加装炉煤的黏结性，也可作为煤料成型的黏结剂和燃料使用。

② 酸焦油　通过一定的回收装置，可以回收其中的苯，或用来制取减水剂、石油树脂。

③ 洗油再生残渣　可掺入焦油中或与蒽油或焦油混合，生产混合油，作为生产炭黑的原料，也可用来生产苯乙烯-茚树脂。

④ 酚渣　可用来生产黑色苯酚，也可作溶剂净化再生酸。

⑤ 脱硫废液　经湿式氧化、还原热解等化学方法，使脱硫废液转化为可回收利用的硫酸铵和硫酸、硫化氢。

2. 灰渣和粉煤灰的回收利用

煤气化过程产生的灰渣是一种不均匀的金属氧化物的混合物，粉煤灰则主要来自除尘器。由于所用煤（焦）和气化方式不同，所得的炉渣的化学成分和矿物组成有所差异，但是它的化学成分主要是由硅、铝、铁、钙的化合物所组成，而且都含有少量的镁、钛、钾、铜、磷等化合物以及微量的氰化物，它们存在的主要形式是硅酸盐、硅铝酸盐、氧化物和硫酸盐。粉煤灰主要由硅铝玻璃、微晶矿物质和未燃尽的残炭颗粒组成，其化学成分以氧化硅和氧化铝为主。灰渣、粉煤灰的露天堆放导致风天灰尘污染空气，下雨天渗水污染地下水。随着煤化工及电力工业装机容量的快速增加，生产过程排放的灰渣、粉煤灰数量也在快速增加。为了降低或减少这些固体废弃物对环境的污染，实现资源的回收利用，人们进行了积极的研究和实践。

（1）粉煤灰的利用　粉煤灰的回收利用主要在以下几个方面。

① 建筑材料方面　可以代替黏土作烧制水泥的原料、水泥混合材料，还可以生产一些特种水泥；制作粉煤灰砌块、墙体材料、陶粒及微晶玻璃等。

② 建筑工程方面　主要用于大体积混凝土与大坝工程、泵送混凝土、高低标号混凝土及灌浆材料等。

③ 道路工程方面　主要用于稳定路面基层，还可用于护坡、护堤等工程。

④ 农业方面　可直接用粉煤灰作肥料改良土壤，还可制成磁性复合肥等。

⑤ 回填工程　可用于道路回填和矿山填充等。

⑥ 污水处理　由于粉煤灰具有较大的比表面积和一定的活性，可用于污水处理过程中的去污剂和絮凝剂。

（2）灰渣的利用　煤燃烧和气化的过程中，会产生大量灰渣。这些灰渣，根据所含成分的不同，回收利用主要在以下几方面。

① 循环流化床燃烧　灰渣中残碳量高，发生炉炉渣中一般含碳 $10\%\sim20\%$，可以掺烧作为循环流化床燃料使用，从而充分利用残渣中的有效可燃物，一方面充分回收煤炭热能，另一方面使炉渣能得到充分利用。

② 建筑材料　制取水泥，也可与黏土、粉煤灰、水泥等按照一定配比用于烧制空心砖，也可以将灰渣作为骨料生产灰渣陶粒、硅酸盐砌块骨料。

③ 道路工程　与适量石灰搅拌，作为底料筑路。

④ 化工填料　灰渣中含有 $50\%\sim65\%$ 的二氧化硅，可用作橡胶、塑料、涂料以及黏合剂的填料。

⑤ 提取轻金属　灰渣中三氧化二铝的含量可达 $20\%\sim35\%$，二氧化钛可达 $0.5\%\sim1.5\%$，因此，可用灰渣生产硅钛氧化铝粉，也可进一步电解生产硅钛铝合金。

思　考　题

1. 简述煤化工"三废"的主要来源。
2. 简述废水处理的基本方法。
3. 什么叫除尘装置？除尘器大体可分为几类？常见的除尘器有哪些？
4. 烟气脱硝的方法有哪些？分别举例说明。
5. 烟气脱硫的方法有哪些？分别举例说明。
6. 比较二氧化硫和氮氧化物处理方法中的异同点。
7. 比较烟气脱硝技术中 SCR 和 SNCR 法的异同点。
8. 废水水质指标主要有哪些？它们各自的含义是什么？
9. 氨法脱硫的基本原理是什么？
10. 哪些废气处理技术可以同时脱硫脱硝、同时脱碳脱硝？

参 考 文 献

[1] 王焕梅等. 有机化工生产技术. 北京：高等教育出版社，2007.

[2] 李健秀等. 化工概论. 北京：化学工业出版社，2005.

[3] 梁凤凯，舒均杰. 有机化工生产技术. 北京：化学工业出版社，2004.

[4] 程丽华. 石油炼制工艺学. 北京：中国石化出版社，2005.

[5] 许世森，李春虎，郜时旺. 煤气净化技术. 北京：化学工业出版社，2007.

[6] 郝临山. 洁净煤技术. 北京：化学工业出版社，2005.

[7] 许祥静，刘军. 煤炭气化工艺. 北京：化学工业出版社，2005.

[8] 许世森，张东亮，任永强. 大规模煤气化技术. 北京：化学工业出版社，2007.

[9] 陈启文. 煤化工工艺. 北京：化学工业出版社，2008.

[10] 高晋生，张德祥. 煤液化技术. 北京：化学工业出版社，2008.

[11] 舒哥平. 煤炭液化技术. 北京：煤炭工业出版社，2003.

[12] 付长亮，张爱民. 现代煤化工生产技术. 北京：化学工业出版社，2009.

[13] 侯侠，王建强. 煤化工生产技术. 北京：中国石化出版社，2012.

[14] 郭树才. 煤化工工艺学. 北京：化学工业出版社，2012.

[15] 高晋生，张德祥. 煤液化技术. 北京：化学工业出版社，2008.

[16] 谢克昌，赵炜. 煤化工概论. 北京：化学工业出版社，2012.

[17] 周敏，王泉清，马名杰. 焦化工艺学. 北京：中国矿业大学出版社，2011.

[18] 张巧玲，栗秀萍. 化工工艺学. 北京：国防工业出版社，2015.

[19] 刘景良. 化工安全技术与环境保护. 北京：化学工业出版社，2012.

[20] 高晋生等. 煤化工过程中的污染与控制. 北京：化学工业出版社，2010.

[21] 谷丽琴，王中慧. 煤化工环境保护. 北京：化学工业出版社，2009.

[22] 魏振枢，杨永杰. 环境保护概论. 第 2 版. 北京：化学工业出版社，2007.

[23] 刘景良. 大气污染控制工程. 第 2 版. 北京：化学工业出版社，2012.

[24] 鄂永胜，刘通. 煤化工工艺学. 北京：化学工业出版社，2015.

[25] 宋永辉，汤洁莉. 煤化工工艺学. 北京：化学工业出版社，2016.

[26] 孙鸿等. 煤化工工艺学. 北京：化学工业出版社，2012.

[27] 贺永德. 现代煤化工技术手册. 北京：化学工业出版社，2011.